普通高等农业院校教材

普通高等农业院校教材指导委员会审定

植物营养学（上册）

第2版

陆景陵　主编

中国农业大学出版社

·北京·

图书在版编目(CIP)数据

植物营养学(上册)/陆景陵主编．—2版．—北京:中国农业大学出版社，2003.2(2023.1重印)
ISBN 978-7-81066-512-4

Ⅰ.植…　Ⅱ.陆…　Ⅲ.植物营养　Ⅳ.Q945.1

中国版本图书馆CIP数据核字(2002)第060208号

书　　名:植物营养学(上册)　**第2版**
作　　者:陆景陵　主编

策划编辑:王笃利　梁爱荣　何美文　　**责任编辑**:杨建民
封面设计:郑　川　　**责任校对**:王晓凤
出版发行:中国农业大学出版社
经　　销:新华书店
印　　刷:北京鑫丰华彩印有限公司
版　　次:2003年2月第2版　　2023年1月第19次印刷
规　　格:787×980　16开本　18.25印张　335千字
社　　址:北京市海淀区圆明园西路2号　　**邮政编码**:100193
电　　话:发行部010-62818525,8625　出版部010-62733440　编辑部010-62732618
网　　址:www.cau.edu.cn　　**E-mail**:caup@public.bta.net.cn
定　　价:48.00元

第 2 版编写人员

主　编:陆景陵

编　者:(以编写章节先后为序)

陆景陵　张福锁　李春俭　邹春琴

曹一平　李晓林　米国华

第 1 版编写人员

主　编：陆景陵

编　者：（以编写章节先后为序）

陆景陵　张福锁　曹一平　李晓林

主　审：史瑞和

第 2 版前言

《植物营养学》出版至今已有 8 年了，共印刷 4 000 多册。正如第 1 版前言中所说：本教材比较全面地介绍了植物营养的基本内容，所用材料新，它反映了近些年来植物营养学科发展的基本情况，有一定的深度。因此，颇得广大土壤农化和植物营养专业师生的好评。本教材也是植物营养专业研究生入学考试的必读课本。但是，8 年中学科有了不少的发展，虽然基本内容没有太大的改变，但某些内容应该更新和修改。此外，由于当时的出版条件较差，在第 1 版排版、印刷中错漏之处较多，制图质量也不尽人意。既然是一本广大师生喜爱的书，我们就应该把质量做得更好，使读者更加满意，这就是此次再版的目的。参加此次再版编写的都是教学第一线有教学经验的教师，他们了解学生需求，能掌握大学本科教学内容的尺度的深浅。我相信再版后的《植物营养学》将更加符合广大师生的要求。

再版编写者有陆景陵：第一章绪论，第二章大量营养元素；张福锁：第三章中量营养元素，第七章养分的吸收；李春俭：第四章微量营养元素，第十一章植物对逆境土壤的适应性；邹春琴：第五章有益元素；曹一平：第六章土壤养分的生物有效性；李晓林：第八章养分的运输和分配；米国华：第九章矿质营养与植物生长、产量和品质的关系，第十章植物营养性状的遗传学差异。另外，在每一章后面新增加了复习思考题，便于学生有针对性地复习和巩固所学内容。

此外，感谢植物营养系许多同志对再版教材给予的关心和支持；感谢项小菊同志对制图工作的热情帮助。

陆景陵

2002 年 7 月 1 日

第 1 版前言

《植物营养学》教材是农业部教育宣传司下达的编写任务。它分上下两册，上册由北京农业大学植物营养系负责编写，下册由南京农业大学土化系负责编写。为了协调上下册衔接和避免重复，两校参编教师共同制定了编写大纲，且主编之间也多次交换意见。在教育宣传司指导下，对编写提出了十分明确的要求；并于1991 年 4 月在福州召开的高等农业院校教材指导委员会土化、植保学科组第二次(扩大)会议上，经土壤化学小组审定，通过了编写大纲。

《植物营养学》上册于 1991 年底分工后，开始着手收集资料。在编写到定稿期间，参编教师曾对初稿进行了反复讨论，相互审阅和多次修改，发挥了集体的智慧，体现了良好的合作精神。这是本教材编写过程中的突出特点。1993 年 7 月完成并定稿后，9 月送请南京农业大学史瑞和教授评审。尔后，编者又再次进行补充和修改，并由主编进行全面统稿、文字润色和定稿。

《植物营养学》是土壤与植物营养专业和土壤农化专业的骨干课程。本教材全面梗概地介绍了植物营养的基本理论和原理。教材共分十一章，其内容是：植物营养学科发展概况；植物必需营养元素(大量元素、中量元素和微量元素)的营养功能；有益元素的营养功能；植物对养分的吸收以及养分在体内的运输和分配；并从土壤是植物养分主要来源的角度，对土壤养分的生物有效性进行了介绍；本教材还增加了矿质营养与植物生长、产量和品质的关系；植物营养遗传特性与改良和植物对逆境土壤的适应性等方面的内容。其目的在于使学生对植物营养学科有较全面的了解，并扩大其视野；同时也为土壤和植物营养专业学生学习后续课程打好基础。

教材的分工是：第一章(绪论)、第二章(大量营养元素)和第四章(微量营养元素)由陆景陵教授编写；第三章(中量营养元素)、第七章(养分的吸收)、第九章(矿质营养与植物生长、产量和品质的关系)以及第十章(植物营养的遗传特性与改良)由张福锁教授编写；第五章(有益元素)和第六章(土壤养分生物有效性)由曹一平教授编写；第八章(养分的运输和分配)和第十一章(植物对逆境土壤的适应性)由李晓林博士编写。

本教材的特点是：比较全面地介绍了植物营养的基本内容，所用材料新，基本上反映了近年来植物营养学科发展的情况，并有一定的深度。

本教材是大学本科土壤与植物营养专业及土壤农化专业学生的必读教科书，

也适用于高等农业院校中种植类各专业，如植物生理、农学、园艺、植保以及农业资源、环保等专业的师生学习和参考。同时，也是高等院校生物专业有关人员的必要参考书。本书对于从事土壤肥料和广大农业科技工作者更新专业知识也是很有参考价值的。

在教材编写过程中，中国农业大学毛达如教授对大纲提出了修改意见；华中农业大学刘武定教授对第一章(绪论)，华南农业大学严小龙博士对第十章(植物营养的遗传特性与改良)，南京农业大学沈其荣博士对第九章(矿质营养与植物生长、产量和品质的关系)的初稿分别提出了修改意见。在教材定稿过程中，中国农业大学陈伦寿教授对全稿进行了审阅和修改。在教材即将出版之际，对关心、帮助和指导过教材编写的各位老师表示衷心的感谢。

此外，陆景陵教授还负责了全书制图。中国农业大学植物营养系马燕参加了部分绘图工作，在此也一并表示感谢。

由于近年来学科发展很快，也限于教材字数、编写时间及编写者的水平，难免有错漏和不妥之处，热忱盼望阅读本教材的同学、教师以及同行们提出宝贵意见。

编　者

1994 年 4 月 15 日

目　录

第一章 绪 论

第一节 植物营养学与农业生产

绿色植物的显著特点是其根或叶能从周围环境中吸取营养物质,并利用这些物质建造自身的躯体或转化为维持其生命活动所需的能源。植物体从外界环境中吸取其生长发育所需的养分,并用以维持其生命活动,即称为营养。植物体所需的化学元素称为营养元素。营养元素转变(合成与分解)为细胞物质或能源物质的过程称为新陈代谢。实质上,营养元素是代谢过程的主要参与者。这表明植物营养与新陈代谢过程是紧密相关的。

植物营养学是研究植物对营养物质的吸收、运输、转化和利用的规律及植物与外界环境之间营养物质和能量交换的科学。或者说,植物营养学的主要任务是阐明植物体与外界环境之间营养物质交换和能量交换的具体过程,以及体内营养(养分)物质运输、分配和能量转化的规律,并在此基础上通过施肥手段为植物提供充足的养分,创造良好的营养环境,或通过改良植物遗传特性的手段调节植物体的代谢,提高植物营养效率,从而达到明显提高作物产量和改善产品品质的目的。

我国是一个人口众多的国家,粮食生产在农业生产的发展中占有重要位置。粮食生产不仅是为了解决吃饭问题,而且也要为副食品生产、畜牧业、养殖业以及工业生产(糖、酒等)提供原料。通常,增加粮食产量的途径是扩大耕地面积或提高单位面积产量。根据我国国情,继续扩大耕地面积的潜力已不大,虽然我国尚有许多未开垦的土地,但大多存在投资多、难度大的问题。这就决定了我国粮食增产必须走提高单位面积产量的道路。

新中国成立以来,特别是1957年以后,我国化肥工业有了突飞猛进的发展,由于化肥生产量和化肥进口数量的逐年增加,粮食总产量也随之迅速上升(图1-1)。近十几年来,由于我国种植结构的变化,粮、棉、油的种植面积有所减少,而瓜、菜、果园的面积发展较快,从而出现粮食总产滞后于化肥用量增长的势头。

众所周知,施肥不仅能提高土壤肥力,而且也是提高作物单位面积产量的重要

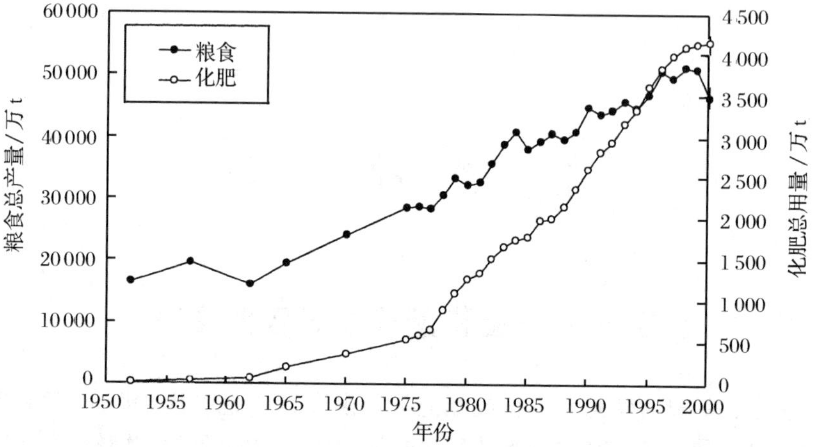

图 1-1 我国历年化肥总用量与粮食总产量之间的关系

措施。根据联合国粮农组织(FAO)的估计,化肥在农作物增产的总份额中占40%～60%。FAO 于 1960—1977 年在 40 个国家进行的 10 多万个化肥示范和试验的结果表明,最好的施肥处理平均增产 67%;用于化肥的投资,可获得该投资4.8 倍的农产品产值。在我国,增施化肥同样也有良好的效果。例如,我国粮食与棉花产量的增长与化肥施用量的增加紧密相关。中国农科院土肥所曾整理了 30年间(1951—1980 年)化肥总用量与粮食总产量之间相关关系的资料,计算其相关系数为 0.964;化肥每亩施用量与粮食每亩产量的相关系数为 0.98,均达到极显著水平。30 年中化肥总用量与棉花总产量的相关系数为 0.788;化肥每亩施用量与棉花每亩产量的相关系数为 0.86,也都达到显著水平。

目前全国各地粮食生产水平相差很大,北京市、上海市和江苏、浙江等省均属高产地区,如上海市和浙江省年平均每公顷产量均在 11 250 kg 以上,而全国仍有3 300 多万 hm^2 耕地粮食产量仍在每公顷 1 500 kg 以下。这一方面充分说明了提高单产有很大的潜力;另一方面也展示了改造低产田的战略意义。高产田的经验为低产变高产提供了有益的启示。生产实践表明,提高作物单产的重要措施之一是要创造一个良好的营养环境,保证及时满足作物对养分的需求。

多年的实践证明,获得作物高产和优质产品的关键,在很大程度上取决于养分的平衡供应。它必须以植物营养理论为指导,以各类植物的营养特性与不同土壤供肥状况为施肥的重要依据。只有在正确理论指导下的施肥才能明显地提高产量、改善品质、保护环境,并建立良好的生态系统,造福人类;反之,盲目施肥往往不仅不能增产，反而浪费资源，破坏生态环境，给人类带来巨大的损失和危害。

第二节 植物营养学的发展概况

我国农业生产的历史悠久，在施用肥料促进植物生长方面积累了丰富的经验，但对植物营养科学理论的探索，最早是从西欧开始的。当时，科学家研究植物营养主要是围绕着植物生长发育究竟需要什么物质，所需的物质是矿物质养分还是有机物质养分等问题进行的。

一、植物营养研究的早期探索

尼古拉斯(Nicholas，1401—1446) 是第一个从事植物营养研究的人，他认为植物从土壤中吸收养分与吸收水分的某些过程有关。200 年以后，海尔蒙特(Van Helmont，1577—1644)于 1640 年在布鲁塞尔进行了著名的柳条试验。他在一个装有 200 磅(90.72 kg)土的陶土盆中，插上一枝 5 磅(2.27 kg)重的柳条，除浇雨水外不加任何东西，并在盆上盖有带气孔的马口铁板，以防止其他物质落入。5 年后，柳条长成了 164 磅(74.39 kg)重的柳树，而土壤仅减少了 2 盎司(即 56.7 g，1 盎司=28.35 g)。由于他没有认识到柳树从大气中摄取碳素以及从土壤中获得所必需的营养元素，所以他得出柳树增重是来自水而不是来自大气和土壤的错误结论。尽管他的结论并不正确，但他的重要功绩在于把科学的试验方法引入了植物营养研究的领域。

1661 年和 1680 年，罗伯特·波义尔(Robert Boyle)曾做过相似的试验，他根据植物体含有矿质灰分的事实，对植物仅从水中获得物质的见解表示怀疑。1804 年，索秀尔(de Saussure)采用精确的定量方法测定了空气中的 CO_2 含量以及在含不同数量 CO_2 的空气中所培养的植物体内碳素含量以后，他证明植物体内的碳素来自大气中的 CO_2，是植物同化作用的结果；而植物的灰分则来自土壤；碳、氢、氧来自空气和水。至此，海尔蒙特柳条试验的问题才算得到澄清。

19 世纪初期，欧洲十分流行德国学者泰伊尔(Von Thaer，1752—1828) 的腐殖质营养学说。他认为，土壤肥力取决于腐殖质的含量，腐殖质是土壤中唯一的植物营养物质；而矿物质只是起间接作用，即它可加速腐殖质的转化和溶解，使其变成易被植物吸收的物质。这一学说当时在欧洲曾风行一时，但也有不少学者持反对意见。

法国的农业化学家布森高(Boussingault，1802—1887)是采用田间试验方法研究植物营养的创始人。1834 年，他在自己的庄园里创建了世界上第一个农业试验站。他采用索秀尔的定量分析方法，研究碳素同化和氮素营养问题。他运用田间试验的技术，并首先把化学测定方法从实验室运用到田间试验中，以揭示自然界的奥秘，提高人们对氮素营养的认识。他确认豆科作物可利用空气中的氮素，并能提高土壤的含氮量；谷类作物则不能利用空气中的氮素，只能吸收土壤中的氮素，并使之不断减少。他通过计算不同轮作中氮素循环的平衡账后指出，豆科作物在轮作中的作用。布森高对氮素营养的见解至今仍具有重要意义。

此后，不少科学家曾用溶液培养方法研究过植物营养。例如，西尼比尔(Senebier,1791)发现植物死于不流动的水中，这是一个溶液培养试验的重要实践。索秀尔在 1804 年充实了这一见解，提出假如把栗树苗的根暴露在 CO_2 而不是空气中，树苗几天内就会死去。后来萨克斯(Sachs)率先强调了溶液培养中根系适当通气的重要性。伍德沃德(Woodward)和索秀尔都是用溶液培养方法研究植物营养的先驱。

二、植物营养学的建立和李比希的工作

李比希(Justus von Liebig,1803—1873)是德国著名的化学家，国际公认的植物营养科学的奠基人。他于 1840 年在伦敦英国有机化学年会上发表了题为“化学在农业和生理学上的应用”的著名论文，提出了植物矿质营养学说，并否定了当时流行的腐殖质营养学说。他指出，腐殖质是在地球上有了植物以后才出现的，而不是在植物出现以前，因此植物的原始养分只能是矿物质。这就是矿质营养学说的主要论点。他还进一步提出了养分归还学说，他指出：植物以不同的方式从土壤中吸收矿质养分，使土壤养分逐渐减少，连续种植会使土壤贫瘠，为了保持土壤肥力，就必须把植物带走的矿质养分和氮素以施肥的方式归还给土壤，否则由于不断地栽培植物，势必会引起土壤养分的损耗，而使土壤变得十分贫瘠，产量很低，甚至寸草不生，如通过施肥使之归还，就能维持土壤养分平衡。养分归还学说对恢复和维持土壤肥力有积极意义。李比希提出的矿质营养学说是植物营养学新旧时代的分界线和转折点，它使得植物营养学以崭新的面貌出现在农业科学的领域之中。

李比希在 1843 年《化学在农业和生理学上的应用》一书的第 3 版中提出了“最小养分律”。这一理论的中心意思是，作物产量受土壤中相对含量最少的养分所控制，作物产量的高低则随最小养分补充量的多少而变化。“最小养分律”指出了作物产量与养分供应上的矛盾，表明施肥应有针对性。150 多年前，李比希提出的这一卓越见解，作为农业发展的基本理论，至今仍不失其光彩。

李比希最初的功绩在于他编辑和总结了前人有关矿质元素对植物生长重要性方面的零散报道，并把植物矿质营养确定为一门科学。1843 年以后，李比希与他

的学生们陆续进行了化肥研制、田间试验等大量工作，为广泛施用化肥奠定了基础，从而促进了化肥工业的兴起。李比希是一位伟大的化学家，他把化学上的成果进行了高度的理论概括，成功地运用到农业、工业、政治、经济、哲学等各个领域，并特别重视解决农业生产实际中的问题。李比希还十分注意以通俗的笔调撰写"化学通信"，以阐述化学和国民经济各部门，如工业、农业、商业以及药物等方面的联系。李比希及其学说对于农业的影响着重于使化学融合于现代的农学、园艺学、植物生理学、林学以及其他农业科学之中。总之，他的学说在许多科学领域中产生了深远的影响。

李比希不仅是一位科学家，而且也是一位推行新教学法的教育家。他一改当时只鼓励迫切求知的学生从书本中去学，而提倡学生应从实践中去学。他教会学生使用仪器，并和他们一起进行科学研究。他强调通过实践去观察，从而检验某些观念是否可靠，某些结果是否正确，并且进一步提出新的概念，尔后再作进一步观察，获得新的发现。李比希的许多学生后来都成了著名的研究者导师。后人从李比希倡导的"通过研究来教育"的独特风格中获得了极大的启发和教益。

值得提及的是，1842 年英国洛桑农业试验站创始人鲁茨(Lawes) 取得制造普通过磷酸钙的专利，第 2 年采用兽骨加硫酸制成过磷酸钙，以后逐渐发展为磷肥工业。鲁茨和吉尔伯特(Gilbert) 都是李比希的学生，他们在洛桑农业试验站开创的肥料试验系统研究工作一直延续至今。与此同时，法国发现钾盐矿，开始生产钾盐并用于农业。1904—1908 年德国化学家哈伯(Haber)提出了合成氨工艺，尔后于 1913 年在德国建立了世界上第一个合成氨工厂。至此，由于矿质营养学说的建立，使得维持土壤肥力的手段从施用有机肥料向施用化学肥料转变有了坚实的基础。李比希的矿质营养学说促进了化肥工业的发展，并推动传统农业向现代农业发展，具有划时代的意义。

李比希提出的"归还学说"和"最小养分律"对合理施肥至今仍有深远的指导意义，只是他尚未认识到养分之间的相互联系，把养分的作用各自独立起来。此外，李比希过于强调了矿质养分的作用，而把腐殖质看成仅是在分解后放出 CO_2，误认为厩肥的作用只是供给灰分元素。他还错误地指责布森高关于豆科作物使土壤肥沃的正确观点。尽管如此，他仍不愧为植物营养学杰出的奠基人。

三、植物营养学的发展

在李比希之后，许多科学家的出色工作使植物矿质营养学说获得了证实和发展，并逐步发展成为当今一门内涵丰富、独立完整的植物营养学。例如，在培养试验方面，布森高在 1851—1856 年间和霍斯特马(Count Salm Horstmar，1849，

1851)曾先后主张用砂粒或其他中性介质来支撑植物。萨克斯(Sachs,1860)和克诺普(Knop,1861) 先后用矿质盐类制成的人工营养液栽培植物并获得成功。在营养液中,植物不仅能正常生长而且能正常成熟,并结出种子,完成其生命周期。这一成就有力地证明了矿质营养学说的正确性。在前人的基础上,萨克斯还创立了近代营养液培养技术。他提出一个营养液成分的标准配方,同时介绍了更换营养液的方法、培养液体积与植物密度的相关性,并提出铵盐和硝酸盐两者均可被利用的观点。克诺普(1861,1865)提出一个至今仍广为应用的以摩尔浓度比为基础的营养液配方,并改进了种子发芽技术。随后,有许多不同的营养液配方也陆续问世,但都是以他的配方为基础的。

由鲁茨 1843 年创立的洛桑试验站至今已有 150 多年的历史,试验工作仍在继续中。俄国化学家门捷列夫(Менделеев)于 1869 年在 4 个省建立试验站,这些试验站是肥料试验网的先驱。到 19 世纪末,生物试验的方法已基本上接近完善,并发展为试验网。目前不少国家已开展长期田间试验工作,以增加试验的可靠性和系统性。20 世纪以来又发展了试验结果的各种数学处理方法,进一步提高试验结果的可靠性。

我国著名的植物生理学家罗宗洛(1898—1978)早在 20 世纪 30 年代就开展了有关植物营养生理的研究,尤其是在氮素营养方面做了大量工作。他在研究玉米幼苗吸收铵态氮和硝态氮的试验中发现,玉米在以硝酸钠为氮源的营养液中生长良好,而水稻则在以硫酸铵为氮源的营养液中干物质积累较高,从而证明了各种作物对 NO_3^- 和 NH_4^+ 两种氮源有不同的反应。同时,他还证明了玉米幼苗在不同 pH 值的营养液中,对 NO_3^- 和 NH_4^+ 的吸收量有显著的差异。在 1937—1945 年期间,他还开展了包括微量元素在内的矿质营养研究工作,并发表了不少论文。

20 世纪初,苏联农业化学家普良尼什尼柯夫(Прянишников,1865—1948)根据生物与环境统一的观点,主张把植物、土壤、肥料三者联系起来,研究它们的相互关系,进而以施肥为手段来调节营养物质在植物体内和土壤中的状况,改善植物生长发育的内在和外界环境条件,最终达到提高产量和改善品质的目的。持有这一观点的植物营养研究者,后来被称为是生理学路线的农业化学派。普良尼什尼柯夫曾在多方面进行了研究,他的主要成就有:确定了氮素的生理作用,并提出了 NH_3 是生物代谢的"首"和"尾",即氨是植物体内氮素代谢的起点和终结,含氮化合物的合成由它开始,分解也以它结束。他还研究了 NO_3^- 和 NH_4^+ 的营养作用;提出酸性土壤上应直接施用磷矿粉,在非酸性土壤上磷矿粉应施于吸磷能力强的作物上;他还建立了 3 000 多个试验站,广泛进行了肥料试验,这为当时苏联化肥工业的发展和肥料的分配提供了重要的科学依据。

虽然1913年就开始有测定土壤pH值的研究，但直到1920年前后，人们才把因施用石灰引起土壤pH值的改变与施肥问题联系起来。从此，土壤性质和肥料之间的相互关系开始受到重视，并着手研究土壤中养分的有效性及其含量，从而逐步对肥料在土壤中的转化和养分累积等动态有了认识。这是有针对性施肥的开始。

20世纪初，植物常常出现一些罕见的病症，但又查不出是什么病原菌所引起的。后来的研究才发现是缺乏某些营养元素所致。通过一系列的深入研究，在营养液试验中，终于在1922—1939年发现了一批新的植物必需营养元素，尔后在生产实践中逐渐被证实。由于植物对它们的需要量很少，故称为微量营养元素。微量营养元素的发现，解释了某些田块施用只含大量营养元素的肥料不仅不能增产反而减产的原因。1954年又确定了氯是植物必需的营养元素。

1920年以后植物营养学科有了较快的发展，尤其是近半个世纪以来，植物营养学科在多方面取得了广泛的发展，也更新了某些概念。下面仅就几个重要的方面略作叙述。

在植物体营养元素的功能方面，不仅对16种必需营养元素的营养生理作用有了更深入的了解，而且还明确了一些为某些作物所必需或对植物生长发育有明显良好作用的营养元素，并称为有益元素。人们还通过对比认识到，有益元素与有害元素之间，仅仅是量上的差异。这反映了对客观事物认识上的深化。在必需营养元素中，加强了对中量元素的研究，尤其是研究揭示了钙在植物体内调节膜功能以及在第二信使传递中的作用以后，人们认识到植物具有自身调节和控制的功能，同时也推动了对植物反馈信息方面的研究。在19世纪50年代以前，科学家研究营养元素功能时常常忽略了营养元素之间相互作用的重要性。50年代以后，人们越来越清楚地认识到养分之间的相互作用，它如同其他生产因子一样（如良种、防治病虫害、改善田间管理等），在提高产量上同样是重要的。近20多年来，对各种微量元素的酶功能和电子迁移过程中所起的作用也有了惊人的进展。离子通道理论的发展进一步完善了养分跨膜运输的理论，同时更新了许多传统概念。

虽然早在1904年，Hiltner就提出了根际的概念，但大量研究集中在根际微生物特性方面。直到20世纪70年代，根-土界面及养分动态变化的研究才逐步成为植物营养研究的新领域。到80年代，对它的研究不仅在方法上有了发展，而且在研究内容上有了新的生长点。1985年11月份在美国召开的国际作物生产力讨论会上，经各国著名科学家讨论后提出，根际动力学研究是发展作物生产力重要基础性的研究方向。近些年来，根际的工作已从原来仅有理论意义逐步走向寻求为生产服务的阶段。

1984年，S. A. Baber出版了《土壤养分的生物有效性》一书，明确提出土壤养分生物有效性的新概念。使人们对根际养分动态变化有了进一步的认识。按传统的概念，肥料施入土壤后，只有从植物生长的变化来了解所施肥料的效果，而根际研究技术的发展，使人们能够在植物生长过程中观察和测定根系的生长情况。这是从宏观研究逐步深入到对微观的研究，从而揭示了根际养分动态的奥秘。1979年，Bohm对根的采集和测定方法又有了新的进展。在这一时期，Carson(1972)、Nye和Tinker(1977)、Russell(1979)、Harley和Russell(1979)的著作中都从不同的角度涉及这方面的问题。

1909年，英国医生Garrod出版了《先天代谢病》一书，提出先天性的生化病态——"先天病"，不久有人提出遗传上存在着"隐性基因"的新概念。医学上遗传的问题，很快在植物营养领域中也有了发现。Beadle和Tatum在研究遗传变异时，逐步发现变种的特性以及它受营养条件影响的事实。1943年，Weiss在研究中发现，大豆对铁的利用有"高效"品种和"低效"品种之分，它们的这一性状是由单基因对所控制的。Langridge(1958)也发现某些植物变种，它们在养分代谢上的变异受单基因对的控制。1958年，Brown等的工作对植物营养基因型奠定了基础。随后，许多科学家研究了镁(Pope和Munger，1953；Johnson等，1961)、铁(Bell等，1958，1962)、硼(Wall和Andrus，1962)、磷(Bernard和Howell，1964)、钾(Shea等，1967，1968)营养基因型问题。此后，Wanger和Mitchell(1964)发现不少有关生物体中特定的生化现象是由基因控制的例子。例如，不仅无机养分的运输与利用在一定程度上受基因的控制，而且一些植物养分不正常的状况也是由单一基因的变异引起的。这些发现为植物品种改良提供了方向。Epstien (1972)在《植物的矿质营养》一书中对植物营养遗传性状已有较为详细的叙述。近几年来，植物营养基因型研究和应用发展较快。例如，利用离体的植物细胞直接进行诱变，从中筛选出所需要的突变体，以便使植物某些性状得到改良，而达到直接为农业生产服务的目的。这使选种工作从只注意品种的农艺性状扩展到要注意在逆境条件下营养适应性的特性。

随着人们对保护环境重要性认识的深化，植物营养生态学已逐步发展为一个重要的学科分支。虽然从19世纪就开始了植物-土壤及其环境相互关系的研究，并把这一研究引入土壤学、生态学和植物营养学研究的领域中。但植物营养生态学研究的再度兴起，应归功于当今国际工农业持续发展的大潮。资源、能源惊人的消耗，人类赖以生存的环境遭到污染以及人口急剧增长等问题的出现，迫使人们重新认识从自然界获取和归还的平衡关系。农学家已意识到过量施肥不仅会使成本大幅度提高，反而会造成严重的环境污染，更重要的是肥料资源不能永远满足日益发展的集约化农业生产的需要。生态学家经过长期努力，终于认识到抛开植物-环境营养物质迁移和循环的研究途径，仅从宏观上探讨植物的地带性分布及群体和生长模式是无法解释应如何控制植物分布和种群结构的实质性问题。这些都极大地促进了植物营养生态学的建立和发展。

早在1969年Rorison组织总结了植物营养生态学的研究成果，并写出了《植物矿质营养的生态问题(Ecological Aspects of the Mineral Nutrition of Plants)》一书。该书的主要内容是关于植物间养分竞争以及运用植物营养原理解释植物分布规律和作物特性等问题。

近些年来，由于硝态氮对地下水的污染、N_2O等气体对臭氧层的破坏、全球性气候变暖、酸雨、森林的退化以及严重的重金属及农药、除草剂等有机物质的污染，日益威胁和危害着人类的健康，从而使得环境保护成了当今研究的热点。绿色和平组织的活动此起彼伏。可以预测，植物营养生态学将是21世纪人类重要的研究课题之一。

100多年来，植物营养学从零散的经验和现象描述到揭示机理，最后建立起完整的学科体系，它经历了植物营养研究的古典时期(19世纪)、新古典发展时期(20世纪前半叶)和现代植物营养发展时期(20世纪50年代以后)。在现代植物营养发展时期，植物营养学科逐渐与其他学科相互渗透，形成许多新的研究领域并获得大量成果。经过长期积累并不断充实，植物营养学已逐渐发展形成一门体系更为完整，内容更加丰富，并具有现代科技特点的一门学科。

第三节 植物营养学的范畴及其主要的研究方法

一、植物营养学的范畴

植物营养学的范畴大体包括以下几个方面：

1. 植物营养生理学 主要研究：

(1)营养生理学：即养分元素的生理功能与养分的再循环、再利用，养分的吸收，养分在体内的长距离和短距离运输，养分的分配等。

(2)产量生理学：即研究主要农作物产量的形成，养分的分配和调节过程，源-库关系及其在产量形成过程中的作用；研究利用各种内外源激素或调节剂对产量形成过程的调控和机理。

(3)逆境生理学：即研究植物在旱、涝、盐碱、高温、寒冷、病虫害、通气不良、营养缺乏或失调等逆境条件下的生理变化及适应机理，通过营养调节挖掘植物抗逆性的遗传潜力。

2. 植物根际营养　主要研究根-土界面微域中养分、水分以及其他物质的转化规律和生物效应；植物-土壤-微生物及环境因素之间物质循环、能量转化的机理及调控措施。

3. 植物营养遗传学　主要研究不同植物种类及品种的矿质营养效率基因型差异的生理与分子机理及遗传规律，以便筛选和培育出高营养效率植物新品种。

4. 植物营养生态学　主要研究不同生态类型中各种营养元素在土壤圈、水圈、大气圈、生物圈中的迁移、转化和循环规律；各种养分退化生态环境重建过程中的营养机理，污染土壤和环境的生物修复机理等重金属和污染物在食物链中的富集、迁移规律及调控措施。

5. 植物的土壤营养　主要研究：

(1)土壤养分行为学：即土壤中各种养分的形态、含量，吸附、固定等转化和迁移的规律；有效养分的形态，其形成过程及影响因素；各种养分的生物有效性以及土壤肥力水平与植物营养的关系。

(2)土壤肥力学：即研究在农业耕作条件下，施肥对土壤肥力演变的影响；阐明维持和提高土壤肥力的农业措施与影响条件。

6. 肥料学及现代施肥技术　主要研究各类肥料的理化性状和农艺评价、在土壤中的行为、对植物的有效性；建立以有机、无机肥料合理分配为中心的轮作施肥制以及建立电子计算机作物施肥决策与咨询系统，推行定量化配方施肥新技术。

综上所述，植物营养学是农业生物学中的一个重要分支。它是一门与多种学科相互联系、相互交叉和相互渗透的学科。研究植物营养学的最终目的在于以植物营养特性为依据，在土壤供肥的基础上，通过施肥措施，为植物提供良好的营养环境，在其他农业技术措施的配合下，达到高产、优质、高效的综合效果，并对环境质量和土壤培肥做出应有的贡献。

二、植物营养学的主要研究方法

植物营养学的发展常常要依赖于各种研究方法的应用。植物营养学研究所采用的方法主要有生物田间试验法、生物模拟法、化学分析法、生物数理统计法和核素技术法等。在很多情况下，还需要把各种试验方法结合起来进行研究，才能获得良好的结果。

(一)生物田间试验法

生物田间试验是植物营养学科最基本的研究方法。由于它是在田间自然的土壤、气候条件下进行的生物试验，最接近于生产条件，能比较客观地反映农业实际，因而它所得的结果对生产更有实际和直接的指导意义。田间试验有微区试验、小区试验和大田对比试验等不同的方式。研究者可根据研究的目的选择。应该强调的是，一切其他试验的结果在应用于生产以前都应该经过田间试验的检验。但是，农业生产受自然条件的影响很大，在田间条件下有许多因素难以控制。因此田间试验法必须与其他方法配合起来，才能收到良好的效果，使田间试验的结果更具有普遍意义。

（二）生物模拟法

生物模拟法是借助盆钵、培养盒（箱）等特殊的装置种植植物进行植物营养的研究，通常称为盆栽试验或培养试验。盆栽试验与田间试验不同，它是在严格的人工控制的条件下，给予特定的营养环境进行植物营养问题的研究。它的优点是便于调控水、肥、气、热和光照等因素，有利于开展单因子的研究。这种方法是在田间条件下难以进行的探索性试验。一般来讲，田间试验的主要任务是鉴定各种肥料和施肥技术的效应大小，而生物模拟试验则侧重于揭示产生这些效应的实质。盆栽试验也可作为田间试验的深入和补充。当发现田间试验结果中有值得进一步深入探讨的问题时，即可布置补充试验，通过盆栽试验探索各因子的作用，以便对田间试验结果的认识进一步深化。应该注意的是，盆栽试验是在特定条件下进行的，因而盆栽试验的结果多用于阐明理论性的问题，只有通过田间试验的进一步验证，才能应用于生产。

盆栽试验的种类很多，常用的有：土培法、砂培法和营养液培养法等。在研究特殊营养问题时，也可采用隔离培养、流动培养和灭菌培养等方法。这常常需要根据试验目的选用不同的方法。

（三）化学分析法

化学分析法是研究植物、土壤、肥料体系内营养物质的含量、分布与动态变化的必要手段。化学分析方法常常需要和其他的研究方法结合起来进行研究。例如，通过对生物模拟试验或田间试验所获样品的分析，可了解研究对象内部的变化规律和各阶段的状况，从而帮助研究者了解研究过程中各种现象的本质。

（四）数理统计法

在近代植物营养研究中，数理统计已成为指导试验设计、检验试验数据资料不可缺少的手段和方法。数理统计以概率论为基础，研究试验误差出现的规律性，从而确定了误差的估计方法，帮助试验者评定试验结果的可靠性并能客观地认识试验资料，合理地判断试验结果，做出正确的科学结论。

近些年来，计算机技术的应用为研究植物营养带来了方便，它不仅可进行大量数据的运算，而且可进行试验的数学模拟，建立数学模型等。

(五)核素技术法

利用放射性和稳定性同位素的示踪特性,追踪它们的变化以揭示物质运动的规律。在植物营养学研究中,应用核素技术可深入了解植物营养及其体内代谢的实质,同时也为探索土壤、植物、肥料三者之间的复杂关系提供了新的手段。在田间试验、盆栽试验及化学分析研究中应用核素技术,可缩短试验进程,简化手续,提高工作效率,解决一些其他方法难以深入研究的问题。

(六)酶学诊断法

由于一些营养元素是酶的组分,或是酶的活化剂,或是对酶结构起稳定作用,或有调节作用。因此了解植物体内某种酶的活性变化就可以反映出植物的营养状况。利用这一技术研究植物营养,被称为酶学诊断法。

酶学诊断法的主要优点是反应灵敏,往往在植物尚未出现缺素症状(即潜在缺素阶段)时,就可测出酶活性的变化。但这一方法的不足之处是专一性差。因为,酶活性除受营养状况影响外,还受许多因素的影响。此外,酶活性变化与养分供应状况虽有正相关关系,但很难精确地反映出植物体内某一营养元素的实际水平。例如,植物体内锌营养状况与碳酸酐酶的活性有很好的正相关,但由于植物体内的碳酸酐酶活性变化幅度很大,而植物固定 CO_2 并不需要很高的碳酸酐酶活性。因此通过碳酸酐酶活性的诊断,并不能获得良好的结果。

此外,调查研究也是植物营养研究工作的重要方法之一。它是开展研究工作的基础,尤其是在需要了解某一问题的历史和现状时,进行调查研究往往是不可缺少的。调查研究包括查阅有关资料,召开调查座谈会和现场观察等。在调查研究的基础上,就可进一步确定研究的范围、主攻方向及具体的工作方案。

近十几年来,研究植物营养的方法和技术有了很大的发展,如示踪技术、X光衍射、电子探针、电镜观察以及各种精密仪器,如电超滤(EUF)仪、等离子发射光谱仪(ICP)、色谱仪、流动分析仪等的问世,使植物营养研究工作的手段有了明显的提高和改善,这无疑能加速植物营养学学科向纵深发展。

复习思考题

1. 说明植物营养与合理施肥的关系以及施肥在农业生产中的地位。
2. 就“植物矿质营养学说”、“养分归还学说”、“最小养分律”的意义加以评说。
3. 叙述土培法和营养液培养法在植物营养学科中的重要性及适用范围。

第二章　大量营养元素

第一节　植物的营养成分

一、植物的组成和必需营养元素的概念

要了解植物正常生长发育需要什么养分，首先要知道植物体的养分组成。新鲜植物体一般含水量为70%～95%，并因植物的年龄、部位、器官不同而有差异。叶片含水量较多，其中又以幼叶为最高，茎秆含水量较低，种子中则更低，有时只含5%。新鲜植物经烘烤后，可获得干物质，在干物质中含有无机和有机两类物质。干物质燃烧时，有机物在燃烧过程中氧化而挥发，余下的部分就是灰分，是无机态氧化物。用化学方法测定得知，植物灰分中至少有几十种化学元素，甚至地壳岩石中所含的化学元素均能从灰分中找到，只是有些元素的数量极少。经生物试验证实，植物体内所含的化学元素并非全部都是植物生长发育所必需的营养元素。人们早就认识到，植物体内某种营养元素的有无和含量高低并不能作为营养元素是否必需的标准。因为，植物不仅能吸收它所必需的营养元素，同时也会吸收一些它并不必需、甚至可能是有毒的元素。因此，确定某种营养元素是否必需，应该采取特殊的研究方法，即在不供给该元素的条件下进行营养液培养，以观察植物的反应，根据植物的反应来确定该元素是否必需。

1939年阿隆(Arnon)和斯托德(Stout)提出了确定必需营养元素的3个标准：

(1)这种化学元素对所有高等植物的生长发育是不可缺少的。缺少这种元素植物就不能完成其生命周期。对高等植物来说，即由种子萌发到再结出种子的过程。

(2)缺乏这种元素后，植物会表现出特有的症状，而且其他任何一种化学元素均不能代替其作用，只有补充这种元素后症状才能减轻或消失。

(3)这种元素必须是直接参与植物的新陈代谢，对植物起直接的营养作用，而不是改善环境的间接作用。

符合这些标准的化学元素才能称为植物必需营养元素，其他的则是非必需营养元素。但在非必需营养元素中有一些元素，对特定植物的生长发育有益，或为某些种类植物所必需，如藜科植物需要钠；豆科作物需要钴；蕨类植物和茶树需要铝；硅藻和水稻都需要硅；紫云英需要硒等。只是限于目前的科学技术水平，尚未证实它们是否为高等植物普遍所必需。所以，称这些元素为有益元素。

要严格分清必需营养元素和非必需营养元素是相当困难的。因为植物的某些生理功能可由相关的两种元素相互代替，当然这种代替是暂时的、部分的，如 K^+ 和 Na^+，Ca^{2+} 和 Sr^{2+}；某些元素只是在一定场合下需要，另一场合就不一定必需，如钼一般只是在 NO_3^--N 为植物氮源时才需要，而在 NH_4^+-N 为氮源时，则并不一定需要。由于分析技术，尤其是化学药品的纯化技术不断改进，有可能使许多植物体内含量极低的一些化学元素进入必需营养元素的行列，也有可能再发现一些新的必需营养元素。

二、必需营养元素的种类和确定的年份

到目前为止，国内外公认的高等植物必需的营养元素有 16 种。它们是碳(C)、氢(H)、氧(O)、氮(N)、磷(P)、钾(K)、钙(Ca)、镁(Mg)、硫(S)、铁(Fe)、硼(B)、锰(Mn)、铜(Cu)、锌(Zn)、钼(Mo)和氯(Cl)。上述必需营养元素是经过较长时间、陆续确定的。

氢和氧：早在化学元素发现以前，人们就知道水是植物必需的营养物质，而后来发现水是由氢和氧 2 种元素组成的。

碳：1800 年由 Senebier 和 Saussure 确定为必需营养元素。

氮：1804 年 Saussure 发现了植物对它的必需性。

磷、钾、镁、硫、钙：1839 年由 Sprengel 等确定为植物的必需营养元素。

铁：1844 年 Cris 在黄化的葡萄叶片上涂以铁盐溶液，使叶片转绿；1860 年 J. Sachs 发现它是植物的必需营养元素。

锰：1922 年由 J. S. McHargue 确定为必需营养元素。

硼：1923 年 K. Warington 在蚕豆试验中发现缺硼的典型症状，接着 A. L. Sommer 和 C. B. Lipman(1926)，Brenchley(1927)也证实了硼的必需性。

锌：1926 年 A. L. Sommer 和 C. B. Lipman 用向日葵和大麦证明了锌是植物所必需的营养元素。

铜：1931 年 C. B. Lipman 及 G. Mackinney 等在番茄上证明了植物对它的必需性。

钼：1939 年由 D. I. Arnon 和 P. R. Stout 证明它是一种必需的营养元素。

氯：1954 年由 T. C. Broyer 等证明，它是高等植物所必需的营养元素。

三、必需营养元素的分组和来源

各种必需营养元素在植物体内的含量相差很大(表 2-1),一般可根据植物体内含量的多少划分为大量营养元素、中量营养元素和微量营养元素。大量营养元素平均含量占干物重的 0.5%以上,它们是碳、氢、氧、氮、磷、钾;中量营养元素的平均含量占干物重在 0.1%~0.5%,它们是钙、镁和硫;微量营养元素的平均含量一般在 0.1%以下,有的只含 0.1 mg·kg^{-1},它们是铁、硼、锰、铜、锌、钼和氯。

表 2-1 正常生长植株的干物质中营养元素的平均含量(干重)

元素	符号	μmol·g^{-1}	mg·kg^{-1}	%
钼	Mo	0.001	0.1	—
铜	Cu	0.10	6	—
锌	Zn	0.30	20	—
锰	Mn	1.0	50	—
铁	Fe	2.0	100	—
硼	B	2.0	20	—
氯	Cl	3.0	100	—
硫	S	30	—	0.1
磷	P	60	—	0.2
镁	Mg	80	—	0.2
钙	Ca	125	—	0.5
钾	K	250	—	1.0
氮	N	1 000	—	1.5
氧	O	30 000	—	45
碳	C	40 000	—	45
氢	H	60 000	—	6

Epstein,1965。

上述必需营养元素在植物体内的含量常受植物种类、株龄以及环境中其他矿质元素含量等因素的影响。尤其是环境条件的影响,可使体内各种营养元素的含量发生很大的变化。在植物组织中常出现某些微量元素含量明显超过其生理需要量,例如铁、锰的含量能接近植株中硫或镁的含量,这主要是环境条件影响的结果。应该指出,植物各器官中营养元素的含量,并不能完全反映植物对这些养分的实际需要量,尤其是一些非必需营养元素常常是被动吸入植物体的。

在必需营养元素中,碳和氧来自空气中的二氧化碳;氢和氧可来自水,而其他的必需营养元素几乎全部是来自土壤。只有豆科作物有固定空气中氮气(N_2)的能力，植物的叶片也能吸收一部分气态养分，如二氧化硫。由此可见，土壤不仅是植物生长的介质，而且也是植物所需矿质养分的主要供给者。实践证明，作物产量水平常常受土壤肥力状况的影响，尤其是土壤中有效态养分的含量对产量的影响更为显著。

四、必需营养元素的一般营养功能

从生理学观点来看，根据植物组织中元素的含量把植物营养元素划分为大量营养元素、中量营养元素和微量营养元素是欠妥的。如按植物营养元素的生物化学作用和生理功能进行分类则更为适合。K. Mengel 和 E. A. Kirkby(1982)把植物必需营养元素分为 4 组，并指出其主要营养功能如下：

第 1 组包括植物有机体的主要组分：C，H，O，N 和 S。它们是构成有机物的主要成分，也是酶促反应过程中原子团的必需元素。这些元素能在氧化还原反应中被同化。碳、氢、氧在光合作用过程中被同化形成有机物，氢在氧化还原反应中起重要作用。C，H，O，N 和 S 同化为有机物的反应是植物新陈代谢的基本过程。

第 2 组包括 P，B，(Si)，这 3 个元素有相似的特性，它们都以无机阴离子或酸分子的形态被植物吸收，并可与植物体中的羟基化合物进行酯化作用生成磷酸酯、硼酸酯等；磷酸酯还参与能量转换反应。

第 3 组包括 K、(Na)、Ca、Mg、Mn 和 Cl。它们以离子的形态被植物吸收。并以离子形态存在于细胞的汁液中，或被吸附在非扩散的有机酸根上。这些离子有的能构成细胞渗透压，有的能活化酶，或成为酶和底物之间的桥梁。

第 4 组包括 Fe，Cu，Zn 和 Mo。它们主要以螯合态存在于植物体内，除 Mo 以外也常常以配合物或螯合物的形态被植物吸收。这些元素中的大多数可通过原子价的变化传递电子。此外 Ca，Mg，Mn 也可被螯合，它们与第 3 组元素间没有很明显的界线。

在 16 种必需营养元素中，光合作用的 3 个主要参与者——碳、氢、氧和氮、硫、磷是组成植物体的主要成分。例如，构成植物骨架的细胞壁，几乎完全是由碳水化合物和含碳、氢、氧的其他化合物所组成；作为细胞质主要有机成分的蛋白质，也主要是由碳、氢、氧、氮和少量的硫所组成；细胞核以及某些细胞质的细胞器中的核酸是由碳、氢、氧、氮和磷构成的；所有的生物膜中都含有丰富的脂类，它们主要是由碳、氢、氧和少量的氮与磷所构成。

钙的主要功能是掺入到细胞壁中胶层的结构中，成为细胞间起黏接作用的果胶酸钙。钙在调节细胞膜的透性方面也起着重要作用。镁在化学性质上与钙相似，它是叶绿素分子的中心元素；它也是多种酶的特异辅助因子，对于核糖体稳定性来说也是必需的。钾的功能是多方面的，对调节膨压有重要作用。它还能活化许多种重要的酶。

在微量营养元素中，除硼和氯以外，它们的主要营养功能是作为细胞中酶的基本组分或激活剂，常常是辅酶或辅酶的一部分，特别是那些在氧化还原反应中起作用的辅酶都含有某种微量营养元素。缺硼常引起分生组织细胞死亡，这可能和硼参与糖的长距离运输有关。氯在某些作物中也参与膨压的调节，它作为陪伴离子和钾一起移动，使细胞维持电中性。氯的功能尚未完全清楚，还有待深入研究。

有益元素虽不是所有植物所必需的，但却是某些植物种类所必需（如硅是水稻所必需），或是对某些植物的生长发育有益，或是有时表现出有刺激生长的作用（如豆科作物需要钴、藜科作物需要钠等）。目前有益元素日益受到人们的重视。

第二节　碳、氢、氧

碳、氢、氧是植物有机体的主要组分。碳是构成有机物骨架的基础。碳与氢、氧可形成多种多样的碳水化合物，如木质素、纤维素、半纤维素和果胶质等，这些物质是细胞壁的重要组分，而细胞壁是支撑植物体的骨架；碳、氢、氧还可构成植物体内各种生活活性物质，如某些维生素和植物激素等，它们都是体内正常代谢活动所必需的；此外，它们也是糖、脂肪、酚类化合物的组分，其中以糖最为重要。糖类是合成植物体内许多重要有机化合物如蛋白质和核酸等的基本原料。植物生活中需要的能量必须通过碳水化合物在代谢过程中转化而释放。碳水化合物不仅构成植物永久的骨架，而且也是植物临时储藏的食物或是积极参与体内的物质代谢活动（包括各种无机盐类的吸收、合成、分解和运输等），并在相互转化中，形成种类繁多的物质。由此可见，碳水化合物是植物营养的核心物质。

一、碳

（一）碳的营养功能

碳、氢、氧作为植物的必需营养元素，它们积极参与体内的代谢活动。首先始于植物光合作用对 CO_2 的同化。碳、氢、氧以 CO_2 和 H_2O 的形式参与有机物的合成，并使太阳能转变为化学能。它们是光合作用必不可少的原料。

陆生植物光合作用所需的 CO_2 主要取自空气，空气中的 CO_2 的含量约为 0.03%。从植物光合作用的需要量来看，这一数值是比较低的。然而，空气的流动能使 CO_2 得到一定数量的补充。有资料报道，若使 CO_2 浓度提高到 0.1%，就能明显提高光合强度并增加作物产量。不过浓度过高对植物也不利。如浓度超过

0.1%时，光合强度不仅不能提高，反而会产生不良影响。如 CO_2 能促进叶片中淀粉的积累，易产生叶片卷曲现象，影响叶片的光合作用。一般来说，CO_2 浓度降低，光合作用的速率则急剧减慢。在植物生长茂盛、叶片密集的群体内，CO_2 浓度往往会降低到 0.02%，并大大限制了光合作用。此时，使用 CO_2 肥料即可获得显著的增产效果；对于要求 CO_2 浓度较高的 C_3 植物，其效果更加明显，生长期内表现为干物质可能成倍增加，收获时产量能提高几成。

（二）补充碳素养分的重要性

在温室和塑料大棚栽培中，增施 CO_2 肥料是不可忽视的一项增产技术，尤其是设施栽培采用无土栽培技术时，更是如此。由于温室或塑料大棚栽培中，植物所需的 CO_2 只能靠通气、换气时，由室外流入的空气中得到补充，而在冬、春季为了保温，温室内经常通气不足，CO_2 浓度常低于 0.03%。生产实践中证明，使温室内 CO_2 浓度提高到 0.1%时，只要其他生长因素配合得好，能使净光合率增加 50%，产量提高 20%～40%。可见，增施 CO_2 肥料是一项重要的技术措施。温室中增加 CO_2 浓度可采用液化 CO_2 或固体 CO_2（干冰），燃烧石蜡、天然气、丙烷或白煤油等碳氢化合物的方法加以补充。北京市丰台区农科所在菜农中推广碳酸氢铵肥料加浓硫酸的方法补充 CO_2 的不足，效果也很明显。但必须注意，CO_2 浓度应控制在 0.1%以下为好。

二、氢

（一）氢的营养功能

氢不仅经常与碳和氧结合构成许多重要有机化合物，同时它还有许多极其不寻常的功能。由静电吸引所形成的氢键比其他化学键的结合力弱，具有明显的弹性、易分易合的特点。在许多重要生命物质的结构中氢键占有重要地位，例如在蛋白质和酶中，其多肽链的折叠、卷曲和交联，使之变成复杂的空间结构，而具有各种奇特的功能。这种空间结构的形成，氢键起很大的作用。又如，作为遗传物质的 DNA，是由两条相当长的多核苷酸以双螺旋形式相互盘卷而成的，而这种盘卷结构正是通过碱基之间所形成的氢键来实现的。由于氢键的易分易合性，特别有利于 DNA 的复制和转录。

氢和氧所形成的水，在植物体内有非常重要的作用。当水分充满细胞时，能使叶片与幼嫩部分挺展，使细胞原生质膨润，膜与酶等保持稳定，生化反应得以正常进行。水是植物体内的一切生化反应的最好介质，也是许多生化反应的参加者。

水是植物中氢的基本来源。它可自发电离产生质子，使细胞内质子维持在一定水平上，同时它的活性受许多因素的调节。水是最大而最安全的质子（H^+）库，水微弱解离产生的质子(H^+)源源不断地供给植物细胞中某些生化反应的需要，但又不大量产生 H^+ 使细胞酸化。植物许多重要的生化反应都需要 H^+。例如，H^+ 在光合和呼吸过程中是维持膜内外 H^+ 梯度所必需。在光合作用中，当 CO_2 还原为糖时，呼吸作用把有机物分解并放出能量，H^+ 对能量代谢有重要作用。可见，光合作用和呼吸作用都需要 H^+ 与电子受体结合形成还原性物质。氢在氧化还原反应中作为还原剂，参与 NADP 还原过程。质子在光合磷酸化中起着重要的作用。此外，H^+ 还是保持细胞内离子平衡和稳定 pH 值所必需。

由氢产生的质子不仅可直接作为许多代谢反应的底物或产物，而且在调节酶促反应、膜运输以及其他调节系统(如第二信使)活性方面都有重要作用。此外，质子还联络着细胞内各个分室，在胞间运输中发挥重要职能。

在很多情况下，氢的重要作用是通过水分体现的。因此，以往人们只认识到水分对植物的重要性，而不认识其中也包含着氢对植物所做的贡献。

(二)H^+ 过多对植物的危害

不适宜的氢离子浓度，不仅直接伤害细胞原生质的组分，而且还通过其他方面间接影响植物的生长发育。例如，直接影响根系对营养元素的吸收，降低环境中营养元素的有效性，使环境中有毒物质的浓度增加等等。pH 值变化对植物的生长发育也十分密切。有资料报道，休眠的菊芋其块茎汁液和胞浆的 pH 值都比非休眠状态的高出 0.4 个 pH 单位。pH 值下降将有助于促进养分释放，供给生长点萌发；而 pH 值上升时，薄壁细胞能主动积累养分，使养分从生长点转移出来，造成休眠的条件。

植物细胞内许多重要的生活物质，如酶、蛋白质等，对 pH 值的改变都很敏感，有的会引起物质的破坏或变性，有的会改变生化反应的方向。例如，细胞质酸化会引起 CO_2 暗固定的增加。因为液泡膜两侧 pH 值的变化促进了苹果酸向液泡运输，降低了胞浆中苹果酸的浓度，从而能提高 PEP 羧化酶的活性。

细胞液酸化会引起胞液酶发生定位错误。pH 值降低对酶的活性也有明显的影响。一般来讲，胞内 pH 值可以影响酶的反应基团及其作用底物的电离状态，从而直接影响酶的活性。此外，pH 值也可通过其他机制影响酶的活性。在植物生长过程中，以 CO_2 为 C 源、以 NH_4^+、NH_3、N_2 或 $CO(NH_2)_2$ 为氮源时，氧化代谢是过量 H^+ 生成的主要原因。

植物细胞原生质膜上的 H^+-ATP 酶能将细胞代谢过程中产生的过量质子排出膜外。因此，人们普遍认为 H^+-ATP 酶在调节细胞质 pH 值中起主要作用。

近 30 多年来，氢酶在豆科作物固氮过程中的作用引起了人们浓厚的兴趣。不少人对氢酶也进行了研究。固氮微生物中有三类能催化氢代谢的酶：固氮酶、可逆性氢酶和吸氢酶(即单向氢酶)。它们三者之间有明显不同的生理生化特性。固氮酶能催化 H^+ 还原成 H_2。从各种生物中分离出的固氮酶均能催化放 H_2,反应过程中需要 ATP 及 Fd,不受 Co 的抑制。可逆性氢酶可催化 H^+ 与 H_2 之间的可逆反应,反应不需要 ATP,但受 Co 的抑制。吸氢酶只能催化 H_2 的氧化,主要是羟化反应。其反应是单向的,其产物是 H_2O,并有 ATP 产生。在没有 O_2 作为末端电子受体时,也能还原某些其他底物。其活性受 Co 的抑制。

可逆性氢酶催化放 H_2,可除去过剩的还原力,以保证细胞生理活动的正常进行。氢化酶吸 H_2 的羟化反应中,可为细胞提供 ATP 和还原力(NADH 和 NADPH),从而有利于固氮作用,同时也有利于固定二氧化碳并还原成糖类。

NADH 和 NADPH 是固氮作用还原力的重要提供者,它们可由糖酵解反应生成,或由 6-P-葡萄糖、苹果酸、异柠檬酸等有氧代谢的中间产物与其相应的脱氢酶反应而产生。

从理论上分析,H_2 的再循环利用确实有助于增强固氮作用和提高作物产量,但是要在实践中取得明显的效果,还要注意其他各种条件的配合,特别是植株的特性和生长条件。

三、氧

(一)氧的营养功能

植物体内氧化还原作用中,氧是有氧呼吸所必需。在呼吸链的末端,O_2 是电子(e^-)和质子(H^+)的受体。大多数植物的氧来自 CO_2 和 H_2O。植物的呼吸作用产生的能量,为植物吸收养分提供了充足的能源。在其他很多方面都离不了能量,可以说没有能量就不能维持植物生命的一切活动。植物呼吸作用的中间产物是合成蛋白质、脂肪和核酸等重要有机物的原料,因此呼吸作用直接影响植物体内各种物质的合成与转化。当呼吸强度和途径发生改变时,代谢中间产物的数量和种类也随之改变,从而引起一系列其他物质的代谢和生理过程,最终将破坏正常的代谢过程及植物的生长发育。因此,呼吸作用与植物体内各种物质的合成、转化均有密切的关系。

作物吸收养分受供氧状况的影响。根系进行有氧呼吸时,可取得吸收养分时所需的能量。能量充足时,植物吸收养分量明显增加。缺氧条件下,对作物的危害是十分明显的。缺氧不仅影响根细胞的有氧呼吸以及 ATP 的合成,导致根系吸收养分的能力下降,出现缺素症;而且会因乳酸积累或其他无氧酵解生成酸性代谢产物,而导致细胞质酸化。由于抑制乳酸发酵,还会诱导乙醇的合成。

氧对豆科作物固氮也有一定的影响。大部分固氮微生物同样需要氧作为末端电子受体，进行氧化磷酸化，产生 ATP。因此，在适当供氧条件下，能使需氧性固氮微生物提高固氮酶的活性。

(二)活性氧的危害及其消除

过去，人们只知道氧是植物必需的营养元素，离开氧植物就不能生活；并且认为氧对需氧生物是有益无害的，直到 1968 年，McCord 与 Fridovich 发现超氧化物歧化酶以后，大家才逐渐认识到氧的某些代谢产物及其衍生的活性物质也有损害需氧生物机体的作用。氧自由基是生物体自身代谢过程中产生的。它是一类活性氧，即超氧化物自由基($O_2^{\cdot -}$)、羟自由基($^{\cdot}OH$)、过氧化氢(H_2O_2)、单线态氧($^1O_2$)及脂类过氧化物($RO^{\cdot}$、$ROO^{\cdot}$)。这类物质是由氧转化而来的氧代谢产物及其衍生的含氧物质。由于它们都含氧，且具有比氧还要活泼的化学特性，所以统称为活性氧(也称为氧自由基)。活性氧具有很强的氧化能力，对生物体有破坏作用。

在正常情况下，植物细胞内活性氧的含量很低，且有自身的清除系统，使活性氧的产生与清除处于低含量的动态平衡状态，一般对植物没有明显影响。但是，一旦条件发生变化，使之失去平衡，活性氧就会积累，并对植物产生毒害。如，生物膜内的双分子层中所含有的不饱和脂肪酸链易被氧化分解而导致膜整体的破坏。表现为膜的透性增大、离子漏失，严重时则造成植物死亡。同时，活性氧还有使膜脂出现脱脂化现象，也会造成膜的伤害。此外，活性氧对叶绿素、核酸等也有破坏作用。

现在人们越来越注意到活性氧的破坏作用和对活性氧的清除。植物体内氧自由基有两大清除系统，即酶系统和抗氧化剂系统。

1. 酶系统

(1)超氧化物歧化酶(SOD)。它是植物细胞中清除氧自由基最重要的酶类之一。目前发现有 3 种不同形式的 SOD，即 CuZn-SOD、Mn-SOD 和 Fe-SOD。它们的主要功能是清除超氧化物自由基。SOD 清除 $O_2^{\cdot -}$ 的能力与其含量多少有关，而生物体合成 SOD 的数量常受 $O_2^{\cdot -}$ 浓度的影响。在 $O_2^{\cdot -}$ 的诱导下，可提高 SOD 的生物合成的能力。

(2)过氧化氢酶(CAT)。在细胞的过氧化体中，酶反应所产生的 H_2O_2 可被过氧化氢酶清除。其他细胞器中产生的 H_2O_2，进入过氧化体后也可被过氧化氢酶清除。

(3)过氧化物酶(POD 或 POX)。它是清除 H_2O_2 与许多有机氢过氧化物的重要酶。在过氧化氢酶含量很少或 H_2O_2 数量很低的组织中，过氧化物酶可代替过氧化氢酶清除 H_2O_2。目前了解最多的是谷胱甘肽过氧化物酶(简称 GSH-PX)。在线立体及胞浆中所产生的 H_2O_2 常靠它来清除。

上述3种酶协调一致,即可使生物体内的自由基维持在低水平,从而防止自由基的毒害。因此,Fridovich统称它们为保护酶系统。

2. 抗氧化剂系统

(1)维生素E。生物体内维生素E的主要作用是防止脂类过氧化。它可淬灭单线态氧($^1O_2$),或与单线态氧发生反应,所以它是单线态氧的有效清除剂。维生素E能使在脂类过氧化过程中起连锁反应关键作用的$ROO^{\cdot}$转变为化学性质较不活泼的ROOH,从而使脂类过氧化的链式反应中断,而终止脂类过氧化的作用。据报道,此类反应发生在膜的表面。

(2)谷胱甘肽(GSH)。谷胱甘肽既能清除H_2O_2,又能修复损伤,使有机自由基恢复为原有机化合物和防护脂类过氧化物造成的损伤。

(3)抗坏血酸(ASA)。它也是生物体内自由基的重要清除剂。同时,抗坏血酸对维持体内维生素E的含量有重要作用。

此外,非酶类的自由基清除剂还有细胞色素f、甘露糖醇、氢醌、胡萝卜素等。

在正常情况下,植物细胞内存在自由基的产生和清除两个过程,并处于平衡状态,因此自由基的含量维持在较低的水平。但在逆境条件下(如低温、水分、养分缺乏等)植物体内活性氧代谢系统的平衡被破坏,自由基的生成量增加,而清除自由基的能力降低,致使植物膜系统受损。此外,植物在遭到大气污染、重金属污染、高温、盐渍、强光辐射、衰老、病害等胁迫时均会使平衡破坏,导致植物体内自由基的积累和膜透性失常,造成一系列生理生化代谢紊乱。如能短期解除胁迫,植物仍能逐渐恢复生长,如长期受害,植物则不能忍受而死亡。

豆科作物体内的某些固氮微生物需要适量的氧,而固氮酶本身又对氧十分敏感,氧能使固氮酶不可逆地失活,并阻遏固氮酶的合成。高效率的固氮作用一般是在微氧条件下进行的。某些固氮微生物自身具有防氧保护及对氧进行调控的能力。如,可通过高强度的呼吸作用消耗O_2,以降低体内氧的浓度;需氧固氮微生物往往体内含有氢化酶(吸氢酶),能通过羟化反应消耗体内一定数量的O_2;还可通过固氮和光合放氧作用在时间上的隔离,即固氮与光合放O_2在生活不同时期内进行(例如固氮蓝藻,其早期固氮作用旺盛时,光合作用微弱,后期光合作用旺盛,发生放O_2,固氮酶活性则急剧下降);多种微生物成群聚居的方式也可有效地排除O_2等。一些固氮微生物(如棕色固氮菌和圆褐固氮菌)体内还存在着氧保护蛋白(也称为Shethna蛋白),它对固氮酶活性可进行"开-关"调节。这些都有助于减少氧的数量,起到保护固氮酶的作用。

综上所述,碳、氢、氧不仅是构成植物基本骨架的元素,而且是构成植物体内各种物质的分子骨架和高级结构的元素。不可忽视的是碳、氢、氧还有着许多特殊的功能。

第三节　氮

一、植物体内氮的含量与分布

植物需要多种营养元素，而氮素尤为重要。从世界范围看，在所有必需营养元素中，氮是限制植物生长和形成产量的首要因素。它对改善产品品质也有明显作用。

一般植物含氮量占作物体干重的0.3%～5%，而含量的多少与作物种类、器官、发育阶段有关。

豆科作物含有丰富的蛋白质，含氮量也高。按干重计算，大豆植株中含氮2.49%、紫云英植株含氮2.25%；而禾本科作物一般含氮量较低，大多在1%左右。作物种类不同含氮量也不相同，如玉米含氮常高于小麦，而小麦又高于水稻。即使是相同种类的作物也常因不同品种，其含氮量有明显差异。

植物体内氮素主要存在于蛋白质和叶绿素中。因此，幼嫩器官和种子中含氮量较高，而茎秆含量较低，尤其是老熟的茎秆含氮量更低。如小麦子粒含氮2.0%～2.5%，而茎秆仅含0.5%左右；豆科作物子粒含氮4.5%～5%，而茎秆仅含1%～1.4%。玉米也有相同的趋势：叶片含氮2.0%，子粒1.5%，茎秆0.7%，包叶最少，只有0.4%。

同一作物的不同生育时期，含氮量也不相同。如水稻，分蘖期含氮量明显高于苗期，通常分蘖盛期含量达最高峰，其后随生育期推移而逐渐下降。在各生育期中，作物体内氮素的分布在不断变化。在营养生长阶段，氮素大部分集中在茎叶等幼嫩的器官中；当转入生殖生长时期以后，茎叶中的氮素就逐步向子粒、果实、块根或块茎等储藏器官中转移；成熟时，大约有70%的氮素已转入种子、果实、块根或块茎等储藏器官中。

应该指出，作物体内氮素的含量与分布明显受施氮水平和施氮时期的影响。随施氮量的增加，作物各器官中氮的含量均有明显提高。通常是营养器官的含量变化大，生殖器官则变动较小；但生长后期施用氮肥，则表现为生殖器官中含氮量明显上升。

二、氮的营养功能

氮是作物体内许多重要有机化合物的组分，例如蛋白质、核酸、叶绿素、酶、维生素、生物碱和一些激素等都含有氮素。氮素也是遗传物质的基础。在所有生物体内,蛋白质最为重要,它常处于代谢活动的中心地位。

(一)蛋白质的重要组分

蛋白质是构成原生质的基础物质,蛋白态氮通常可占植株全氮的80%～85%,蛋白质中平均含氮16%～18%。在作物生长发育过程中,细胞的增长和分裂以及新细胞的形成都必须有蛋白质参与。缺氮时因新细胞形成受阻而导致植物生长发育缓慢,甚至出现生长停滞。蛋白质的重要性还在于它是生物体生命存在的形式。一切动、植物的生命都处于蛋白质不断合成和分解的过程之中,正是在这不断合成和不断分解的动态变化中才有生命存在。如果没有氮素,就没有蛋白质,也就没有了生命。氮素是一切有机体不可缺少的元素,所以它被称为生命元素。

(二)核酸和核蛋白的成分

核酸也是植物生长发育和生命活动的基础物质,核酸中含氮15%～16%。无论是在核糖核酸(RNA)或是在脱氧核糖核酸(DNA)中都含有氮素。核酸在细胞内通常与蛋白质结合,以核蛋白的形式存在。核酸和核蛋白大量存在于细胞核和植物顶端分生组织中。信息核糖核酸(mRNA)是合成蛋白质的模板,DNA是决定作物生物学特性的遗传物质,DNA和RNA是遗传信息的传递者。核酸和核蛋白在植物生活和遗传变异过程中有特殊作用。核酸态氮约占植株全氮的10%左右。

(三)叶绿素的组分元素

众所周知,绿色植物有赖于叶绿素进行光合作用,而叶绿素a和叶绿素b中都含有氮素。据测定,叶绿体占叶片干重的20%～30%,而叶绿体中含蛋白质45%～60%。叶绿素是植物进行光合作用的场所。实践证明,叶绿素的含量往往直接影响着光合作用的速率和光合产物的形成。当植物缺氮时,体内叶绿素含量下降,叶片黄化,光合作用强度减弱,光合产物减少,从而使作物产量明显降低。绿色植物生长和发育过程中没有氮素参与是不可想象的。

(四)许多酶的组分

酶本身就是蛋白质,是体内生化作用和代谢过程中的生物催化剂。植物体内许多生物化学反应的方向和速度都是由酶系统控制的。通常,各代谢过程中的生物化学反应都必须有一个或几个相应的酶参加。缺少相应的酶,代谢过程就很难顺利进行。氮素常通过酶间接影响着植物的生长和发育。所以,氮素供应状况关系到作物体内各种物质及能量的转化过程。

此外,氮素还是一些维生素(如维生素B_1、维生素B_2、维生素B_6、维生素PP等)的组分,而生物碱(如烟碱、茶碱、胆碱等)和植物激素(如细胞分裂素、赤霉素等)也都含有氮。这些含氮化合物在植物体内含量虽不多,但对于调节某些生理过程却很重要。例如维生素PP,它包括烟酸、烟酸胺,都含有杂环氮的吡啶,吡啶是生物体内辅酶Ⅰ和辅酶Ⅱ的组分，而辅酶又是多种脱氢酶所必需。又如细胞分裂素，它是一种含氮的环状化合物，可促进植株侧芽发生和增加禾本科作物的分蘖，并能调节胚乳细胞的形成，有明显增加粒重的作用；而增施氮肥则可促进细胞分裂素的合成(表 2-2)，因为细胞分裂素的形成需要氨基酸。此外，细胞分裂素还可以促进蛋白质合成，防止叶绿素分解，长期保持绿色，延缓和防止植物器官衰老，延长蔬菜和水果的保鲜期。

表 2-2 供氮对马铃薯伤流液中细胞分裂素含量的影响

天数/d	细胞分裂素含量/μmol	
	连续供氮	连续不供氮
0	196	196
3	420	26
6	561	17

处理前苗龄 30 d。

总之，氮对植物生命活动以及作物产量和品质均有极其重要的作用。合理施用氮肥是获得作物高产的有效措施。

三、植物对氮的吸收、同化和运输

植物吸收利用的氮素主要是铵态氮和硝态氮。低浓度的亚硝酸盐也能被植物吸收，但浓度较高时则对植物有害。由于亚硝酸盐在土壤中的数量很少，故无实际营养意义。某些可溶性的有机含氮化合物，如氨基酸、酰胺和尿素，也能被植物所吸收，只是吸收量有限。在旱地农田中，硝态氮是作物的主要氮源。由于土壤中的铵态氮经硝化作用可转变为硝态氮。所以作物吸收的 NO_3^--N 常多于 NH_4^+-N。

(一)NO_3^--N 的吸收和同化

1. NO_3^--N 的吸收　植物吸收 NO_3^--N 是主动吸收过程。所以它是逆电化学势梯度被吸收的。植物吸收 NO_3^--N 的最初速率较低，因为硝酸还原酶是诱导酶，它的生成有一诱导过程。影响 NO_3^--N 吸收的因素很多，光照、低温、介质的 pH 值、呼吸抑制剂、厌氧过程以及氧化磷酸化过程的解联等都会抑制植物对 NO_3^--N 的吸收。

介质的 pH 值显著影响植物对 NO_3^--N 的吸收。pH 值升高，NO_3^--N 的吸收减少。一方面是由于 OH^- 与 NO_3^- 有竞争作用；另一方面是因为植物所吸收的 NO_3^- 在体内同化时，细胞内的 pH 值上升、碱性加强，为了保持酸碱平衡，这主要靠在细胞内所形成的有机酸进行中和，而 OH^- 过多会影响有机酸的形成，这又进

一步影响植物对 NO_3^--N 的吸收。Ca^{2+} 对 NO_3^--N 吸收有促进作用，它能加速 NO_3^- 迁移到质膜的吸收位置上，Ca^{2+} 也影响着 NO_3^--N 的运输系统。Ca^{2+} 有稳定细胞膜的作用，所以对 NO_3^--N 的吸收有利。

NO_3^--N 进入植物体后，其中的一部分 NO_3^--N 可进入根细胞的液泡中储存起来暂时不被同化，而大部分既可以在根系中同化为氨基酸、蛋白质，也可以 NO_3^--N 的形式直接通过木质部运往地上部进行同化。根中合成的氨基酸也可向地上部运输，在叶片中再合成蛋白质。在叶片中，NO_3^--N 同样可以进入液泡暂时储存起来，或进一步同化为各种有机态氮。叶片中合成的氨基酸也可以通过韧皮部向根系输送。通常液泡是养分的储存库，而硝酸盐在液泡中积累对阴阳离子平衡和渗透调节作用具有重要意义。由于在硝酸盐中的氮素属于高度氧化的形式，而植物体内的氨基酸和其他含氮有机化合物中的氮素则是高度还原的形式（通常为—NH_2），所以硝态氮素不能与酮酸直接结合形成氨基酸，它在氨基酸和其他含氮有机化合物的合成过程中，必须首先进行还原作用。植物体中 NO_3^--N 的还原和同化与光合作用中 CO_2 的还原和同化同样重要。

2. NO_3^--N 的同化　硝酸盐还原成氨是由两种独立的酶分步进行催化的。硝酸还原酶可使硝酸盐还原成亚硝酸盐，而亚硝酸还原酶则可使亚硝酸盐还原成氨（图 2-1）。

还原的第 1 步：NO_3^--N 的还原作用是在细胞质中进行的，形成的 HNO_2 以分子态透过质膜。第 2 步：HNO_2 在叶绿体或前质体内被还原，并形成氨。由于这两种酶的连续作用，所以植物体内没有明显的亚硝酸盐积累。

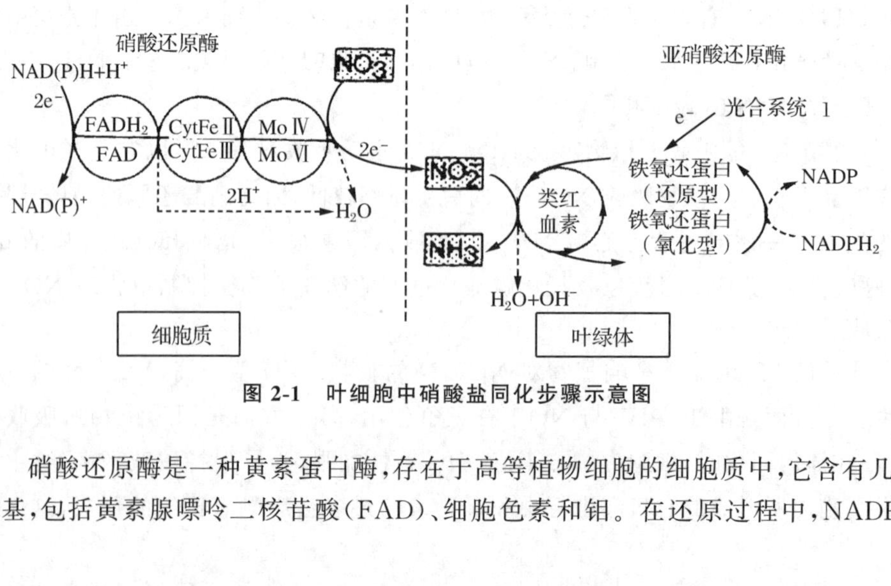

图 2-1　叶细胞中硝酸盐同化步骤示意图

硝酸还原酶是一种黄素蛋白酶，存在于高等植物细胞的细胞质中，它含有几个辅基，包括黄素腺嘌呤二核苷酸（FAD）、细胞色素和钼。在还原过程中，NADPH

(或 NADH) 作为电子供体，FAD 为辅酶，钼是活化剂。在植物体中电子通过还原态 NADPH 或 NADH 转移到 FAD 上，使 FAD 变为 $FADH_2$，再由 $FADH_2$ 把电子转移到氧化态钼(Mo^{6+})，使钼转变为 Mo^{5+}，Mo^{5+} 最后把电子转移给硝酸根，使它还原为亚硝酸根。亚硝酸还原酶也是黄素蛋白酶，它能利用还原态铁氧还蛋白把电子转移给亚硝酸，NADPH 或 NADH 仍然是电子供体，使亚硝酸根还原为氨。亚硝酸还原酶不需要钼，但需要铜和铁。因为亚硝酸还原酶是含铁卟啉的酶。有人认为铜可交替进行氧化和还原，把电子传递给亚硝酸盐。业已证明，亚硝酸还原需要 ATP。硝酸盐还原过程中需要消耗 H^+，同时伴随有 OH^- 产生。其总反应式如下：

$$NO_3^- + 8H^+ + 8e^- \longrightarrow NH_3 + 2H_2O + OH^-$$

所产生的 OH^-，一部分用于代谢，一部分排出体外，以保持细胞内 pH 值基本不变。由于根排出 OH^-，可使根际土壤变碱或营养液的 pH 值上升。这就是施用硝态氮肥会使局部环境变碱的原因所在。据测定，植物吸收 NO_3^- 和排出体外的 OH^- 量大约是 10∶1，有时比例还要大一些。

硝酸还原酶存在于高等植物细胞的细胞质中，在幼根和根尖中含量高，其半寿期只有几个小时。在不供给硝酸盐的植物中硝酸还原酶的水平很低，一旦在培养介质中加入硝酸盐，即可诱导产生这种酶。通过加入细胞分裂素也可在几小时内诱导产生硝酸还原酶。植物体各部位中硝酸还原酶的活性有所不同。一般幼嫩组织中，硝酸还原酶的活性高，而衰老组织中的活性低。硝酸还原酶的活性受铵盐的抑制。缺钼也会引起硝酸盐的积累，从而使硝酸还原酶的活性提高(表 2-3)。由于锰为光合系统Ⅱ中所必需，缺锰也会间接影响硝酸盐的还原。

表 2-3　钼对小麦叶片中硝酸还原酶活性的影响

供钼水平 /(μg·株$^{-1}$)	叶片预处理 /(μg·L^{-1})	硝酸还原酶活性(NO_2)/(μmol·g^{-1} 鲜重)	
		24 h	70 h
0.005	0	0.2	0.3
0.005	100	2.8	4.2
5.0	0	—	8.0
5.0	100	—	8.2

Randall，1969。

试验证明，亚硝酸还原酶存在于叶绿体中，所以亚硝酸的还原取决于光照。有资料报道，高等植物体内的亚硝酸还原酶是由单一多肽束组成，它与铁、硫复合物以及豆血红素相连。豆血红素是特殊形式的血红素，据推测，它能与亚硝酸盐结合。亚硝酸还原酶的两个基团都参加电子的传递。亚硝酸还原酶的合成与活性都依赖于亚硝酸盐的供应。

从上述情况来看，硝酸还原过程中需要钼、锰、铁、铜、硫等多种矿质元素。当土壤缺乏这些元素中的任何一种时，植物体内的硝酸盐就不易被还原。此外，其他的环境因素也会影响硝酸盐的还原，如低温、光照不足等因素的影响都很大。

大多数植物的根和地上部都能进行 NO_3^--N 的还原作用，但各部位还原的比例则取决于不同的因素：

(1)硝酸盐供应水平。吸收 NO_3^--N 的数量，明显影响还原的状况。当硝酸盐数量少时，主要在根中还原。随着硝酸盐吸收数量的增加，NO_3^--N 运往地上部的数量也不断增加，因此在地上部还原的数量也明显提高。根系中 NO_3^--N 的还原需要大量碳水化合物，这些碳水化合物需要从地上部运输进入根部。这是根中不能大量还原 NO_3^--N 的主要原因。

(2)植物种类。木本植物还原能力比一年生草本植物强，这主要是受生物学特性的影响。一年生草本植物的还原能力常因种类不同而有差异，其还原强度的顺序为：油菜＞大麦＞向日葵＞玉米≫苍耳。苍耳几乎全部在叶片中同化；番茄主要在绿色部分同化；小麦大约是 40%在根部同化；而豌豆主要在根部同化。在叶片中还原 NO_3^--N 时，常会出现与光合作用竞争 ATP 和还原剂的现象。

(3)温度。根还原 NO_3^--N 的比例受温度的影响，因为温度能明显地影响植物还原 NO_3^--N 的能力。温度升高，酶的活性也高，所以可提高根中还原 NO_3^--N 的比例。例如，番茄在 13℃时，虽然对硝酸盐的吸收速度很快，但硝酸盐的还原和有机含氮化合物的合成速度都非常缓慢。当温度达 21℃时，硝酸盐的吸收和还原作用均十分迅速。

(4)植物的苗龄。在根中还原的比例随苗龄的增加而提高。在某一单独叶片的个体发育过程中，叶片扩展速率达最快时，硝酸还原酶的活性也最大。当叶片停止生长后，硝酸还原酶的活性则明显下降。在根中则表现出根基部酶活性低，而生长旺盛的根顶端细胞中的硝酸还原酶活性却很高。

(5)陪伴离子。K^+ 能促进 NO_3^- 向地上部转移，所以钾充足时，NO_3^- 在根中还原的比例下降；而 Ca^{2+} 和 Na^+ 为陪伴离子时则相反，NO_3^- 在根中的还原比例相当高。

(6)光照。在根部还原硝酸盐需要大量的碳水化合物，这无疑是限制根系硝酸还原能力的因素之一。在绿色叶片中，光合强度与 NO_3^- 还原之间存在着密切的相关性。试验表明，叶片中 NO_3^--N 的还原有明显的昼夜性。光照的影响主要反映在碳水化合物的数量上，而实质上是能量供应问题。降低光照时，硝酸还原酶活性下降。当恢复强光照时，酶的活性提高。在低光照的温室中，往往硝酸还原作用很差，植物体内 NO_3^--N 的浓度比正常条件下的植物往往可高出好几倍。种植在温室或塑料大棚中的蔬菜，尤其是菠菜，这一现象十分明显。

在 NO_3^--N 同化的过程中，随着 NO_3^- 转变为氨，体内常常需要通过合成有机酸以补偿电荷达到电中性。有机酸对保持阴、阳离子平衡及渗透调节起重要作用。但是如果 NO_3^- 数量过多，储存在液泡中的渗透溶质过量也是有危害的。此时植物自身也有一定的调节能力。其调节的方式为：

①为保持 NO_3^--N 还原过程中电荷的平衡，体内合成的草酸与钙结合，形成草酸钙沉淀。

②氨基酸和酰胺等还原态氮与活性强的阳离子，如 K^+ 和 Mg^{2+} 一起运往其他部位。

③有机酸根（主要是苹果酸根）与 K^+ 一同从植株地上部向根系转移，脱羧后以 HCO_3^- 形式释放到根际介质中去。

硝酸还原酶和亚硝酸还原酶的活性与呼吸作用和光合作用有密切关系。在叶绿体中硝酸盐的还原作用要依赖于光合作用所提供的还原力，而在细胞其他部位的硝酸盐则需要由呼吸作用提供还原力进行还原。

(二)NH_4^+-N 的吸收和同化

1. NH_4^+-N 的吸收　目前对植物吸收 NH_4^+-N 的机理有不同的见解。Epstein (1972)认为 NH_4^+-N 吸收的机理与 K^+ 相类似，两者有相同的吸收载体，因而常表现出 NH_4^+-N 与 K^+ 之间有竞争效应。Dejaegere 和 Neirenckx(1978)等认为，NH_4^+-N 是与 H^+ 进行交换而被吸收，所以介质会变酸。Heber (1974)等认为，NH_4^+-N 是以 NH_3 的形式被吸收的，NH_3 进入植物体比电中性分子(水分子除外)要快 1 000 倍。K. Mengel(1982)也认为，NH_4^+-N 在质膜上首先发生脱质子化作用，成为 NH_3 以后才在质膜上运转，尔后才能进入细胞内。K. Mengel 等(1978)在水培条件下种植水稻时发现，NH_4^+ 的吸收与 H^+ 的释放存在着相当一致的等当量关系(表 2-4)。

表 2-4　水稻幼苗对 NH_4^+ 的吸收与 H^+ 释放的关系

NH_4^+ 的吸收	H^+ 的释放	NH_4^+ 的吸收	H^+ 的释放
158	149	174	166
184	183	143	145

Mengel and Viro 1978。

由于 NH_3 是中性分子，能通过扩散迅速透过细胞膜，因此他们根据 NH_4^+ 的吸收与 H^+ 的释放存在着相当一致的等当量关系的事实，推测 NH_4^+ 是在细胞膜

外脱去质子成为 NH_3 后被植物吸收的。他们认为植物吸收的是 NH_3，而不是 NH_4^+。因为，植物吸收 NH_4^+ 时，根际土壤明显酸化，而吸收 NH_3 是 NH_4^+ 脱质子化作用的结果(图 2-2)。

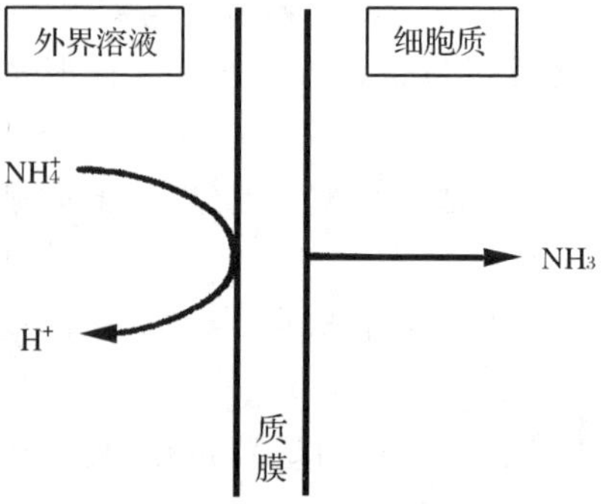

图 2-2 在质膜上 NH_4^+ 脱质子作用的示意图

2. NH_4^+-N 的同化 植物吸收 NH_4^+-N 受植物体内碳水化合物含量水平的影响，碳水化合物含量高时，能促进 NH_4^+ 的吸收，因为碳架和能量充足，有利于 NH_4^+ 的同化。

NH_4^+-N 被植物吸收后，NH_4^+-N 在根细胞中很快同化为氨基酸，然后再向地上部运输。很少以 NH_4^+ 的方式直接送往地上部。铵态氮可直接与植物呼吸作用产生的 α-酮酸结合生成氨基酸。氨基酸进一步可合成蛋白质。NH_3 对植物细胞有毒害作用，因此合成有机含氮化合物是解毒的主要措施。NH_3 同化为谷氨酸包括两个步骤：首先是 NH_3 与 α-酮戊二酸直接结合形成 α-亚氨基谷氨酸，然后在还原态 $NADH_2$ 存在的条件下，由谷氨酸脱氢酶催化形成谷氨酸。试验证明，在高等植物体内谷氨酸的形成可能是 NH_3 同化的最初反应。这一反应是可逆的，反应主要在线粒体中进行，反应中的 $NADH_2$ 和 α-酮戊二酸是由线粒体提供的。反应的顺序如下：

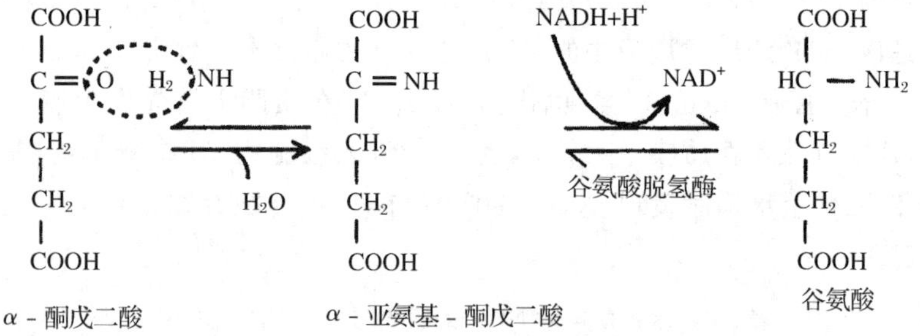

上述反应导致 α-酮戊二酸胺化，同时伴随着有 NADH 和 NADPH 引起的还原作用，所以称为还原性胺化作用。

后来的研究进一步说明，氨的最初受体是 α-酮戊二酸，在氨进行同化作用的最初阶段，形成最多的是谷氨酸。谷氨酸又是氨基转移作用中氨基的供体。其他许多种氨基酸是由谷氨酸转化而成的。仅谷氨酸就能同 17 种酮酸在各种转氨基酶的作用下发生转氨基作用，产生各种新的氨基酸。通过氨基转移作用，可使另一种酮酸氨基化，形成新的氨基酸，而氨基被转移后，原来的氨基酸就又转变为酮酸。例如，谷氨酸可以把氨基转移到草酰乙酸上，使之形成天门冬氨酸，而谷氨酸又转变为 α-酮戊二酸。这一反应是在氨基转移酶的催化作用下进行的。有许多种氨基酸都可以作为氨基的供体，它们为酮酸氨基化提供氨基，但其中最主要的氨基酸是谷氨酸。可见，谷氨酸的形成和转化，在氨基酸合成中占有重要地位。氨基酸是蛋白质、核酸、核苷酸、血红素（色素、叶绿素等）、生物碱和其他多种含氮化合物的先导。

当植物组织中 NH_3 浓度较高时，氨就有可能产生毒害，这和氨能快速透过生物膜有关。氨毒的表现是使光合磷酸化作用解偶联。不过，植物对环境中有过多 NH_3 存在有一定的调节能力，即由谷氨酸和天门冬氨酸再结合一个 NH_3，在谷氨酰胺合成酶的作用下形成谷氨酰胺。酰胺的合成需要消耗 ATP。其反应如下：

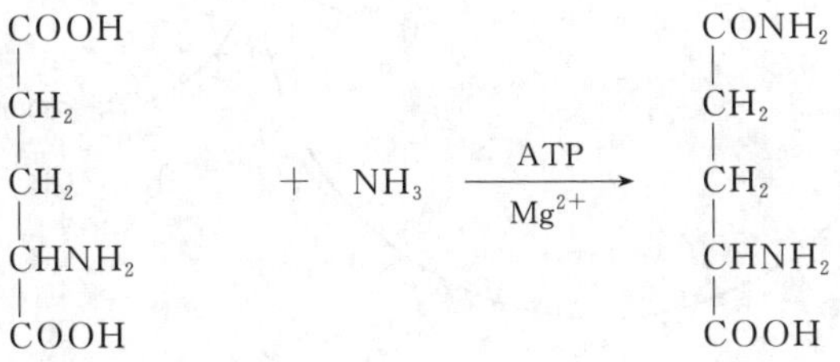

谷氨酸　　　　谷氨酰胺

酰胺是植物体内氮素的储存形态，酰胺的合成不仅为植物储存了氮素，而且能消除因氨浓度过高而产生的毒害作用。酰胺是一些植物木质部运输氮素的主要形式，因此，酰胺的形成有促进氮素在体内运转的作用。还应该指出的是，不是所有的氨基酸都能形成酰胺，只有谷氨酸和天门冬氨酸能形成酰胺。植物体内酰胺数量的多少能反映出作物氮素营养的状况。日本的学者曾以水稻体内酰胺的数量作为诊断氮素营养状况的指标。

多年来一直认为，谷氨酸脱氢酶（GDH）所催化的还原性胺化作用的途径（也称为 GDH 途径），是高等植物中氨同化为有机含氮化合物的主要方式。然而目前了解到，植物体内还存在着另一重要的同化途径。它是由谷氨酰胺合成酶和谷氨酸合成酶（GS-GOGAT）起催化作用，发生在叶绿体中的连续反应（图 2-3）称为 GS-GOGAT 途径。在高等植物中，铁氧还蛋白是氮还原时的电子供体。GS-GOGAT 途径是植物氨同化更为普遍和重要的方式。大量研究证明，谷氨酰胺合成酶对氨的亲和力很高，从而可保证叶绿体中 NH_3 维持在很低的水平，避免 NH_3 的积累引起光合磷酸化解偶联。应该指出，当介质中 NH_3 浓度较高，使植物组织

有 NH_3 累积时，GDH 途径对解氨毒可能有更重要的作用。

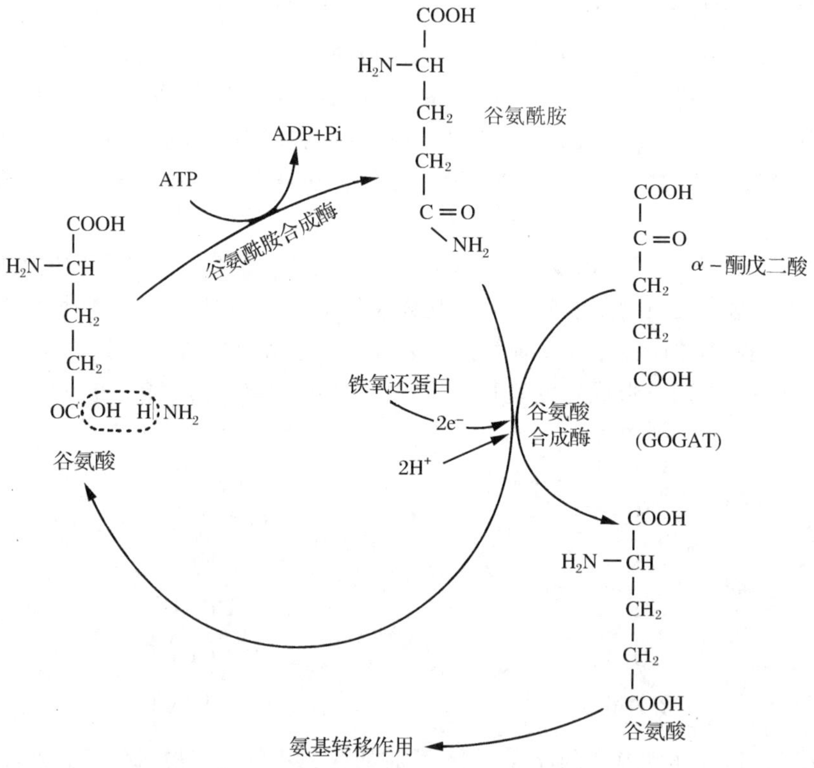

图 2-3 谷氨酰胺合成酶和谷氨酸合成酶(GS-GOGAT)的反应图式

(引自 Mengel K 和 Kirkby《植物营养原理》)

(三)$CO(NH_2)_2$-N 的吸收和同化

尿素分子能被植物的根和叶部所吸收，但它被同化的机理尚不清楚。目前关于尿素被同化的途径有两种见解：

大多数人认为，尿素在植物体内可由脲酶水解产生氨和二氧化碳。有资料表明，水稻幼苗在含尿素的溶液中能诱导产生脲酶，并将尿素水解为氨和二氧化碳。水解产生的氨即进入合成氨基酸的氮素代谢中。水解过程中所产生的氨必须尽快转化，否则脲酶活性会受到抑制，尿素的水解速率也随之降低。

但另一种见解认为尿素是直接被吸收和同化的。一些研究者发现，在某些作物体内并没有脲酶，如麦类、黄瓜、莴苣、马铃薯等。但它们却能很好地吸收尿素。他们认为尿素可与磷酸作用直接转化为氨甲酰磷酸，尔后再与鸟氨酸结合形成瓜氨酸，瓜氨酸又再经间接转化形成精氨酸。尿素通过这一途径可进入鸟氨酸代谢。鸟氨酸是一种非蛋白态的氨基酸，但它在植物体中似乎普遍存在。其反应简单表示如下：

$$\text{尿素}+\text{磷酸}\longrightarrow\text{氨甲酰磷酸}$$

$$\text{氨甲酰磷酸}+\text{鸟氨酸}\longrightarrow\text{瓜氨酸}$$

$$\text{瓜氨酸}\xrightarrow{\text{一系列转化}}\text{精氨酸}$$

尿素同化的特点：对植物呼吸作用的依赖程度不大，而主要受尿素浓度的影响。植物吸收尿素的速率比吸收 NO_3^--N 的速率低，但是尿素浓度过高时，能透入到蛋白质分子的结构中，破坏蛋白质结构中的氢键，使蛋白质变性。

（四）NO_3^--N 和 NH_4^+-N 营养作用的比较

关于 NO_3^--N 和 NH_4^+-N 营养作用问题，在历史上曾有过争论。布森高（1822）、李比希（1840）等认为，NH_4^+-N 是植物氮营养的主要形态，而到了 1851 年，萨勒姆-赫尔斯特玛（Salm-Horstmar）则认为，NO_3^--N 是植物营养的主要氮素来源。直到 1855 年布森高利用砂培法研究才得出正确结论：NO_3^--N 和 NH_4^+-N 都是植物良好的氮源。NO_3^--N 是阴离子，为氧化态的氮源，NH_4^+-N 是阳离子，为还原态的氮源。它们所带电荷不同，因此在营养上的特点也就必然不会相同。但是必须指出，不能简单地判定哪种形态好或是不好，因为肥效高低与影响吸收和利用的许多因素有关。

1. 作物种类　虽然各种作物都能利用这两种形态的氮源，但形态不同，作物的反应并不一样。水稻是典型喜 NH_4^+-N 的作物，施用铵态氮肥的效果比硝态氮肥好（表 2-5）。因为水稻幼苗根内缺少硝酸还原酶，所以水稻对 NO_3^--N 不能很好地利用。只有把水稻培养在硝酸盐溶液中，经过一段时间的诱导，才能逐步使之产生硝酸还原酶。即使如此，其肥效仍不及 NH_4^+-N 肥。因为水稻是处于淹水状态下生长的作物，NO_3^--N 在水田中易流失，并发生反硝化作用。薯类作物含碳水化合物较多，能与 NH_4^+-N 合成有机含氮化合物，因此表现为对 NH_4^+-N 有较强的忍耐能力。

表 2-5　不同形态氮素对玉米和水稻幼苗生长的影响

作物	以 $NaNO_3$ 为氮源			以 $(NH_4)_2SO_4$ 为氮源		
	干重/g	原始 pH 值	最终 pH 值	干重/g	原始 pH 值	最终 pH 值
玉米	0.405	5.2	6.8	0.273	5.1	4.0
水稻	0.126	5.2	6.0	0.306	5.1	2.9

* 培养 15 d（罗宗洛）。

烟草是典型喜氧的作物，对 NO_3^--N 的反应较好。NO_3^--N 有利于烟草体内形成大量的有机酸，特别是促进柠檬酸和苹果酸的积累，因此能够增强烟叶的燃烧性。许多小粒种子，如小麦，因种子中碳水化合物含量少，忍受 NH_4^+-N 的能力很小，而对 NO_3^--N 利用能力较高。甜菜是喜钠作物，施用硝酸钠的效果为最好。

2. 环境反应(pH) 在不同 pH 值条件下，作物对 NO_3^--N 和 NH_4^+-N 的吸收量有明显的差异。从生理的角度看，NO_3^- 和 NH_4^+ 都是良好的氮源，然而施肥时就必然会涉及到陪伴离子问题。过去有很多试验的结果是相反的，其原因就在于忽略了环境因素。NH_4^+-N 效果不好主要是由于生理酸性所造成的。如果添加 $CaCO_3$，又可能因碱性过强而不利于生长。在营养液培养条件下，只有采用严格调整溶液酸碱度或经常更换溶液的方法才能获得正确的结论。试验证明，环境酸化是影响铵态氮肥肥效的关键。同时也说明，不消除生理酸性的影响就不可能对 NO_3^--N 和 NH_4^+-N 的营养作用做出正确的判断。从理论上来讲，硝酸盐所形成的碱性也有不利的影响，但实际上其危害程度要小得多，因为植物根系释放的 CO_2 和各种有机酸有利于中和碱性。例如，在营养液 pH＝6.2 时培养植物，经 48 h 后，$(NH_4)_2SO_4$ 溶液的 pH 值降低到 3.3～3.5，而 $NaNO_3$ 溶液的 pH 值提高到 7.3。前者足以达到植物不能正常生长的地步，而后者却并不影响植物的正常生长。这是一个十分重要的概念问题，对此应有正确的认识。

四、植物缺氮症状与供氮过多的危害

(一)作物缺氮的外部特征

当作物叶片出现淡绿色或黄色时，即表示作物有可能缺氮。作物缺氮时，由于蛋白质合成受阻，导致蛋白质和酶的数量下降；又因叶绿体结构遭破坏，叶绿素合成减少而使叶片黄化。这些变化致使植株生长过程延缓。

苗期：由于细胞分裂减慢，苗期植株生长受阻而显得矮小、瘦弱，叶片薄而小。禾本科作物表现为分蘖少，茎秆细长；双子叶作物则表现为分枝少。

后期：若继续缺氮，禾本科作物则表现为穗短小，穗粒数少，子粒不饱满，并易出现早衰而导致产量下降。许多作物在缺氮时，自身能把衰老叶片中的蛋白质分解，释放出氮素并运往新生叶片中供其利用。这表明氮素是可以再利用的元素。因此，作物缺氮的显著特征是植株下部叶片首先褪绿黄化，然后逐渐向上部叶片扩展。

作物缺氮不仅影响产量，而且使产品品质也明显下降。供氮不足致使作物产品中的蛋白质含量减少，维生素和必需氨基酸的含量也相应地减少。

(二)氮素过多的危害

供应充足的氮素能促使植物叶片和茎加快生长，然而必须有适量的磷、钾和其他必需元素的存在，否则氮素再多也是不可能增产的。

在植物生长期间，供应充足而适量的氮素能促进植株生长发育，并获得高产。但是，如果整个生长季中供应过多的氮素，则常常使作物贪青晚熟。在某些无霜期短的地区，作物常因氮素过多造成生长期延长，而遭受早霜的严重危害，这种影响不可轻视。

大量供应氮素常使细胞增长过大，细胞壁薄，细胞多汁，植株柔软，易受机械损伤和病菌侵袭。此外，过多的氮素还要消耗大量碳水化合物，这些都会影响作物的产品品质。Rolldenier(1969)提出，过量氮肥能诱发各种真菌类的病害，例如大麦褐锈病(puccinia hordei)、水稻褐斑病(helminthossporium oryzae)以及小麦赤霉病(fusarium graminearum)等。这种危害在磷、钾肥用量低时则更为严重。但也有相反的情况，如玉米叶枯病(helminchorium turcieum)，在提高氮肥用量时，病害却有减轻的趋势。

对叶菜类蔬菜来说，通常希望它组织柔软、新鲜脆嫩，施用适量氮肥常能达到这一目的。但对于大白菜和某些水果来说，过量施氮则会降低其储存和运输的品质。

氮素供应过多还会使谷类作物叶片肥大，相互遮荫，碳水化合物消耗过多，茎秆柔弱，容易倒伏而导致减产。棉花常因氮素过多而生长不正常，表现为株型高大，徒长，蕾铃稀少而易脱落，霜后花比例增加。甜菜块根的产糖率也会因含氮量过高而下降。

含氮量高的植物具有细胞多汁的特点，这对纤维作物来说是不利的，例如对大麻供氮过多，则表现为生物量虽有增加，但纤维产量减少，细胞壁薄，纤维拉力降低。大量施用氮肥还会提高体内硝酸盐的含量，而硝酸盐过多却对人们健康产生威胁。

第四节　磷

磷是植物生长发育不可缺少的营养元素之一，它既是植物体内许多重要有机化合物的组分，同时又以多种方式参与植物体内各种代谢过程。磷对作物高产及保持品种的优良特性有明显作用。

一、植物体内磷的含量与分布

植物体的含磷量相差很大，为干物重的0.2％～1.1％，而大多数作物的含量在0.3％～0.4％，其中大部分是有机态磷，约占全磷量的85％，而无机态磷仅占

15%左右。有机态磷主要以核酸、磷脂和植素等形态存在;无机态磷主要以钙、镁、钾的磷酸盐(P_i)形态存在,它们在植物体内均有重要作用。幼叶中有机态磷含量较高,而老叶中则含无机态磷较多。虽然植物体内 P_i 所占比例不高,但从它的含量变化能反映出植株磷营养的状况。植物缺磷时,常表现出组织(尤其是营养器官)中 P_i 的含量明显下降,而有机态磷含量变化较小。作物种类不同,含磷量也有差异,且因作物生育期和器官不同而有变动。一般的规律是:油料作物含磷量高于豆科作物,豆科作物高于谷类作物;生育前期的幼苗含磷量高于后期老熟的秸秆;就器官来说,则表现为幼嫩器官中的含磷量高于衰老器官,繁殖器官高于营养器官;种子高于叶片,叶片高于根系;根系高于茎秆;纤维中含磷量最少。植物含磷量常受土壤磷水平的影响,当土壤有效磷含量高时,植物的含磷量也略高于缺磷的土壤。

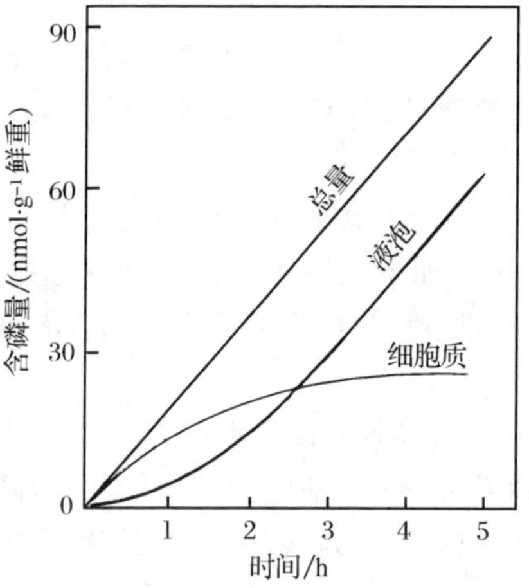

图 2-4 巨藻(*Hydrodictyon*)细胞和液泡中无机态磷浓度的变化
(Raven,1974)

磷在细胞及植物组织内的分布有明显的区域化现象。植物细胞及组织内复杂的膜系统,将细胞和组织分隔成不同的区域。在不同区域内磷存在的形式不同,而且各有特色。一般来讲,大部分无机态磷(P_i)在液泡中,只有一小部分存在于细胞质和细胞器内。Raven(1974)研究了巨藻吸磷数量与细胞质及液泡中无机磷变化的关系。他发现,磷脂只存在于细胞质中,而约10%的无机态磷在细胞质内,而90%则存在于液泡中,而且液泡中磷的数量随巨藻吸磷时间的延长而不断地增加(图 2-4)。

Loughman(1984)的试验进一步证实了 Raven 的试验结果。他也发现玉米根尖细胞中,90%的无机态磷存在于液泡内,其余的10%则存在于细胞质中,而且磷进入细胞质后很快就参与磷脂的合成。现已证明,在高等植物具有液泡的细胞中存在两种主要的磷酸盐代谢库。在以细胞质为代表的代谢库中,磷酸酯占优势,而在液泡为代表的非代谢库中,P_i 是主要组分。液泡是细胞中磷的储存库,而细胞质则是磷的代谢库。从图 2-4 可以看出细胞内磷的分布状况:细胞质含磷稳定,液泡中磷的含量易变动。Rebeill 等的报道说明,在供磷适宜的植株中,85%~95%的 P_i 存在于液泡中;中断供磷时,液泡中 P_i 的浓度迅速下降,而胞液(代谢区）中 P_i 的浓度却变动不大，仅仅从 6 mmol·L^{-1} 降到 3 mmol·L^{-1} 左右。植物缺磷时，其生长状况受液泡释放磷酸盐速率的控制。由于液泡释放 P_i 的速率往往很慢，当中断供磷时，植物的生长很快就会受到抑制。

尽管植物细胞中的含磷化合物存在着分隔现象，但是植物各部位和不同组分的磷又是可以相互转化、相互调剂的。磷进入细胞以后，一部分用于合成磷脂、DNA 和 RNA；一部分用于合成 ATP；其余部分以 P_i 形态存在于细胞质中。如果植物的吸磷量高于上述需求时，细胞质中的 P_i 即可转移进入液泡储存起来。当然，多余的 P_i 也可运往其他部位被利用。当细胞对磷的需求大于磷的吸收时，则会出现液泡中储存的磷向细胞中转移，或是使其他组织中的磷通过韧皮部再分配进入需磷的细胞。因此，当植物缺磷时，营养器官中的无机态磷和果实中的植素态磷含量明显下降，而代谢和生长所必需的核酸、磷脂的含量则保持相对稳定（表 2-6）。

表 2-6　供磷（P）对菠菜叶片和燕麦种子中各种形态磷含量的影响　‰

供磷	磷脂	核酸	植素态磷	无机态磷
		菠菜叶片		
不充足	1.1	0.9	—	2.2
充足	1.1	0.9	—	18.0
		燕麦种子		
不充足	0.22	2.1	0.05	0.5
充足	0.22	2.4	0.5	1.3

Michaeli，1939；Hartt，1972。

从上述资料中可以看出，对菠菜供磷不足时，叶片中无机态磷含量明显下降，但各种有机态磷组分却没有变化；而燕麦子粒除植素态磷发生变化外（因植素是种子中磷的储藏形态），也表现出与菠菜相同的趋势。表 2-6 的资料还表明，营养器官中的磷多以无机态磷存在；而子粒中则是以植素态磷存在。

由于植物体内 P_i 含量的变化与供磷水平有密切关系，因此可通过测定植物某一部位中 P_i 的含量来判断其磷营养的状况。

用 ^{32}P 进行的试验表明，磷在植物体内的分布和运转与植物的代谢和生长中心转移有密切关系。磷多分布在含核蛋白较多的新芽和根尖等生长点中，并常向生长发育旺盛的幼嫩组织中转移，并表现出明显的顶端优势，即每当作物形成更幼嫩的组织时，磷就向新生的组织中运转。当作物成熟时，大部分磷酸盐则向种子或果实中运输。在植物体内，磷是运转和分配能力很强的元素。

植物体中磷的分布明显受供磷水平的影响。当植株缺磷时，根保留其所吸收的大部分磷，地上部发育所需的磷主要靠茎叶中磷的再利用；供磷适宜的植株内，根只保留其所吸收磷的一小部分，大部分磷则运往地上部，在生殖器官发育时，茎叶中的大部分磷可再利用；供磷水平高时，根吸收的磷大部分在茎叶中积累，直到植株衰老时，大部分磷仍保留在茎叶中。

二、磷的营养功能

磷的营养生理功能可归纳为以下几个主要方面。

(一)构成大分子物质的结构组分

磷酸是许多大分子结构物质的桥键物，它的作用是把各种结构单元连接到更复杂的或大分子的结构上。磷酸与其他基团连接的方式有：

(1)通过羟基酯化，与 C 链相连，形成简单的磷酸酯(C—O—Ⓟ)，例如糖磷酸酯。

(2)通过高能焦磷酸键(Ⓟ ～ Ⓟ)与另一磷酸相连，例如 ATP 的结构就是高能焦磷酸键与另一磷酸相连的形式。

(3)以磷酸双酯的形式(C—Ⓟ —C)桥接，形成一个桥接基团，有较高的稳定性。这在生物膜的磷脂中很常见。所形成的磷脂一端是亲水性的，一端是亲脂性的。

在 DNA 和 RNA 结构中的核糖核苷单元之间都是以磷酸盐作为桥键物构成大分子的。磷作为大分子结构的组分，它的作用在核酸中体现得最突出。核酸作为 DNA 分子的单元是基因信息的载体；作为 RNA 分子的单元它又是负责基因信息翻译的结构。磷使得核酸具有很强的酸性，因此在 DNA 和 RNA 结构中的阳离子浓度特别高。这些特殊的功能十分重要，而且和作为结构元素的磷的存在是分不开的。

(二)多种重要化合物的组分

由磷酸桥接所形成的含磷有机化合物，如核酸、磷脂、核苷酸、三磷酸腺苷(ATP) 等，在植物代谢过程中都有重要作用。

1. 核酸和核蛋白　核酸是核蛋白的重要组分，核蛋白又是细胞核和原生质的主要成分，它们都含有磷。核酸和核蛋白是保持细胞结构稳定，进行正常分裂，能量代谢和遗传所必需的物质。核酸作为 DNA 和 RNA 分子的组分，它既是基因信息的载体，又是生命活动的指挥者。核酸在植物个体生长、发育、繁殖、遗传和变异等生命过程中起着极为重要的作用。所以磷和每一个生物体都有密切关系。从现代生物学的观点来看，蛋白质和核酸是复合体，它们共同对生命活动起决定性作用。

2. 磷脂　生物膜是由磷脂和糖脂、胆固醇、蛋白质以及糖类构成的。生物膜具有多种选择性功能。它对植物与外界介质进行物质、能量和信息交流有控制和调节的作用。此外，大部分磷脂都是生物合成或降解作用的媒介物，它与细胞的能量代谢有直接关系。

3. 植素　植素是磷脂类化合物中的一种，它是植酸的钙、镁盐或钾、镁盐，而植酸是由环己六醇通过羟基酯化而生成的六磷酸肌醇。

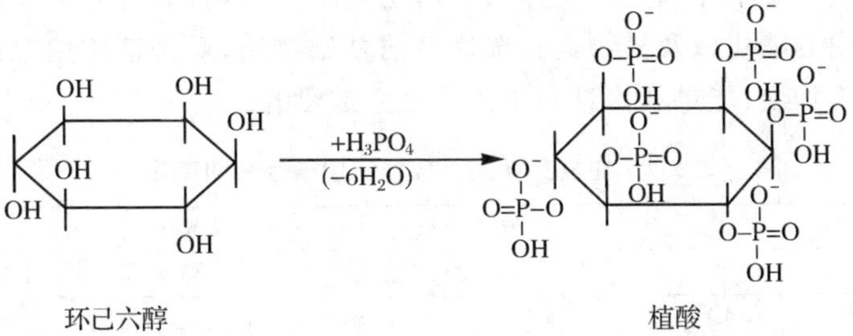

植素在植物种子中含量较高，是植物体内磷的一种储存形式。植素的合成控制着种子中 P_i 的浓度，并参与调节子粒灌浆和块茎生长过程中淀粉的合成。当作物接近成熟时，大量磷酸化的葡萄糖开始逐步转化为淀粉，并把无机磷酸盐释放出来。然而，大量无机磷酸盐的存在将影响淀粉进一步合成，而植素的形成则有利于降低 Pi 的浓度，保证淀粉能顺利地继续合成。大多数植素存在于禾谷类作物子粒的糊粉层中，而玉米则是存在于胚芽中。从图 2-5 可以看出，水稻子粒发育过程中 P_i 和植素态磷的变化，水稻开花后，子粒中植素态磷迅速增加，而 P_i 始终保持较低水平。业已证实，植素的产生不仅限于子粒中，马铃薯块茎中也含有较多的植素，其含量可占总磷量的 15%～30%（Quick 和 Li，1976）。植素也是一个磷的储藏库，种子萌发时，它可水解释放出磷酸供幼苗利用。由此可见，植素的形成和积累有十分重要的意义，它既有利于淀粉的合成，又可为后代贮备必要的磷源。

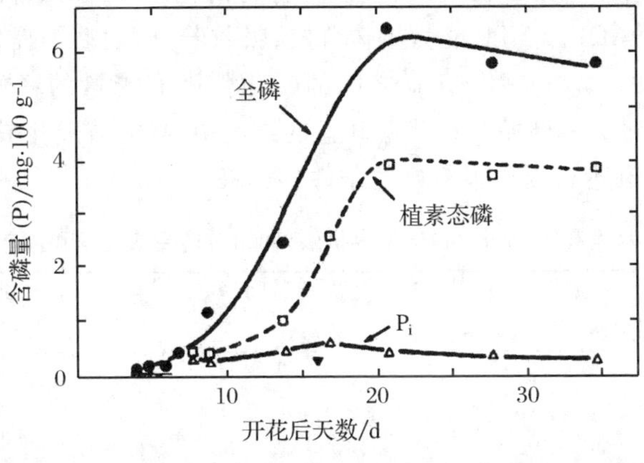

图 2-5　水稻子粒发育过程中，子粒中无机磷和植素态磷含量的时间性变化（Ogawa 等，1979b）

植素在种子发芽过程中的作用是十分明显的。在作物幼苗生长期间，胚需要多种矿质养分，其中磷是合成生物膜和核酸所必需。从表 2-7 的资料可以看出，在种子萌发的最初 24 h 内，植素中释放的磷主要结合为磷脂，这表明膜的重建。生物膜是细胞内分隔化以及植物具有选择性的基础物质，对调节体内代谢作用和植物与外界环境物质、能量和信息交流都是至关重要的。

表 2-7 在发芽期间水稻种子中磷组分的变化

发芽时间/h	磷(P)组分/($mg \cdot g^{-1}$ 干重)				
	植素	磷脂	无机磷	磷酸酯	RNA+DNA
0	2.67	0.34	0.24	0.078	0.058
24	1.48	1.19	0.64	0.102	0.048
48	1.06	1.54	0.89	0.110	0.077
72	0.80	1.71	0.86	0.124	0.116

Mukherji 等，1971。

P_i 和磷脂的提高反映了种子的呼吸作用强烈，磷酸化等作用的开始。随着植素进一步降解，最后出现了 RNA 和 DNA 磷的增加，这表明细胞分裂与蛋白质合成加强了。有资料表明，植素的降解常常受到 P_i 浓度的控制，当 P_i 浓度高时，植酸酶活性下降，植素降解速率降低。

4. 三磷酸腺苷(ATP) 植物体内糖酵解、呼吸作用和光合作用中释放出的能量常用于合成高能焦磷酸键，ATP 就是含有高能焦磷酸键的高能磷酸化合物。这种键水解时，每摩尔 ATP 可释放出约 30 kJ 的能量。在磷酸化反应中，此能量随着磷酰基可传递到另一化合物上，而使该化合物活化。ATP 水解时，随能量的释放，自身即转变为 ADP。ATP 能为生物合成、吸收养分、运动等提供能量，它是淀粉合成时所必需的。ATP 和 ADP 之间的转化伴随有能量的释放和储存，因此 ATP 可视为是能量的中转站。在代谢旺盛的细胞中，高能磷酸盐具有极高的周转速率，这为代谢顺利进行提供了良好的条件(表 2-8)。

表 2-8 紫萍属(*Spiradela*)体中有机磷(P)组分的合成速率和周转时间

磷的组分	数量/($nmol \cdot g^{-1}$)鲜重	周转时间/min	合成速率/($nmol \cdot g^{-1}$ 鲜重 $\cdot min^{-1}$)
ATP	170	0.5	340
G-6-P	670	7	95
磷酸酯	2 700	130	20
RNA	4 900	2 800	2
DNA	560	2 800	0.2

Bieleki 和 Ferguson，1985。

从表 2-8 中可以看出，ATP 数量虽少但周转快，合成速率高。不需要很多数量就能满足细胞对能量的要求。除 ATP 以外，在细胞内还有结构与 ATP 相似的三磷酸尿苷（UTP）、三磷酸鸟苷（GTP）和三磷酸胞苷（CTP）等高能磷酸化合物。三磷酸腺苷是合成蔗糖所必需，三磷酸鸟苷是合成纤维素所必需，而三磷酸胞苷是脂类生物合成专一的能量载体。所有的三磷酸核苷都是合成核糖核酸（RNA）时所必需的，脱氧型的三磷酸核苷则可合成脱氧核糖核酸（DNA）。DNA 是遗传信息的携带者，不同类型的 RNA 则起着翻译遗传信息和合成蛋白质的功能。磷广泛存在于各种酶之中，最常见的有脱氢酶的辅酶，如辅酶 CoⅠ、CoⅡ，转酰胺酶-辅酶 A（CoAHS）、黄素酶辅基（FDA）、脱羧基酶辅基（TPP），转氨基辅酶-氨基转移酶（磷酸吡哆醛）等。

（三）积极参与体内的代谢

1. 碳水化合物代谢　在光合作用中，光合磷酸化作用必须有磷参加；光合产物的运输也离不开磷。在碳水化合物代谢中，许多物质都必须首先进行磷酸化作用。P_i 在光合作用和碳水化合物代谢中有很强的操纵能力。P_i 浓度高时，植物固碳总量受到抑制。己糖和蔗糖合成的初始反应需要高能磷酸盐（ATP 和 UTP）。韧皮部负载中的蔗糖——质子协同运输对 ATP 的需要量也很高。叶片中碳水化合物代谢及蔗糖运输也受磷的调控。当供磷充足时，叶绿体中光合作用所形成的磷酸丙糖（TP），大部分能与细胞溶质内的 P_i 进行交换，TP 转移到细胞溶质中，经一系列转化过程可形成蔗糖，并及时运往生长中心；当供磷不足时，缺少 P_i 与 TP 进行交换，导致叶绿体内的 TP 不能外运，进而转化为淀粉，存留在叶绿体内（图 2-6）。淀粉只能在叶绿体内降解，降解后形成的 TP 才可运出叶绿体。

作为细胞壁结构成分的纤维素和果胶，其合成也需要有磷参加。此外，碳水化合物的转化也和磷有密切关系。如单糖之间的相互转化都必须首先进行磷酸化作用，形成相应的磷酸酯，然后方可转化为另一种糖的磷酸酯，其反应如下：

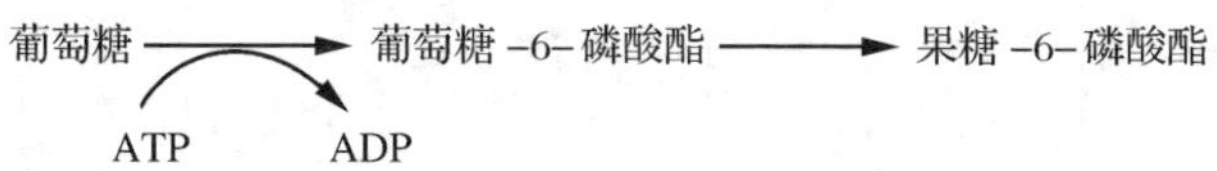

蔗糖是植物体内普遍存在的一种双糖，它是高等植物体内糖类长距离运输的主要形式。在光合组织中蔗糖是由 C_3 循环的中间产物合成的，在非光合组织中蔗糖也可由单糖合成。从结构上看，蔗糖是由葡萄糖和果糖缩合而成的，但不能直接合成，必须先与尿三磷作用形成尿二磷葡萄糖。生成的尿二磷葡萄糖可通过两个途径合成蔗糖。

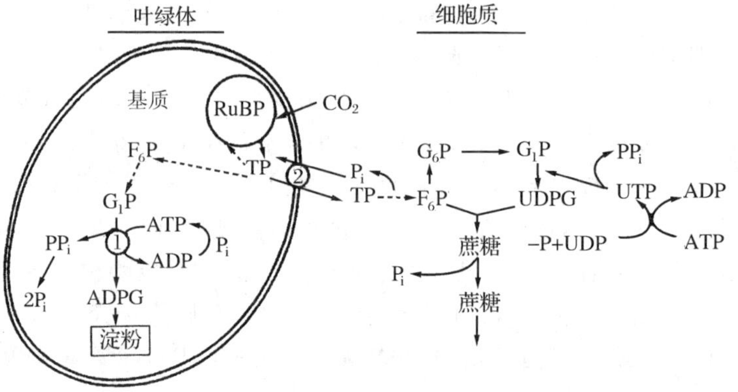

图 2-6 P_i 对光合作用中蔗糖及淀粉形成的调节

(Walker,1980)

注:①ATP 葡萄糖焦磷酸酶:调节淀粉合成速率,受 P_i 的抑制,由 PGA 促进;②磷酸盐运转器:调节叶绿体向细胞质释放光合产物的过程,受 P_i、TP(磷酸丙糖)、3-磷酸甘油醛和磷酸二羟丙酮促进

①尿二磷葡萄糖转移到果糖上,形成蔗糖;

$$\text{UDPG} + \text{果糖} \xrightarrow{\text{蔗糖合成酶}} \text{蔗糖} + \text{UDP}$$

②由尿二磷葡萄糖把葡萄糖转移到 6-磷酸果糖上,形成磷酸蔗糖;

$$\text{UDPG} + \text{6-磷酸果糖} \xrightarrow{\text{磷酸蔗糖合成酶}} \text{磷酸蔗糖} + \text{UDP}$$

磷酸蔗糖在磷酸蔗糖磷酸酶的催化作用下,水解生成蔗糖(图 2-7)。

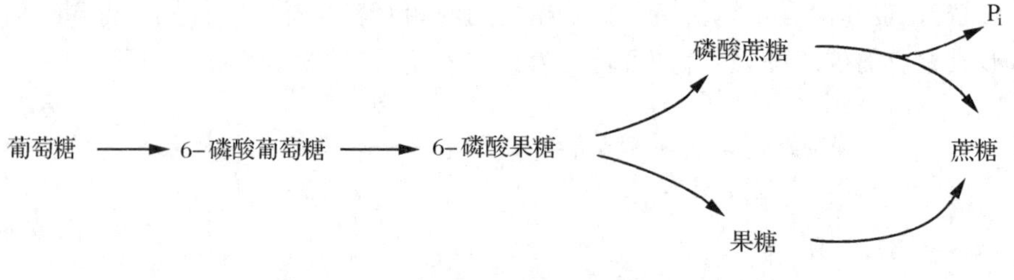

图 2-7 蔗糖合成不同途径的示意图

由此可见,蔗糖无论是由何种途径合成,都离不开磷酸化和 ATP。此外,蔗糖与淀粉之间也经常相互转化。例如,粮食作物的种子,在成熟过程中,需要把叶片中运输来的蔗糖在种子内转化为淀粉储藏起来;而在种子萌发时,又把淀粉转化为

蔗糖，运往生长中心，供幼苗利用。上述过程都与磷有密切关系。

2. 氮素代谢 磷是氮素代谢过程中一些重要酶的组分。例如，磷酸吡哆醛是氨基转移酶的辅酶，通过氨基转移作用可合成各种氨基酸，将有利于蛋白质的形成。硝酸还原酶也含有磷。磷能促进植物更多地利用硝态氮，磷也是生物固氮所必需。豆科作物缺磷时，根部不能获得足够的光合产物，从而影响根瘤的固氮作用。氮素代谢过程中，无论是能源还是氨的受体都与磷有关。能量来自 ATP，氨的受体来自与磷有关的呼吸作用。因此，缺磷将使氮素代谢明显受阻。

3. 脂肪代谢 脂肪代谢同样与磷有关。脂肪合成过程中需要多种含磷化合物(图 2-8)。此外，糖是合成脂肪的原料，而糖的合成，糖转化为甘油和脂肪酸的过程中都需要磷。与脂肪代谢密切相关的辅酶 A 就是含磷的酶。实践证明，油料作物比其他种类的作物需要更多的磷。施用磷肥既可增加产量，又能提高产油率。

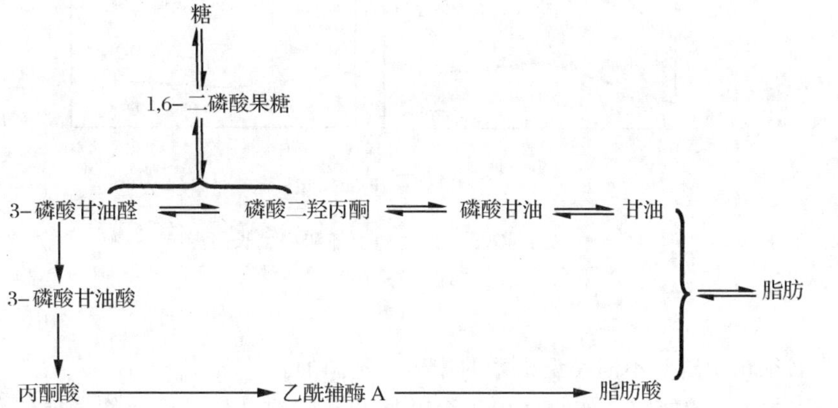

图 2-8 脂肪合成途径示意图

(四)提高作物抗逆性和适应能力

1. 抗旱和抗寒

(1)抗旱：磷能提高原生质胶体的水合度和细胞结构的充水度，使其维持胶体状态，并能增加原生质的黏度和弹性，因而增强了原生质抵抗脱水的能力。

应该指出的是，以往的教科书中曾强调过磷有促进根系生长的作用，因而有“磷能促进根系下扎，吸收深层水分，有助于提高作物的抗旱能力”的提法。其实，磷对非储存根的作用不如储存根作用明显。试验证明，施用磷肥对提高甜菜块根产量有明显作用(表 2-9)，但对大麦其表现就不相同了。在不缺磷的土壤，施磷对大麦根没有明显增长的作用，随着磷肥的增加，地上部仍能继续增重，而根已停止增长。在缺磷土壤上施用磷肥，根的生物量虽有增长，但达一定程度后即停止增长(图 2-9)。

表 2-9　磷肥对甜菜生长的影响　　$t \cdot hm^{-2}$

供磷状况	产量		供磷状况	产量	
	地上部叶片	块根		地上部叶片	块根
－P	5.8	13.6	＋P	5.8	20.4

(史瑞和等，1988)。

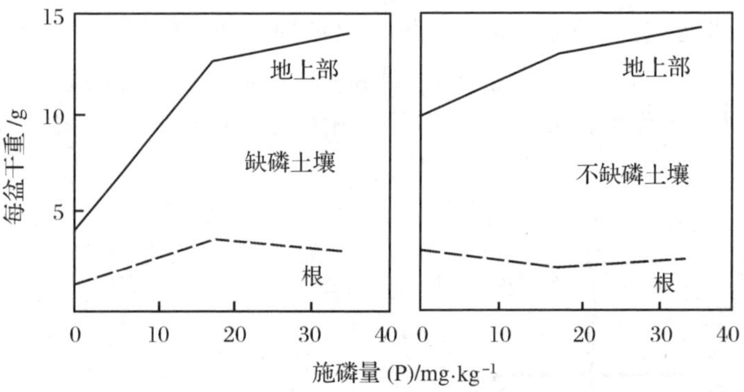

图 2-9　施用磷肥对大麦地上部和根生长的影响

(史瑞和等，1988)

因此，必须认清磷对不同类型根系的作用是不同的。

(2)抗寒：磷能提高作物体内可溶性糖和磷脂的含量。可溶性糖能使细胞原生质的冰点降低，磷脂则能增强细胞对温度变化的适应性，从而增强作物的抗寒能力。越冬作物增施磷肥，可减轻冻害，安全越冬。

2. 缓冲性　施用磷肥能提高植物体内无机态磷酸盐的含量，有时其数量可达到含磷总量的一半。这些磷酸盐主要是以磷酸二氢根($H_2PO_4^-$)和磷酸氢根(HPO_4^{2-})的形式存在。它们常形成缓冲系统，使细胞内原生质具有抗酸碱变化的缓冲性。当外界环境发生酸碱变化时，原生质由于有缓冲作用仍能保持在比较平稳的范围内，这有利于作物的正常生长发育。

磷酸二氢钾遇碱能形成磷酸氢二钾从而减缓了碱的干扰；而磷酸氢二钾遇酸能形成磷酸二氢钾，减少酸的干扰。其反应如下：

$$KH_2PO_4 + KOH \longrightarrow K_2HPO_4 + H_2O$$
$$K_2HPO_4 + HCl \longrightarrow KH_2PO_4 + KCl$$

这一缓冲体系在 pH 值 6～8 时缓冲能力最大，因此在盐碱地上施用磷肥可以提高作物抗盐碱的能力。

三、植物对磷的吸收和利用

(一)吸收

植物根能从含磷浓度极低的溶液中吸收磷，通常根细胞和木质部汁液中磷酸盐的浓度比土壤溶液中的磷要高几百倍。在比较典型的植物组织中，其木质部汁液含磷量为 0.4 $\mu mol \cdot L^{-1}$，而根所接触的土壤溶液中的磷浓度为 0.000 5～0.002 $\mu mol \cdot L^{-1}$，汁液中磷的浓度提高了 400 倍。这表明植物是逆浓度地主动吸收磷酸盐。

植物根摄取的磷主要是通过根毛区吸收的，因根毛区有大量根毛，吸收面积大，而且根毛区的木质部已经成熟，可将所吸收的磷运往地上部，而根尖分生区及邻近分生区的伸长区因木质部未发育完全，不具备这一功能。

一般认为磷的主动吸收过程是以液泡膜上 H^+-ATP 酶的 H^+ 为驱动力，借助于质子化的磷酸根载体而实现的，即属于 H^+ 与 $H_2PO_4^-$ 共运方式。进一步的试验证明，根的表皮细胞是植物积累磷酸盐的主要场所，并通过共质体途径进入木质部导管，然后运往植物地上部。植物吸收磷酸盐与体内代谢关系密切，磷的吸收是需要能量的过程。例如，增加营养液中氧的分压和光照都能提高磷的吸收速率。植物对磷的吸收也受 pH 值的影响，因为不同 pH 值条件下营养液中 HPO_4^{2-}/$H_2PO_4^-$ 的比例是不相同的。在 pH＜7 时，$H_2PO_4^-$ 所占比例大；而在 pH＞7 时，则 HPO_4^{2-} 占的比例大。据报道，植物对这两种离子的吸收可能有不同的机理。

(二)利用

根系吸收的磷酸盐进入细胞后迅速参与代谢作用。Jackson 和 Hagen(1960)的试验证明，磷被吸收 10 min 后就有 80%的磷酸盐可结合到有机化合物中，即形成有机含磷化合物，其中主要是磷酸己糖和二磷酸尿苷。在木质部导管中的磷大部分是无机态磷酸盐，有机态的磷极少。韧皮部中的磷则兼有有机态磷和无机态磷两类。无机态磷在植物体内移动性大，可以直接向上或向下移动，有时运往地上部的磷约一半以上可通过韧皮部再运往植物的其他部位，特别是正在生长的器官。Clarksondt 等(1968)的试验表明，大麦根基部吸收的磷酸盐可被转移到根尖和植物顶部，新叶不仅靠根吸收的磷酸盐来供应，同时也靠老叶中的有机态磷酸盐释放出的 P_i 来补充。在营养液中培养荞麦时发现，磷酸盐最先输送到的部位是幼嫩的叶片，几天后才发现有一部分转移到老叶中，而且主要是通过韧皮部输送的。在韧皮部运输中，P_i 显得更为重要。Hall 和 Baker(1972)指出，韧皮部汁液中 P_i 的浓度相当高。它是韧皮部运输的主要形式。

Kakie (1969)的试验表明，在供磷水平很低的情况下，烟草叶片的含磷量低，尤其是P_i；适当提高供磷水平时，叶片中所有磷的组分均有所上升；而当加大供磷量后，则只有P_i明显增加。这反映了P_i在高度液泡化的组织中具有储藏功能(表 2-10)。

表 2-10 供磷对烟草叶片磷组分的影响

供磷水平 /($mg \cdot L^{-1}$)	叶片干重 /($g \cdot 叶^{-1}$)	磷组分/($mg \cdot 100\ g^{-1} \cdot 叶^{-1}$ 干重)			
		磷脂	核酸	磷酯	无机磷
2	0.82	32	74	36	33
6	1.08	83	134	91	83
8	1.10	89	133	104	123
20	1.06	91	142	109	338

(Kakie,1969)。

(三)影响植物吸收磷的主要因素

植物吸收磷受很多因素的影响。其中有植物生物学特性和环境条件两个方面，尤其是植物的吸收能力。目前科学家很重视筛选吸磷能力强的作物优良品种，而这又和作物根系特性有密切关系。

1. 作物特性 不同植物种类，甚至不同的栽培品种，对磷的吸收都有明显的影响。例如，植物根系形态不同，根系改变局部土壤 pH 值的能力也不相同。不同植物根系其密度、形状、结构等特性都有差异，因此吸收能力明显不同，尤其是土壤溶液中磷浓度很低时，更是如此。根毛对植物吸收磷有明显作用，洋葱因为没有根毛，其吸磷能力就比较弱。油菜的根系并不发达，也不能感染菌根，但它吸磷的能力却较强。究其原因是油菜在缺磷的情况下，根系能自动调节其阴阳离子吸收的比例，使根际土壤酸化，从而使土壤溶液中磷的浓度提高(表 2-11)。

表 2-11 在缺磷土壤上油菜生长及根际 pH 值和土壤溶液中磷浓度的变化

油菜株龄/d	干重 /($g \cdot 盆^{-1}$)	磷浓度 /($\mu mol \cdot L^{-1}$)	根际 pH 值	吸收阳/阴离子比例
0	—	5.17	6.1	
7	0.16	2.56	6.3	阳离子＜阴离子
14	0.89	0.82	6.5	阳离子＜阴离子
20	1.89	1.40	5.3	阳离子＞阴离子
28	3.69	2.47	4.3	阳离子＞阴离子

* 以 $Ca(NO_3)_2$ 为氮源。(Grinsted,1982)

许多植物的根系具有分泌 H^+ 和有机酸的能力。如最典型的例子是白羽扇豆，它除了能分泌 H^+ 外，还能分泌大量的有机酸，如柠檬酸，从而能螯合铁、铝离子，从而提高了根际土壤磷的有效性。白羽扇豆在缺磷时，还能形成排根，以增加对磷的吸收。

2. 土壤供磷状况　植物主要是利用土壤中的无机态磷。虽然植物可吸收少量有机态磷，但通常有机磷必须转化为无机态磷后才能被大量吸收。因此，土壤中磷的形态直接影响着土壤供磷状况及植物对磷的吸收。

土壤溶液中磷酸根离子的浓度很低，因此其移动方式主要靠扩散作用。扩散作用则与土壤固相—液相以及液相—液相之间的平衡有关。影响磷酸根离子扩散的因素很多，除浓度梯度外，其他如土壤的温度、水分、质地、孔隙度和黏粒矿物的种类等等都会影响磷的扩散系数。一般来说，温度升高、水分增加、土壤松散均有利于 P_i 的扩散作用。土壤固相土粒对磷酸盐的固定作用是影响植物吸收磷酸根离子的主要因素。

3. 菌根　菌根能增加植物吸磷的能力。通过菌根的菌丝扩大根系的吸收面积，并能缩短根吸收养分的距离，菌丝对磷酸盐还具有较大的亲和力，从而能明显地提高土壤磷的空间有效性。菌根的分泌物也能促进难溶性磷的溶解。然而，各种植物感染菌根的能力并不相同，因此它们吸收磷的能力也有差别。例如，紫云英感染菌根的程度高于苕子，它的吸磷能力就比苕子强。

4. 环境因素　环境条件中以温度和水分的影响最为明显。土壤温度是影响根系吸收磷的重要因素。在一定范围内（10～40℃），提高土温可增加植物对磷的吸收。土温提高后，不仅土壤溶液中的磷扩散速度加快，而且根和根毛生长速度也相对加快，根的呼吸作用明显加强，这些都有利于促进植物对磷的吸收。增加水分有利于土壤溶液中磷的扩散，因此也能提高磷的有效性。

5. 养分的相互关系　磷与氮在植物吸收、利用方面有相互影响。施用氮肥常能促进植物对磷的吸收利用。因为磷参与氮代谢、硝酸盐还原、氨的同化以及蛋白质合成。氮磷配合施用可促进植物生长得更好，当然又会促进植物吸收更多的氮和磷。氮磷之间存在相互协助作用。

此外，有人还认为，植物利用磷的能力与根系阳离子交换量有关。根的阳离子交换量越高，根吸收钙的能力越强，植物利用土壤中难溶性磷的能力就越强。

四、植物对缺磷和供磷过多的反应

(一)缺磷

由于磷是许多重要化合物的组分，并广泛参与各种重要的代谢活动，因此缺磷的症状相当复杂。缺磷对植物光合作用、呼吸作用及生物合成过程都有影响，对代谢的影响必然会反映在生长上。从另一个角度来看，供磷不足时，RNA 合成降低，并波及到蛋白质的合成。缺磷使细胞分裂迟缓,新细胞难以形成,同时也影响细胞伸长,这明显影响植物的营养生长。所以从外形上看:生长延缓,植株矮小,分枝或分蘖减少。在缺磷初期叶片常呈暗绿色,这是由于缺磷的细胞其伸长受影响的程度超过叶绿素所受的影响,因而,缺磷植物的单位叶面积中叶绿素含量反而较高,但其光合作用的效率却很低,表现为结实状况很差。缺磷的果树,花芽出生速率低,开放和发育慢而弱,果实质量也差。缺磷果树的叶片常呈褐色,易过早落果。

植物缺磷的症状常首先出现在老叶上,因为磷的再利用程度高,在植物缺磷时老叶中的磷可运往新生叶片中再被利用。

缺磷的植株,因为体内碳水化合物代谢受阻,有糖分积累,从而易形成花青素(糖苷)。许多一年生植物(如玉米)的茎常出现典型的紫红色症状。豆科作物缺磷时,由于光合产物的运输受到影响,其根部得不到足够的光合产物,而导致根瘤菌的固氮能力降低,植株生长也受到一定的影响。

在缺磷环境中,植物自身有一定的调节能力,如植物根系形态发生变化,表现为根和根毛的长度增加、根的半径减小,而每单位重量根的长度增加。这样可使植物在缺磷的土壤中吸收到较多的磷。根的半径减小可使根所吸收的磷更快地径向运输达到导管。此外,在缺磷的情况下,某些植物还能分泌有机酸,使根际土壤酸化,从而提高土壤磷的有效性,使植物能吸收到更多的磷。

不同基因型植物的自身调节能力不同,因而对磷的利用效率也有差异,根的形态是一个重要因素。缺磷时,光合产物运到根系的比例增加,引起根的相对生长速度加快,根/冠比增加,从而提高根对磷的吸收和利用。

(二)供磷过多

施用磷肥过量时,由于植物呼吸作用过强,消耗大量糖分和能量,也会因此产生不良影响。例如,谷类作物的无效分蘖和瘪籽增加;叶片肥厚而密集,叶色浓绿;植株矮小,节间过短;出现生长明显受抑制的症状。繁殖器官常因磷肥过量而加速成熟进程,并由此而导致营养体小,茎叶生长受抑制,降低产量。施磷肥过多还表现为植株地上部分与根系生长比例失调,在地上部生长受抑制的同时,根系非常发达,根量极多而粗短。此外,还会出现叶用蔬菜的纤维素含量增加、烟草的燃烧性差等品质下降的情况。施用磷肥过多还会诱发锌、锰等元素代谢的紊乱,常常导致植物缺锌症等。

第五节 钾

钾不仅是植物生长发育所必需的营养元素,而且是肥料三要素之一。许多植物需钾量都很大,它在植物体内的含量仅次于氮。农作物产量和改进品质均有明显的作用。由于钾具有提高产品品质和适应外界不良环境的能力,因此它有品质元素和抗逆元素之称。

近二三十年来,在我国农业生产中,由于复种指数不断提高,氮、磷化肥用量逐年增加,灌溉条件有所改善,高产、矮秆作物品种正在引用和推广,农业技术措施逐步改革,使得单位面积产量大幅度提高。因此,作物对钾的需求量明显增加。在我国南方的一些地区,土壤含钾量明显偏低,供钾能力不足,施用钾肥后,往往有显著的增产效果。近几年来,即使在土壤含钾量略高的北方石灰性土壤上,也会由于土壤干旱等因素的影响,造成高产喜钾作物缺钾的现象。这就使钾营养倍受人们的重视。尤其在高产栽培中,增施钾肥已越来越显得重要。

一、植物体内钾的含量、分布与特点

一般植物体内的含钾量(K_2O)占干物重的0.3%～5.0%,有些作物含钾量比氮高。植物体内的含钾量常因作物种类和器官的不同而有很大差异。通常,含淀粉、糖等碳水化合物较多的作物含钾量较高(表2-12)。就不同器官来看,谷类作物种子中钾的含量较低,而茎秆中钾的含量则较高。此外,薯类作物的块根、块茎的含钾量也比较高。

表 2-12 主要农作物不同部位中钾的含量 %

作物	部位	含 K_2O	作物	部位	含 K_2O
小麦	子粒	0.61	水稻	子粒	0.30
	茎秆	0.73		茎秆	0.90
棉花	子粒	0.90	马铃薯	块茎	2.28
	茎秆	1.10		叶片	1.81
玉米	子粒	0.40	糖用甜菜	根	2.13
	茎秆	1.60		茎叶	5.01
谷子	子粒	0.20	烟草	叶片	4.10
	茎秆	1.30		茎	2.80

引自农业化学(总论),1990。

钾在植物体内流动性很强,易于转移至地上部,并且有随植物生长中心转移而转移的特点。因此,植物能多次反复利用。当植物体内钾不足时,钾优先分配到较幼嫩的组织中。例如杂交水稻,在其不同的生育期中,低钾处理的稻株,从上层叶到下层叶,其钾的含量都存在明显的梯度;而适量施钾的处理,稻株各层叶片之间的含钾量则较为接近。这种现象在其他作物上也有类似的趋势。因此,植株从上到下,各叶片之间含钾量是否存在明显梯度也可作为钾营养诊断的一种方法。

细胞质中钾浓度的水平较低，且十分稳定，为 100～200 mmol·L^{-1}。当植物组织含钾量较低时，钾首先分布在细胞质内，直到钾的数量达最适水平。当钾的数量超出最适水平后，过量的钾几乎全部转移到液泡中(图 2-10)。

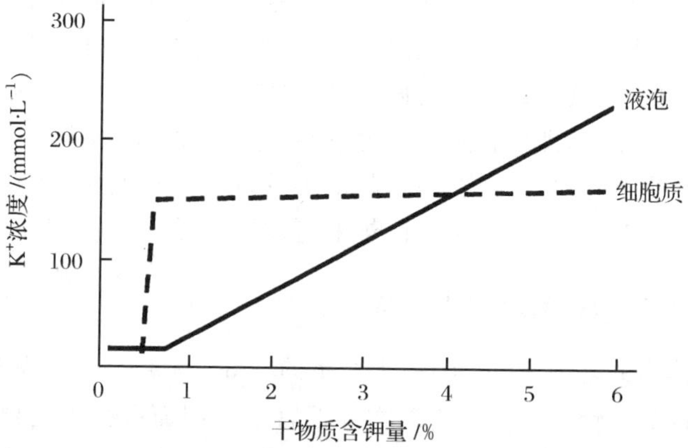

图 2-10 植物组织含钾量变化对细胞质和液泡中钾浓度的影响

(Leigh 和 Wyn Jones，1986)

细胞质内钾保持在最适水平是出于生理上的需要，因为钾对植物有多种营养功能。目前已知有多种酶的活性取决于细胞质内 K^+ 的浓度，稳定的 K^+ 含量是细胞进行正常代谢的保证。液泡是钾的储藏场所，它是细胞质中钾的补给者。成熟细胞的液泡体积约占细胞总体积的 80%～90%，由此可见，在液泡内储藏着植物体中大部分的钾。

与氮、磷养分相比，钾在植物体内具有某些不同的特点。钾在植物体内不形成稳定的化合物，而呈离子状态存在。它主要是以可溶性无机盐形式存在于细胞中，或以钾离子形态吸附在原生质胶体表面。至今尚未在植物体内发现任何含钾的有机化合物。植物体内的钾十分活跃，易流动，再分配的速度很快，再利用的能力也很强。通常，随着植物的生长，钾不断地向代谢作用最旺盛的部位转移。因此，在幼芽、幼叶和根尖中，钾的含量极为丰富。

二、钾的营养功能

钾有高速度透过生物膜，且与酶促反应关系密切的特点。钾不仅在生物物理和生物化学方面有重要作用，而且对体内同化产物的运输和能量转变也有促进作用。

(一)促进光合作用,提高 CO_2 的同化率

1. 钾能促进叶绿素的合成 试验证明,供钾充足时,莴苣、甜菜和菠菜叶片中叶绿素含量均有提高。

2. 钾能改善叶绿体的结构 缺钾时,叶绿体的结构易出现片层松弛而影响电子的传递和 CO_2 的同化。因为 CO_2 的同化受电子传递速率的影响,而钾在叶绿体内不仅能促进电子在类囊体膜上的传递,还能促进线粒体内膜上电子的传递。电子传递速率提高后,ATP 合成的数量也明显增加。试验证明,体内含钾量高的植物,在单位时间内叶绿体合成的 ATP 比含钾量低的植物要多 50%左右(表 2-13)。

表 2-13 钾对叶绿体中 ATP 合成的影响

作物	干物质中 K_2O/%	ATP 的数量/(μmol · g^{-1} 叶绿素 · h^{-1})
蚕 豆	3.70	216
	1.00	143
菠 菜	5.53	295
	1.14	185
向日葵	4.70	102
	1.60	68

Pfluger 和 Mengel,1972。

3. 钾能促进叶片对 CO_2 的同化 一方面由于钾提高了 ATP 的数量,为 CO_2 的同化提供了能量;另一方面是因为钾能降低叶内组织对 CO_2 的阻抗,因而能明显提高叶片对 CO_2 的同化。

可以说,在 CO_2 同化的整个过程中都需要有钾参加。用菠菜的叶绿体做试验时发现,施钾提高了 CO_2 同化的速率。改善钾营养不仅能促进 CO_2 的同化,而且能促进植物在 CO_2 浓度较低的条件下进行光合作用,使植物更有效地利用太阳能。

(二)促进光合作用产物的运输

钾能促进光合作用产物向储藏器官运输,增加"库"的储存量。特别应该指出的是,对于没有光合作用功能的器官来说,它们的生长及养分的储存,主要靠同化产物从地上部向根或果实中运转。这一过程包括蔗糖由叶肉细胞扩散到组织细胞内,然后被泵入韧皮部,并在韧皮部筛管中运输。钾在此运输过程中有重要作用。

Giaquinta 曾用韧皮部负载的模式解释这一现象。他的试验表明,糖进入筛管取决于氢离子浓度。Malet 和 Barber 则进一步指出,糖的运输不仅取决于氢离子浓度,而且和钾离子有关。Giaquinta 认为,筛管膜上有 ATP 酶,钾离子能活化 ATP 酶,使 ATP 酶分解并释放出能量,从而使氢离子由细胞质泵入质外体,由此而产生 pH 梯度(pH 值由 8.5 降到 5.5),膜外的钾离子则与氢离子交换而进入膜内。酸度的变化会引起质膜中载体蛋白质发生变构,使蛋白质载体与氢离子束缚

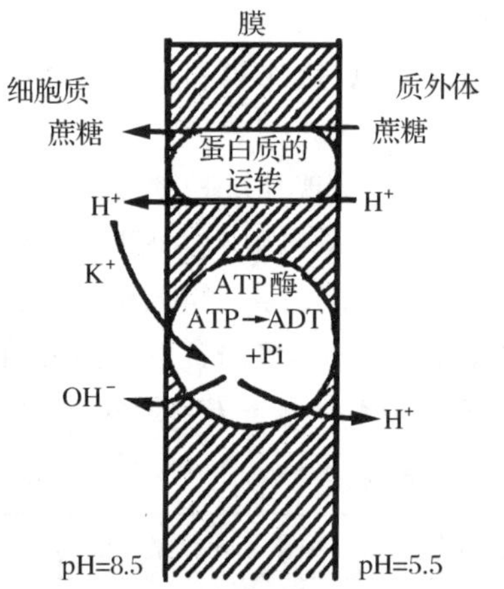

图 2-11 韧皮部负载模式示意图

(H. Beringer,1983)

在一起,并把蔗糖运至韧皮部。此时氢离子浓度梯度降低。为了维持膜内外氢离子的浓度梯度,蔗糖的运输能继续进行,氢离子又再次进入质外体,蔗糖运输又可顺利地连续进行(图 2-11)。

在不同钾营养条件下,Hartt 曾用^{14}C喂饲甘蔗叶,经 90 min,测定叶片中光合产物分布的情况。结果表明,钾有助于光合产物能从叶片中迅速转移出去(表 2-14)。

Mengel 和 Vine(1977)的试验表明,钾对番茄单株或每克鲜重的^{14}C含量差别不大,而钾主要是影响光合产物向储存器官的运输(表 2-15)。

表 2-14 钾对甘蔗中^{14}C光合产物运输的影响

^{14}C涂抹部位	占总标记物的%	
	有钾	无钾
标记叶的叶片	54.3	95.4
标记叶的叶鞘	14.3	3.9
标记叶的节	9.7	0.6
标记叶上部的叶和节	1.9	0.1
标记叶节以下的茎	20.1	0.04

* 总标记物为 100%(Hartt,1970)。

表 2-15 钾对^{14}C的同化以及对同化产物在番茄各器官中分配率的影响

叶片干物质中的含钾量	低钾 2.2%	高钾 4.1%
每株每分钟脉冲数/cpm	12.3×10^{-7}	11.1×10^{-7}
每克鲜重每分钟脉冲数/cpm	1.1×10^{-5}	1.2×10^{-5}
标记同化物在器官中的分配率/%		
叶片	52.7	49.6
果实	6.0	15.2
茎	37.7	32.6
根	3.7	2.6

Mengel 和 Vine,1977。

由上可见,钾对调节"源"和"库"相互关系有良好的作用。

(三)促进蛋白质合成

钾通过对酶的活化作用,从多方面对氮素代谢产生影响。钾促进蛋白质和谷胱甘肽的合成。因为钾是氨基酰-tRNA 合成酶和多肽合成酶的活化剂。当供钾不足时,植物体内蛋白质的合成减少,可溶性氨基酸含量明显增加。不仅如此,有时植物组织中原有的蛋白质也会分解,导致胺中毒,即在局部组织中出现大量异常的含氮化合物,如腐胺、鲱精胺等。这些含氮化合物对植物有毒害作用。鲱精胺是由精氨酸经脱羧作用而产生的。其反应如下:

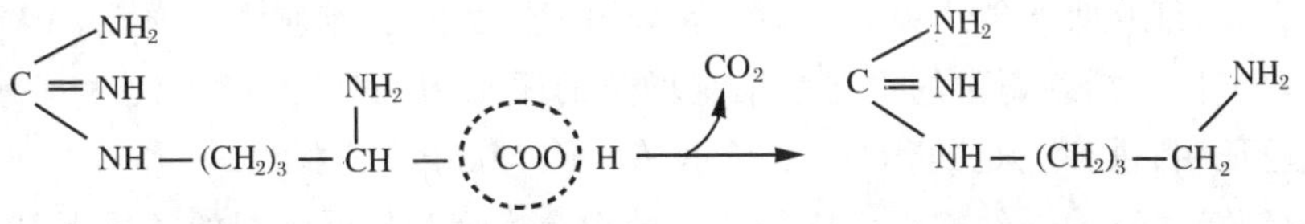

精氨酸　　鲱精胺

鲱精胺能再转化为氨甲酰丁二胺。氨甲酰丁二胺水解后会生成丁二胺(即腐胺)和氨基甲酸。其反应如下:

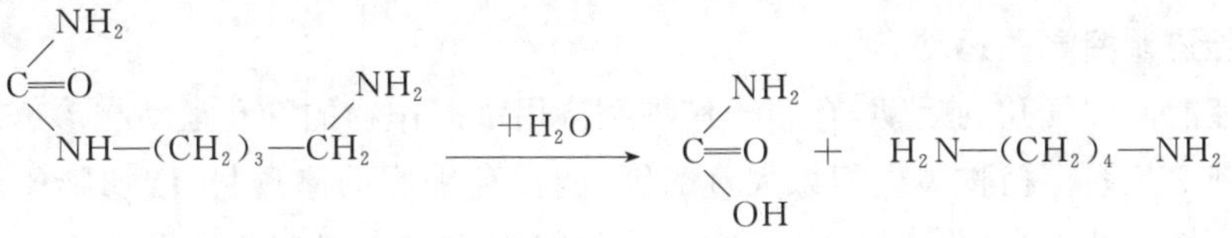

氨甲酰丁二胺　　氨基甲酰　　丁二胺

一般在老叶中胺类物质积累量较多。当鲱精胺和腐胺在细胞内浓度达到0.15%~0.20%时,细胞即中毒而死亡,并出现斑块状坏死组织。由于植物体内胺类化合物的含量与钾素营养有密切关系,所以有人建议用体内含胺量作为判断土壤供钾能力和确定钾肥用量的参考指标。

钾促进蛋白质的合成还表现在它能促进根瘤菌的固氮作用(表 2-16)。

表 2-16　供钾对大豆生长、根瘤数和固氮酶活性(减少 C_2H_2)的影响

处理	地上部重量/(g·株$^{-1}$)	单株根瘤数/g	单株根瘤重/g	固氮酶活性*
-K	9.05	54.7	3.0	86.9
+K	12.50	60.8	3.9	109.9

* 单位为 μmol·g^{-1} 根瘤·h^{-1}(Gomes 等,1986)。

供钾可增加每株的根瘤数、根瘤重,并明显提高固氮酶的活性,从而能促进根瘤菌固氮。但应该指出,根瘤固氮能力的提高与钾促进光合产物的运输有关。增加碳水化合物向根部运输,改善根瘤的能量供应状况,也是增强固氮的重要原因。

(四)参与细胞渗透调节作用

钾对调节植物细胞的水势有重要作用。植物对钾的吸收有高度选择性,因此钾能顺利进入植物细胞内。进入细胞内的钾不参加有机物的组成,而是以离子的状态累积在细胞质的溶胶和液泡中。K^+的累积能调节胶体的存在状态,也能调节细胞的水势,它是细胞中构成渗透势的重要无机成分。细胞内钾离子浓度较高时,其吸水的渗透势也随之增大,并促进细胞从外界吸收水分,从而又会引起压力势的变化,使细胞充水膨胀。只有当渗透势和压力势达到平衡时,细胞才停止吸收水分。缺钾时,细胞吸水能力差,胶体保持水分的能力也小,细胞失去弹性,植株和叶片易萎蔫。保持细胞正常的水势是细胞增长的驱动力,对调节细胞代谢有重要作用。试验证明,供钾充足的作物,生长迅速。K. Mengel 曾指出,在作物生长过程中,对缺钾最敏感的是幼嫩组织的膨压。缺钾常表现为幼嫩组织的膨压下降,植物的生长势差,干物质产量降低。幼嫩组织需钾量高的原因之一就在于钾能维持胶体处于正常状态以及保持细胞有较高的水势梯度。例如,在番茄、苹果、葡萄等一些含水分多的果实以及马铃薯块茎、甜菜块根等新鲜储存器官中都含有大量的钾。

(五)调控气孔运动

钾能调节气孔的运动,有利于作物经济用水。作物的气孔运动与渗透压、压力势有密切关系。植物体内积累大量的钾,能提高细胞的渗透势,增加膨压,气孔增大。当植物处于光照条件下,K^+便从叶片的表皮进入邻近的保卫细胞,并在保卫细胞中与有机阴离子苹果酸结合形成苹果酸盐,使得保卫细胞的渗透势增加,因而细胞获得较多的水分,尔后压力势也随之增加,气孔即张开。在无光照的条件下,气孔是关闭的。由此可见,气孔运动与表皮组织保卫细胞中K^+浓度有密切关系(表 2-17)。

表 2-17 气孔张、闭时,蚕豆叶片表皮组织保卫细胞内各种离子的浓度

气孔状态	K^+/mol	Cl^-/mol	渗透压/Pa	气孔孔径/μm
张开	424×10^{-14}	22×10^{-14}	35×10^5	12
关闭	20×10^{-14}	0×10^{-14}	19×10^5	2

气孔张开和关闭不仅影响叶片中CO_2的交换,直接与光合作用有关,而且可调节作物的蒸腾作用,减少水分的散失,尤其在干旱的条件下更有重要意义。

(六)激活酶的活性

目前已知有 60 多种酶需要一价阳离子来活化,而其中钾离子是植物体内最有效的活化剂(表 2-18)。这 60 多种酶大约可归纳为合成酶、氧化还原酶和转移酶 3

大类。它们都是植物体内极其重要的酶类。

表 2-18　一些需要 K^+ 激活的酶及其催化的主要反应

酶　类	催化的主要反应
磷酰基转移酶	
丙酮酸激酶	磷酸烯醇丙酮酸 + ADP = 丙酮酸 + ATP
6-磷酸果糖激酶	果糖-6-磷酸 + ATP = 果糖-1,6-磷酸盐 + ADP
果糖激酶Ⅳ	
谷胱甘肽合成酶	谷胱氨酰半胱氨酸 + 甘氨酸 + ATP =谷胱甘肽 + ADP + P_i
琥珀酰 CoA 合成酶	琥珀酸盐 + CoA + ATP = 琥珀酰 CoA + ATP + P_i
谷氨酰半胱氨酸合成酶	谷氨酸盐 + 半胱氨酸 + ATP =谷氨酰半胱氨酸 + ATP + P_i
NAD^+ 合成酶	Dcamido-NAD^+ +谷氨酰胺 +H_2O +ATP = NAD^+ + PP_i+ 谷氨酸盐 + AMP
ADP 葡萄糖-淀粉合成酶	ADP-葡萄糖+$(1,4\text{-}\alpha\text{-}D\text{-}$葡糖基$)_n$=$(1,4\text{-}\alpha\text{-}D\text{-}$葡糖基$)_{n+1}$ + ADP
甲酰四氢叶酸合成酶	甲酸 + 四氢叶酸 + ATP = 10-甲酰四氢叶酸 + ADP + P_i
ADP 葡萄糖焦磷酸化酶	ATP + α-*D*-葡萄糖-1-磷酸 = PP_i+ ADP-葡萄糖
UDP 葡萄糖焦磷酸化酶	UTP + α-*D*-葡萄糖-1-磷酸 = PP_i+ UDP-葡萄糖
磷酸化酶	$(\alpha\text{-}1,4\text{-}$葡糖基$)_n$+$P_i$=$(\alpha\text{-}1,4$ 葡糖基$)_{n+1}$+α-*D*-葡萄糖-1-磷酸
焦磷酸盐磷酸水解酶	H_2O + PP_i= $2P_i$
ATP 磷酸水解酶(Mg^{2+})	ATP + H_2O = ADP + P_i
ATP 磷酸水解酶(Ca^{2+})	ATP + H_2O = ADP + P_i
催化排除过程的酶(裂解酶)	
苏氨酸脱水酶	苏氨酸・H_2O =2 氧代丁酸 + NH_3+ H_2O
果糖二磷酸醛缩酶	果糖-1,6-磷酸 = 磷酸二羟丙酮 + 3-磷酸甘油醛
乙醛脱氢酶	乙醛 + $NAD(P)^+$+ H_2O = 酸 + NAD(P)H

由于钾是许多酶的活化剂,所以供钾水平明显影响植物体内碳、氮代谢作用。例如,在植物呼吸作用过程中,钾是磷酸果糖激酶和丙酮酸激酶的活化剂,因此钾有促进呼吸和 ATP 合成的作用,使每单位叶绿体产生的 ATP 数量有所增加。在高等植物中,淀粉含量高的作物(如薯类作物)都需要较多的钾。虽然其他的一价阳离子也有激活淀粉合成酶的作用,但钾的活化能力最强,促进淀粉合成的效果最好(图 2-12)。

(七)促进有机酸代谢

钾参与植物体内氮的运输,它在木质部运输中常常是硝酸根离子(NO_3^-)的主要陪伴离子。当 NO_3^--N 在植物体内被还原成氨以后,带负电荷的 NO_3^- 就消失了。为了电荷平衡，植物必须加强有机酸的代谢，所形成的苹果酸根代替了 NO_3^-，与钾离子结合成为苹果酸钾，并可重新转移到根部，苹果酸根脱羧后以 HCO_3^- 的形式排出体外，又可促进植物对 NO_3^- 的吸收。这表明钾有促进有机酸代谢的功能，同时也有利于对 NO_3^- 的吸收（图 2-13）。钾明显提高植物对氮的利用，也促进了植物从土壤中吸取氮素。

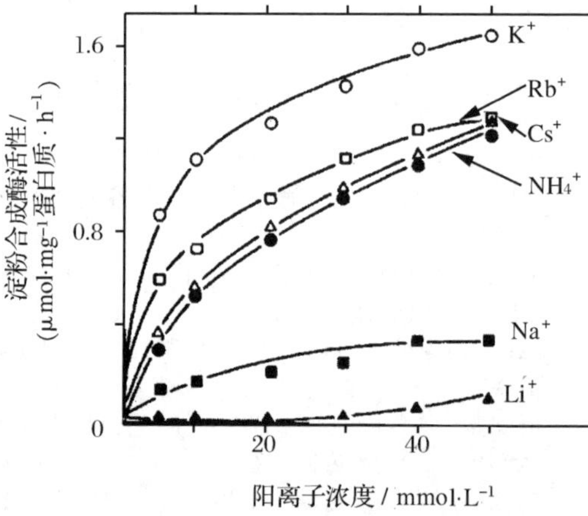

图 2-12 钾离子穿梭运输硝酸根离子和苹果酸离子的模型

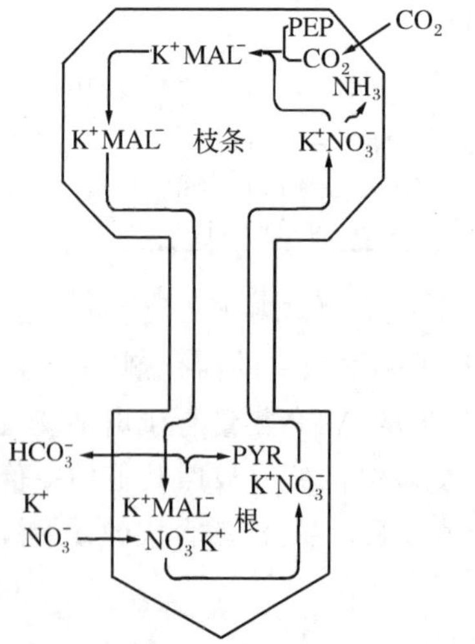

图 2-13 钾离子穿梭运输硝酸根离子和苹果酸离子的模式图

（八）增强植物的抗逆性

钾有多方面的抗逆功能，它能增强作物的抗旱、抗高温、抗寒、抗病、抗盐、抗倒伏等的能力，从而提高其抵御外界恶劣环境的忍耐能力。这对作物稳产、高产有明显作用。

抗旱性：增加细胞中钾离子的浓度可提高细胞的渗透势，防止细胞或植物组织脱水。同时钾还能提高胶体对水的束缚能力，使原生质胶体充水膨胀而保持一定的充水度、分散度和黏滞性。因此，钾能增强细胞膜的持水能力，使细胞膜保持稳定的透性。渗透势和透性的增强，将有利于细胞从外界吸收水分。此外，供钾充足时，气孔的开闭可随植物生理的需要而调节自如，使作物减少水分蒸腾,经济用水。所以钾有助于提高作物抗旱能力。此外,钾还可促进根系生长,提高根/冠比,从而增强作物吸水的能力。

抗高温:缺钾植物在高温条件下,易失去水分平衡,引起萎蔫。棉花、丝瓜和南瓜等叶面积较大的植物尤为明显。在炎热的夏天,缺钾植物的叶片常出现萎蔫,影响光合作用的进行。短期高温会引起呼吸强度增加,同化物过度消耗以及蛋白质分解,从而形成并积累过多的氨,造成氨中毒(Engelbrecht 和 Mothes,1964)。高温条件下,还会引起膜结构的改变和光合电子传递受阻,而使植物生长急剧下降。K^+ 有渗透调节功能,供钾水平高的植物,在高温条件下能保持较高的水势和膨压,以保证植物能正常进行代谢。通过施用钾肥可促进植物的光合作用,加速蛋白质和淀粉的合成,也可补偿高温下有机物的过度消耗。钾还通过气孔运动及渗透调节来提高作物对高温的忍耐能力。

抗寒性:钾对植物抗寒性的改善,与根的形态和植物体内的代谢产物有关。钾不仅能促进植物形成强健的根系和粗壮的木质部导管,而且能提高细胞和组织中淀粉、糖分、可溶性蛋白质以及各种阳离子的含量。组织中上述物质的增加,既能提高细胞的渗透势,增强抗旱能力,又能使冰点下降,减少霜冻危害,提高抗寒性。此外,充足的钾有利于降低呼吸速率和水分损失,保护细胞膜的水化层,从而增强植物对低温的抗性。应该指出的是,钾对抗寒性的改善受其他养分供应状况的影响。一般来讲,施用氮肥会加重冻害,施用磷肥在一定程度上可减轻冻害,而氮、磷肥与钾肥配合施用,则能进一步提高作物的抗寒能力。

抗盐害:有资料报道,供钾不足时,质膜中蛋白质分子上的巯基(—HS)易氧化成双硫基,从而使蛋白质变性,还有一些类脂中的不饱和脂肪酸也因脱水而易被氧化。因此,质膜可能失去原有的选择透性而受盐害。又有资料报道,在盐胁迫环境下,K^+ 对渗透势的贡献最大。良好的钾营养可减轻水分及离子的不平衡状态,加速代谢进程,使膜蛋白产生适应性的变化。总之,增施钾肥有利于提高作物的抗盐能力。

抗病性:钾对增加作物抗病性也有明显作用。在许多情况下,病害的发生是由于养分缺乏或不平衡造成的。Fuchs 和 Grossmann(1972)曾总结了钾与抗病性、抗虫性的关系。他们认为,氮与钾对作物的抗病性影响很大,氮过多往往会增加植物对病虫的敏感性,而钾的作用则相反,增施钾肥能提高作物的抗病性。作物的抗性,特别是对真菌和细菌病害的抗性常依赖于氮钾比。钾能使细胞壁增厚提高细胞木质化程度,因此能阻止或减少病原菌的入侵和昆虫的危害。另一方面,钾能促进植物体内低分子化合物(如游离氨基酸、单糖等)转变为高分子化合物(如蛋白质、纤维素、淀粉等)。可溶性养分减少后,有抑制病菌滋生的作用。有资料报道,适量供钾的植株,能在其感病点的周围积累植物抗毒素(phytoalexins)、酚类及生长素,所以能阻止病害部位扩大,而且易于形成愈伤组织。许多资料表明,供钾充足可减轻水稻胡麻叶斑病、稻瘟病、赤枯病、纹枯病,玉米茎枯病(表 2-19)、黑粉病,麦类赤霉病、白粉病,棉花红叶茎枯病以及烟草花叶病等的发病率和危害。

表 2-19 施钾对玉米产量及茎枯病发病率的影响

施 K_2O 量/($kg \cdot hm^{-2}$)	子粒产量/($t \cdot hm^{-2}$)	茎枯病发病率/%
0	4.48	35
300	6.91	19
600	8.73	8

抗倒伏:钾还能促进作物茎秆维管束的发育,使茎壁增厚,髓腔变小,机械组织内细胞排列整齐,因而增强了抗倒伏的能力。

抗早衰:Header 和 Beringer(1981)在研究钾对冬小麦产量影响时发现,钾有防止早衰、延长子粒灌浆时间和增加千粒重的作用。防止作物早衰可推迟其成熟期,这意味着能使作物有更多的时间把光合产物运送到"库"中。究其实质,主要是施用钾肥后小麦子粒中脱落酸的含量降低,且使其含量高峰期时间后移。这是延长冬小麦灌浆天数、增加千粒重的重要原因(表 2-20)。在冬小麦灌浆期间,充足的钾还能延缓叶绿素的破坏,延长功能叶的功能期。这也是抗早衰的一个原因。

表 2-20 钾对冬小麦产量构成因素的影响

项 目	施钾(K)量/($mg \cdot kg^{-1}$)		
	0	60	120
从开花到成熟的天数	46	68	75
每盆穗数	58.8	65.2	61.3
每穗粒数	36.3	37.6	42.6
千粒重/g	17.4	33.0	34.4
每盆产量/g	37.2	81.0	89.9

不仅如此,钾还能抗 Fe^{2+}、Mn^{2+} 以及 H_2S 等还原物质的危害。缺钾时,体内低分子化合物不能转化为高分子化合物,大量低分子化合物就有可能通过根系排出体外。低分子化合物在根际的出现,为微生物提供了大量营养物质,使微生物大量繁殖,造成缺氧环境,从而使根际各种还原性物质数量增加,危害作物根系,尤其是水稻,常出现禾苗发红、根系发黑、土壤呈灰蓝色等中毒现象。如果供钾充足,则可在根系周围形成氧化圈,从而消除上述还原物质的危害。

三、钾与作物品质

钾对作物品质的影响与其对抗病性的影响有些类似，主要也是养分平衡问题。钾对作物品质的改善不仅表现在提高产品的营养成分，而且也表现在能延长产品的储存期，更耐搬运和运输，特别是对叶菜类蔬菜和水果来说，钾能使其产品以更好的外观上市。使水果的色泽更鲜艳，汁液含糖量和酸度都有所改善。施钾还能改善大麦子粒的品质。据湖南省土壤肥料研究所测定，施钾较不施钾的子粒中胱氨酸、蛋氨酸、酪氨酸、色氨酸、淀粉和可溶性糖的含量都有所增加(表 2-21)。

表 2-21 施钾对大麦品质的影响 %

处理	胱氨酸	蛋氨酸	酪氨酸	色氨酸	淀粉	可溶性糖
NP	0.18	0.14	0.36	0.121	44.9	9.36
NPK	0.20	0.20	0.42	0.135	46.5	10.40

湖南省土肥所资料。

同时也应该指出，施用过量钾肥也会由于破坏了养分平衡而造成作物品质下降。如苹果的果肉变绵不脆，耐储性下降；由于细胞含水率偏高，使枝条不充实，耐寒性下降等。有资料报道，湖北省枣阳县某果园，因施钾过多，使苹果叶片变小，叶色变黄，果肉纤维化而不能食用。广东某柑橘园也因施钾过多，造成柑橘果皮变厚、粗糙，糖分和果汁减少，纤维素含量增加，着色晚，品质明显下降，几乎不能食用。钾肥用量过多还会造成作物奢侈吸收，即作物吸收量大大增加，超过作物实际需钾量，而且这些养分对提高产量没有帮助。奢侈吸收显然是一种浪费现象。

四、植物缺钾的一般症状

根据电子显微镜观察，植物缺钾时细胞形态有明显变化，其组织中常出现细胞解体，死细胞很多。缺钾时，植物外形也有明显的变化。由于钾在植物体内流动性很强，能从成熟叶和茎中流向幼嫩组织进行再分配，因此植物生长早期，不易观察到缺钾症状，即处于潜在性缺钾阶段。此时往往使植物生活力和细胞膨压明显降低。表现出植株生长缓慢、矮化。缺钾症状通常在植物生长发育的中、后期才表现出来。严重缺钾时，植株首先在植株下部老叶上出现失绿并逐渐坏死，叶片暗绿无光泽。双子叶植物叶脉间先失绿，沿叶缘开始出现黄化或有褐色的斑点或条纹，并逐渐向叶脉间蔓延，最后发展为坏死组织。单子叶植物叶尖先黄化，随后逐渐坏死。植物出现褐色坏死组织与缺钾体内有腐胺积累有关。

植物缺钾时，根系生长明显停滞，细根和根毛生长很差，易出现根腐病。缺钾植株的维管束木质化程度低，厚壁组织不发达，常表现出组织柔弱而易倒伏。缺钾的植物叶片气孔不能开闭自如，因此在水分胁迫的条件下，尤其是高温、干旱的季节，植株失水多而出现萎蔫。在大豆结荚成熟后，植株仍保持绿色，是缺钾的典型症状。在供氮过量而钾不足时，双子叶植物叶片上，常会出现叶脉紧缩而脉间凹凸不平的现象。这是由于氮素充足使细胞内原生质汁液丰富，钾不足使纤维素合成受阻所致。

复习思考题

1. 就 NH_4^+-N 同化来讲，GDH 途径和 GS-GOGAT 途径各有什么特点？为什么说 GS-GOGAT 途径是更为普遍和重要的同化方式？

2. 如何对 NH_4^+-N 与 NO_3^--N 的营养作用做出正确评价？其肥效主要受什么因素的影响？

3. 说明磷酸盐被植物吸收后在体内的行为轨迹和特点。

4. 说明植物体内酰胺和植素的合成及其重要意义。

5. 就蛋白质合成来看，钾和氮的功能有何不同？

6. 说明缺乏氮、磷、钾养分时，植株外形、颜色等症状和特点并分析其原因。

第三章　中量营养元素

第一节　钙

一、植物体内钙的含量与分布

植物体内钙的含量为0.1%～5%。不同植物种类、部位和器官的含钙量变幅很大。通常，双子叶植物含钙量较高，而单子叶植物含钙量较低；根部含钙量较少，而地上部较多；茎叶(特别是老叶)含钙量较多，果实、子粒中含钙量较少。在植物细胞中，钙大部分存在于细胞壁上。细胞内和细胞间钙的分布情况如图3-1所示。

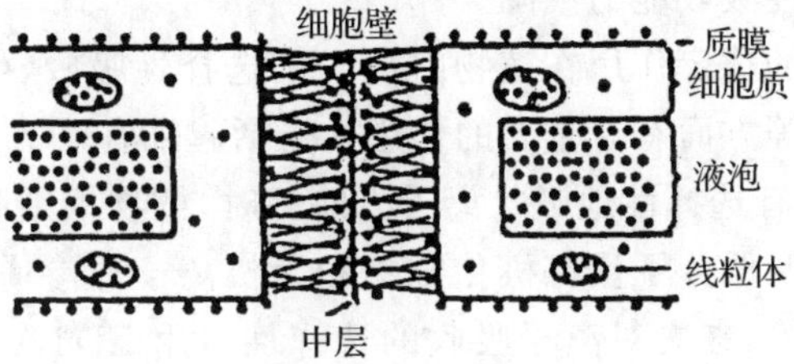

图3-1　两个相邻细胞间和细胞内 Ca^{2+}(·)的分布图示

细胞内含钙量较高的区域是中胶层和质膜外表面；细胞器中，钙主要分布在液泡中，细胞质内较少。植物体的含钙量受植物的遗传特性影响很大，而受介质中钙供应量的影响却较小。

二、钙的营养功能

(一)稳定细胞膜

钙能稳定生物膜结构，保持细胞的完整性。其作用机理主要是依靠它把生物膜表面的磷酸盐、磷酸酯与蛋白质的羧基桥接起来。其他阳离子虽然能从这一结合位点上取代钙，但却不能代替钙在稳定细胞膜结构方面的作用（图 3-2）。

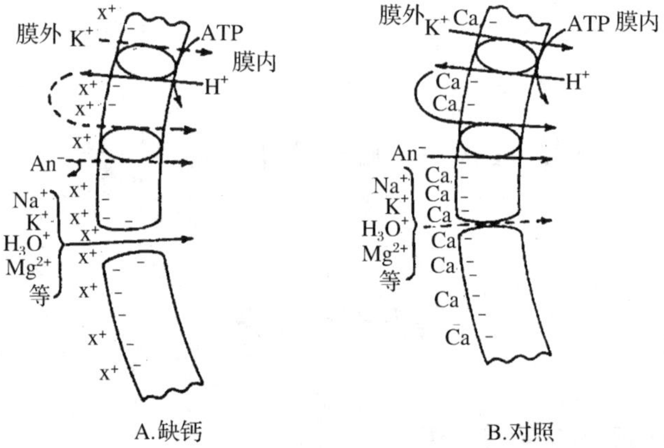

图 3-2　钙对细胞膜稳定性的影响

由图 3-2 可以看出，钙与细胞膜表面磷脂和蛋白质的负电荷相结合，提高了细胞膜的稳定性和疏水性，并能增加细胞膜对 K^+、Na^+ 和 Mg^{2+} 等离子吸收的选择性。缺钙时膜的选择性吸收能力下降。

钙对生物膜结构的稳定作用在植物对离子的选择性吸收、生长、衰老、信息传递以及植物的抗逆性等方面有着重要的作用。概括起来有以下 4 个方面：

1. 有助于生物膜有选择性地吸收离子　缺钙时，植物根细胞原生质膜的稳定性降低，透性增加，致使低分子量有机化合物和无机离子外渗增多。严重缺钙时，原生质膜结构彻底解体，丧失对离子吸收的选择性。用 EDTA 处理细胞膜，膜上的 Ca^{2+} 与 EDTA 形成螯合物，使细胞膜透性明显增加，导致细胞质中的溶质大量外渗，主动吸收能力明显下降。

2. 能增强植物对环境胁迫的抗逆能力　如果原生质膜上的 Ca^{2+} 被重金属离子或质子所取代，就会发生细胞质外渗，选择性吸收能力下降的现象。增加介质的 Ca^{2+} 浓度可提高离子吸收的选择性，并减少溶质外渗。因此，施钙可以减轻重金属或酸性对植物造成的毒害作用。施钙还可增强植物对盐害、寒害、干旱、热害和病虫害等胁迫的抗性。

3. 可防止植物早衰　早衰的典型症状与植物的缺钙症状极其相似，如玉米早衰时，细胞分隔化作用破坏，呼吸作用增强，液泡中的物质向细胞质中渗漏等。施钙可以明显延缓玉米叶片的衰老过程。在果实成熟过程中，植物的衰老与乙烯的产生密切相关，而 Ca^{2+} 可通过对细胞膜透性的调节作用减弱乙烯的生物合成作用，延缓衰老。

4. 能提高作物品质 在果实发育过程中，供应充足的钙有利于干物质的积累；成熟果实中的含钙量较高时，可有效地防止采收后储藏过程中出现的腐烂现象，延长储藏期，增加水果保藏品质。

(二)稳固细胞壁

植物中绝大部分钙以构成细胞壁果胶质的结构成分存在于细胞壁中。在阳离子交换量较大的双子叶植物中，当供 Ca^{2+} 水平较低时，大约占全钙量 50%的 Ca^{2+} 与果胶酸盐结合。在苹果果实的储藏组织中，结合在细胞壁上的钙可高达总钙量的 90%。由于细胞壁中有丰富的 Ca^{2+} 结合位点，Ca^{2+} 的跨质膜运输受到限制，几乎完全依赖于质外体运输，所以在发育健全的植物细胞中，Ca^{2+} 主要分布在中胶层和原生质膜的外侧，这一方面可增强细胞壁结构和细胞间的黏结作用(图 3-3)；另一方面则对膜的透性和有关的生理生化过程起着调节作用。应用光学和电子显微镜进行植物组织观察发现，缺钙使苹果的细胞壁解体，细胞壁和中胶层变软，随后使细胞壁解体并出现粉斑症(mealiness)、细胞破裂出现水心病和腐心病；缺钙降低了细胞壁的硬度，从而降低了细胞对真菌如 gloeosporium rot 的侵染的抵抗力，导致裂果。

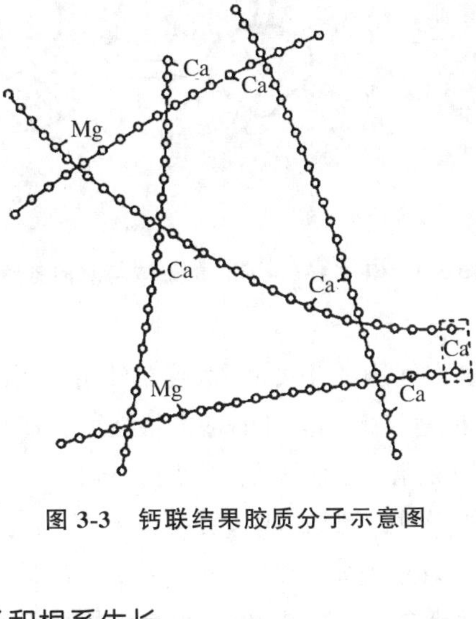

图 3-3 钙联结果胶质分子示意图

(三)促进细胞伸长和根系生长

在无 Ca^{2+} 的介质中，根系的伸长在数小时内就会停止。这是由于缺钙破坏了细胞壁的黏结联系，抑制细胞壁的形成；而且使已有的细胞壁解体所致。另外，由于钙是细胞分裂所必需的成分，在细胞核分裂后，分隔两个子细胞的细胞核就是中胶层的初期形式，它是由果胶酸钙组成的。在缺钙条件下，不能形成细胞板，子细胞也无法分隔，于是就会出现双核细胞的现象。例如洋葱根尖分生组织在缺钙时就出现双核细胞，因细胞不能分裂，最终导致生长点死亡。钙是植物细胞伸长所必需的，但其作用机理目前尚不清楚。

(四)参与第二信使传递

钙能结合在钙调蛋白(calmodulin，简称 CAM)上对植物体内许多酶起活化功能，并对细胞代谢起调节作用。钙调蛋白是一种由 148 个氨基酸组成的低分子量多肽(MW≈20 000)，它对 Ca^{2+} 具有很强的亲和力和很高的选择性，并能同四个 Ca^{2+} 可逆地结合，具有激活植物体内多种关键酶，如磷脂酶、NAD 激酶和 Ca^{2+}-ATP 酶等的作用(图 3-4)。当无活性的钙调蛋白与 Ca^{2+} 结合形成 Ca-CAM 复合体后，CAM 因发生变构而活化。活化的 CAM 与细胞分裂、细胞运动、植物细胞中信息的传递以及植物光合作用及生长发育等都有密切关系。

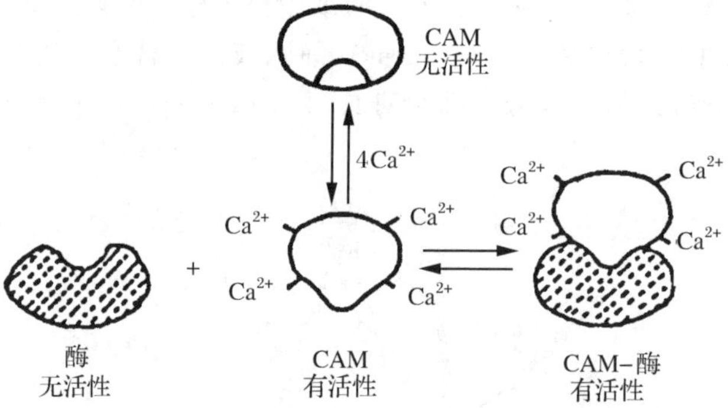

图 3-4 Ca-CAM 复合体的形成与酶的激活

环境胁迫条件下，植物细胞质中 Ca^{2+} 浓度的变化会引起 CAM 活性的改变。CAM 对 Ca^{2+} 亲和能力正是它感受信息的基本特性。为避免生成不溶性有机含磷化物，细胞溶质中 Ca^{2+} 的浓度通常低于 10^{-6} mol·L^{-1}，而细胞外则可达 10^{-3} mol·L^{-1}。当某种刺激达到细胞时，质膜对 Ca^{2+} 的通透性瞬间增加，细胞质中 Ca^{2+} 浓度增加到一定阈值(通常为 10^{-6} mol·L^{-1})时即与 CAM 结合，形成 Ca-CAM 复合体。这种激活态的 CAM 即可进而与它所调节的酶结合而使酶活化。这些 CAM 调节的酶中也包括主动运输 Ca^{2+} 过膜的 Ca^{2+}-ATP 酶，所以，Ca^{2+} 又被反馈地泵出细胞或泵入某些细胞器内，细胞质 Ca^{2+} 浓度又降到与 CAM 结合的阈值以下，CAM 恢复到无活性状态，随之，与酶复合体解离，酶回到非活性状态。

在有丝分裂中，将染色体分开的纺锤体是由微管构成的，而 Ca-CAM 复合体能影响微管的解聚，因此，缺钙就会妨碍纺锤体的增长，从而抑制细胞的分裂。

在光合作用中，光照通过膜上的光敏色素可使叶绿体内游离 Ca^{2+} 的浓度提高到 10^{-5} mol · L^{-1} 以上，从而活化了依赖于 Ca-CAM 的 NAD 激酶，促使 NADP 合成；此外，CAM 还会影响光合放氧过程中的电子传递。

细胞伸长的前提是细胞壁的松弛。当质膜受吲哚乙酸（IAA）刺激时，H^+ 的分泌作用加强，使 pH 值下降，从而细胞壁得以松弛而促进细胞伸长。实验证明，Ca^{2+} 在低浓度时（0.3～1 mmol · L^{-1}）对细胞壁的酸化和细胞的伸长起促进作用，在高浓度时（2～20 mmol · L^{-1}）则起抑制作用。

（五）起渗透调节作用

在有液泡的叶细胞内，大部分 Ca^{2+} 存在于液泡中，对液泡内阴阳离子的平衡有重要贡献。在随硝酸还原而优先合成草酸盐的那些植物种群中，液泡中草酸钙的形成使液泡以及叶绿体中游离 Ca^{2+} 的浓度处于较低的水平。草酸钙的溶解度很低，它的形成对细胞的渗透调节也很重要。例如，在成熟的甜菜和许多盐生植物的叶片中草酸钙的含量都很高。

（六）起酶促作用

Ca^{2+} 对细胞膜上结合的酶，如 Ca-ATP 酶非常重要。该酶的主要功能是参与离子和其他物质的跨膜运输。Ca^{2+} 也能提高 α-淀粉酶和磷脂酶等酶的活性，还能抑制蛋白激酶和丙酮酸激酶的活性。虽然迄今已发现钙可以同 70 多种蛋白质结合，但这种结合是否具有重要的生理学意义尚不清楚。由于细胞质中的 Ca^{2+} 浓度很低，而且它和许多酶的亲和力也比较小。因此，细胞质中钙的酶调作用可能是很有限的。

三、植物对钙的需求与缺钙症状

植物对钙的需要量因作物种类和遗传特性的不同而有很大的差异。在同一条件下进行的培养试验表明，黑麦草最佳生长时期所需介质中 Ca^{2+} 的浓度为 2.5 μmol · L^{-1}，而番茄则为 100 μmol · L^{-1}，二者相差 40 倍。黑麦草最佳生长时期植株的含钙量为 0.7 mg · g^{-1}，而番茄为 12.9 mg · g^{-1}，相差 18.4 倍，可见各种作物对钙的需求量差别很大。

一般认为，在土壤交换性钙的含量＞1 μmol · 100 g^{-1} 时，作物不会缺钙。但在过去的 30 多年中，对植物缺钙现象的报道连续不断。Shear 详细总结了 35 种不同类型植物的缺钙症后指出，缺钙时植物生长受阻，节间较短，因而一般较正常生长的植株矮小，而且组织柔软。缺钙植株的顶芽、侧芽、根尖等分生组织首先出现缺素症，易腐烂死亡，幼叶卷曲畸形，叶缘开始变黄并逐渐坏死，例如缺钙使甘蓝、白菜和莴苣等出现叶焦病(tipburn)；番茄、辣椒、西瓜等出现脐腐病；苹果出现苦痘病和水心病。

在北方富含钙的石灰性土壤上，植物由于生理性缺钙也会造成上述病症。由于钙在木质部的运输能力常常依赖于蒸腾强度的大小，因此，老叶中常有钙的富集，而植株顶芽、侧芽、根尖等分生组织的蒸腾作用很弱，依靠蒸腾作用供应的钙就很少。同时，钙在韧皮部的运输能力很小，所以，老叶中富集的钙也难以运输到幼叶、根尖或新生长点中去，致使这些部位首先缺钙。肉质果实的蒸腾量一般都比较小，因此，极易发生缺钙现象，但蒸腾作用不是决定 Ca^{2+} 长距离运输的唯一因子。在甘蓝类包叶蔬菜中，白天老叶的蒸腾量大，钙多向外层叶片输送，夜晚外层叶片蒸腾作用基本停止，但在根压的作用下水分向地上部运输，由于夜晚心叶的吸水作用，大部分钙可进入新叶，从而使水分和钙的运输呈现明显的昼夜节律性变化。

第二节 镁

一、植物体内镁的含量与分布

植物体内镁的含量为 0.05%～0.7%。不同植物的含镁量各异，豆科植物地上部分镁的含量是禾本科植物的 2～3 倍。镁在植物器官和组织中的含量不仅受植物种类和品种的影响，而且受植物生育时期和许多生态条件的影响。一般来说，种子含镁较多，茎、叶次之，而根系较少；作物生长初期，镁大多存在于叶片中，到了结实期，则转移到种子中，以植酸盐的形态储存。玉米子粒中的镁含量约占体内镁全量的 34%，玉米芯占 6%，叶片占 32%，茎占 21%，而根中只有 7%。植物不同器官中镁的含量受镁肥施用量的影响较大。甜玉米施用 134 $kg \cdot hm^{-2}$ 的镁肥不仅可增产 33%，而且子粒和叶片中的镁含量分别增加了 33% 和 161%。相同处理的菜豆虽未增产，但豆荚和叶片的镁含量也分别增加了 31% 和 141%。Grimme 发现，当镁的供应量较少时，它首先累积在子粒中，而且生殖器官能优先得到镁的供应。当镁供应充分时，镁首先累积在营养体中，此时，营养体成为镁的储存库。由于镁在韧皮部中的移动性强，储存在营养体或其他器官中的镁可以被重新分配和再利用。

在正常生长的植物成熟叶片中，大约有 10% 的镁结合在叶绿素 a 和叶绿素 b 中，75% 的镁结合在核糖体中，其余的 15% 或呈游离态或结合在各种镁可活化的酶或细胞的阳离子结合部位(如蛋白质的各种配位基团、有机酸、氨基酸和细胞质外体空间的阳离子交换部位)上。植物叶片中的镁含量低于 0.2%时则可能出现缺镁。

二、镁的营养功能

(一)叶绿素合成及光合作用

镁的主要功能是作为叶绿素 a 和叶绿素 b 卟啉环的中心原子(图 3-5),在叶绿素合成和光合作用中起重要作用。

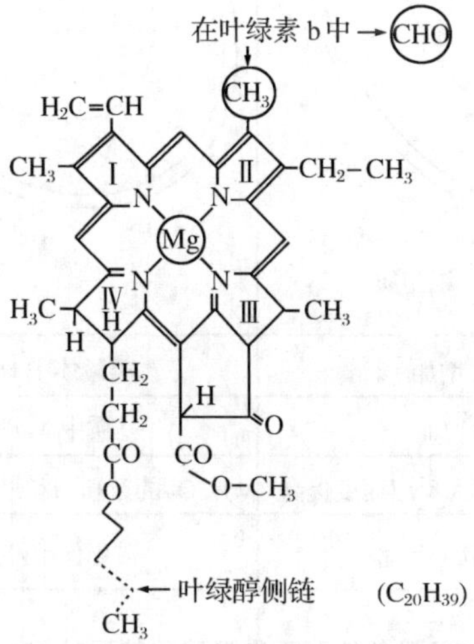

图 3-5　叶绿素的结构

当镁原子同叶绿素分子结合后,才具备吸收光量子的必要结构,才能有效地吸收光量子进行光合碳同化反应。与叶绿素分子吸收光有关的镁元素形态不是 Mg^{2+},而是 Mg^0 和 Mg^+。

镁也参与叶绿体中 CO_2 的同化反应。镁对叶绿体中的光合磷酸化和羧化反应都有影响。例如,镁参与叶绿体基质中 1,5-二磷酸核酮糖羧化酶(RUBP 羧化酶)的催化反应,而该酶的活性完全取决于 pH 值和镁的浓度。当镁和该酶结合后,它对 CO_2 的亲和力增加,K_m 值降低,转化速率也提高,如图 3-6 所示。在光照条件下,Mg^{2+} 从叶绿体的类囊体进入基质,而 H^+ 从基质进入类囊体,互相交换,使基质的 pH 值提高,从而为羧化反应提供适宜的条件。晚上,Mg^{2+} 和 H^+ 则向有光照时相反的方向进行交换。这样,Mg^{2+} 通过不断地活化二磷酸核酮糖羧化酶,促进 CO_2 的同化,从而有利于糖和淀粉的合成。

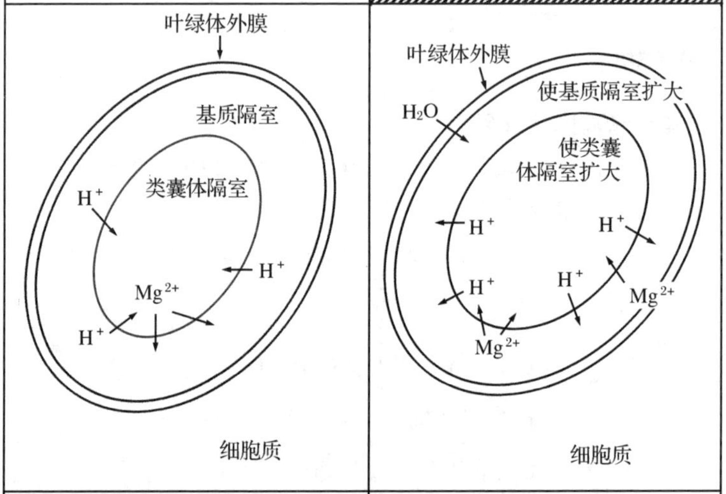

光照	黑暗
类囊体中 H^+ 增加	类囊体中 H^+ 下降
基质中 Mg^{2+} 增加	基质中 Mg^{2+} 下降
与 CO_2 的亲和力和最大反应速度提高	与 CO_2 的亲和力和最大反应速度降低
引起羧化作用	羧化作用停止

图 3-6　Mg^{2+} 在光照条件下活化二磷酸核酮糖羧化酶的示意图

$$\text{二磷酸核酮糖} + CO_2 \xrightarrow[Mg^{2+}]{\text{二磷酸核酮糖羧化酶}} \text{磷酸丙糖}$$

在 C_4 植物中，磷酸烯醇式丙酮酸是 CO_2 的最初受体。它是在丙酮酸磷酸双激酶作用下由丙酮酸转化而成的。这种酶也是由 Mg^{2+} 活化的。

$$\text{丙酮酸} + ATP + P_i \xrightarrow[Mg^{2+}]{\text{丙酮酸磷酸双激酶}} \text{磷酸烯醇式丙酮酸} + AMP + PP_i$$

(二)蛋白质的合成

镁的另一重要生理功能是作为核糖体亚单位连接的桥接元素，能保证核糖体稳定的结构，为蛋白质的合成提供场所。叶片细胞中有大约 75％的镁是通过上述作用直接或间接参与蛋白质合成的。镁是稳定核糖体颗粒、特别是多核糖体所必需的，又是功能 RNA 蛋白颗粒进行氨基酸与其他代谢组分按顺序合成蛋白质所必需的。当镁的浓度低于 10 mmol・L^{-1} 时，核糖体亚单位便失去稳定性，如果不能得到充足的镁供应，核糖体则分解成小分子的失活颗粒。蛋白质合成中需要镁的过程还包括氨基酸的活化、多肽链的启动和多肽链的延长反应。另外，活化 RNA 聚合酶也需要镁，因此，镁参与细胞核中 RNA 的合成。RNA 分子与镁的结合部位是磷酰基团。如图 3-7 所示，缺镁时 RNA 的合成过程立即停止，加镁后，其合成过程又迅速恢复(A)。与之不同的是，蛋白质的合成速率在缺镁 5 h 内并没受到影响，但 5 h 后则迅速降低，重新供镁后又迅速恢复(B)。此外，在蛋白质合成过程中镁可能结合在核糖体上，对胺酰 tRNA 转移到多肽链上起作用。

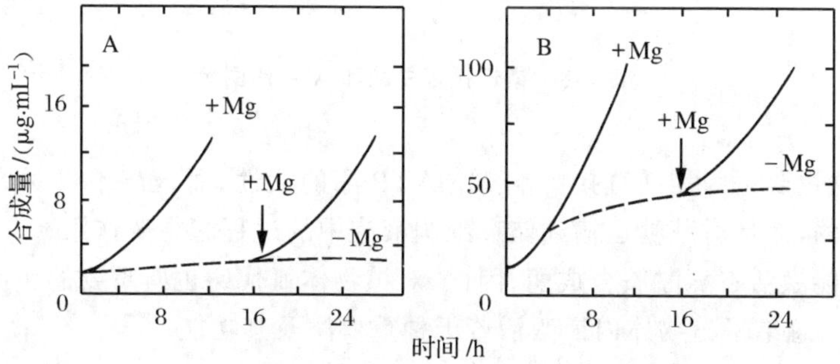

图 3-7　在 chlorella pyrenoidosa 悬液培养中供镁对(A)RNA 和(B)蛋白质合成的影响

(三)酶的活化

植物体中一系列的酶促反应都需要镁或依赖于镁进行调节。镁在 ATP 或 ADP 的焦磷酸盐结构和酶分子之间形成一个桥梁(图 3-8)，大多数 ATP 酶的底物是 Mg-ATP。镁首先与含氮碱基和磷酰基结合，而 ATP 在 pH 值为 6 以上形成稳定性较高的 Mg-ATP 复合物，其中大部分负电荷已被中和，靠 ATP 酶的活化点，这个复合体能把高能磷酰基转移到肽链上去。在活化磷酸激酶方面，镁比其他离子(如锰)更为有效。

Mg^{2+} 还能在叶绿体基质中对 RUBP 羧化酶起调控作用。这种酶的活性对 Mg^{2+} 和 pH 值都有高度的依赖性。Mg^{2+} 与该酶的结合增加了它对 CO_2 的亲和力及周转率。光激发使 Mg^{2+} 从叶绿体的类囊体空间进入基质，而质子从基质中快速转移到类囊体，同时基质的 pH 值从 6.5～6.9 提高到 7.5～8.0，从而为羧化酶提供了适宜的条件。

果糖-1,6-二磷酸酶也是一个需镁较多，而且也需要较高 pH 值的酶类。它在叶绿体内主要调节同化产物在淀粉合成和磷酸丙酮输出之间的分配。镁对储藏组织中积累蔗糖有重要意义。试验证明，加镁可使蔗糖进入红甜菜液泡的速率提高

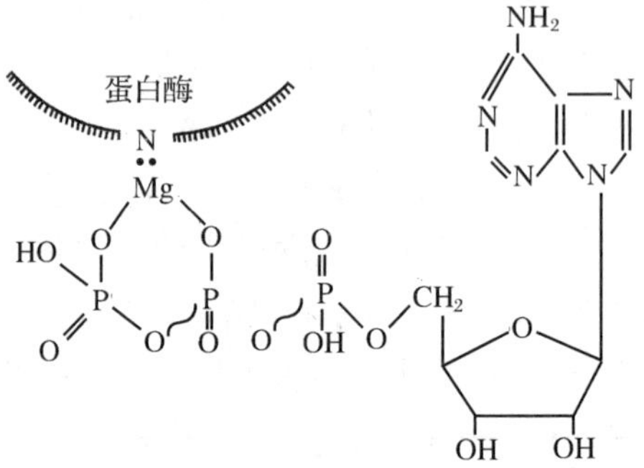

图 3-8 镁连接蛋白酶和 ATP 的图示

近 8 倍，这主要是因为镁直接影响 Mg-ATP 酶的活性，而该酶不仅对原生质膜上离子的运输，而且对蔗糖运输到储存细胞液泡中的过程起主要作用。

镁也能激活谷氨酰胺合成酶，因此，对植物体氮代谢也有重要的作用。

表 3-1 总结了植物体内镁激活若干种重要酶及其功能。

表 3-1 植物体内镁能激活的酶及其功能

酶 类	参与的反应
醋酸硫激酶	醋酸盐＋ATP ⟶ 乙酰-AMP＋PP_i(Mg^{2+})
	乙酰-AMP＋CoA(K^+) ⟶ CoA＋AMP
谷胱甘肽合成酶	γ-谷氨酰半胱氨酸＋甘氨酸＋ATP ⟶
	γ-谷氨酰半胱氨甘氨酸＋ADP＋P_i
二磷酸核酮糖羧化酶	$Ru(PO_4)_2+CO_2$ ⟶ 3-磷酸甘油酸
二磷酸核酮糖加氧酶	$Ru(PO_4)_2+O_2$ ⟶ 3-磷酸甘油酸＋2-磷酸乙醇酸
丙酮酸磷酸双激酶	丙酮酸＋ATP＋P_i ⟶ 磷酸丙酮酸＋AMP＋PP_i
苹果酸酶	苹果酸盐＋NADP＋H^+ ⟶ 丙酮酸＋CO_2＋NADPH
烯醇酶	磷酸烯醇式丙酮酸＋H_2O ⟶ 2-磷酸甘油酸
葡萄糖酸激酶	葡萄糖酸＋ATP ⟶ 6-磷酸葡萄糖酸＋ADP
磷酸果糖激酶	果糖-6-磷酸＋ATP ⟶ 果糖-1,6-二磷酸盐＋ADP
半乳糖激酶	半乳糖＋ATP ⟶ 半乳糖-磷酸盐＋ATP
葡萄糖激酶	核糖＋ATP ⟶ 6-磷酸葡萄糖酸＋ADP
腺苷激酶	腺苷＋ATP ⟶ 5′-AMP＋ADP
黄素激酶	核黄素＋ATP ⟶ 5′-磷酸-核黄素＋ADP
苹果酸合成酶	二羟醋酸＋乙酰辅酶 A＋H_2O ⟶ 苹果酸＋HS-(OA)
异柠檬酸酶	谷氨酸＋NH_4＋ATP ⟶ 谷氨酰胺＋ADP

续表 3-1

酶类	参与的反应
谷氨酰胺合成酶	丙酮酸＋ATP ⟶ 磷酸烯醇式丙酮酸＋ADP
丙酮酸激酶	异柠檬酸＋NADP＋H^+ ⟶ 草酰琥珀酸＋NADPH
DNA 聚合酶	(DATP……)DNA 聚合酶 ⟶ DNA

三、植物对镁的需求与缺镁症状

农作物对镁的吸收量平均为 10～25 kg·hm^{-2}。块根作物的吸收量通常是禾谷类作物的 2 倍，甜菜、马铃薯、水果和设施栽培的作物特别容易缺镁。植物体镁的临界浓度因植物种类、品种、器官和发育时期不同而有很大差异。单子叶植物镁临界值比双子叶植物低。一般来说，当叶片含镁量大于 0.4%时，镁是充足的。

当植物缺镁时，其突出表现是叶绿素含量下降，并出现失绿症。由于镁在韧皮部的移动性较强，缺镁症状常常首先表现在老叶上，如果得不到补充，则逐渐发展到新叶。缺镁时，植株矮小，生长缓慢。双子叶植物叶脉间失绿，并逐渐由淡绿色转变为黄色或白色，还会出现大小不一的褐色或紫红色斑点或条纹；严重缺镁时，整个叶片出现坏死现象。禾本科植物缺镁时，叶基部叶绿素积累出现暗绿色斑点，其余部分呈淡黄色；严重缺镁时，叶片褪色而有条纹，特别典型的是在叶尖出现坏死斑点。

植物缺镁时，细胞中叶绿体数目减少，片层结构变形；质体基粒数减少，形状变得很不规则，分隔减少或消失。缺镁还可使线粒体的脊发育不良。在缺镁叶片中，蛋白态氮比例降低，而非蛋白态氮比例升高。用香蕉进行研究时发现，缺镁导致植物体内谷氨酸和天门冬氨酸等含量增加，而赖氨酸含量下降。

缺镁使叶绿体内较大淀粉粒累积，从而使叶片干物质含量较高。这表明缺镁对叶绿体中淀粉的降解、糖的运输和韧皮部蔗糖的卸载有较大影响，而对光合作用本身的影响相对较小。许多代谢过程需要高能磷酸盐，因此镁对能量的转移影响极大。缺镁降低光合产物从“源”(如叶)到“库”(如根、果实或储藏块茎)的运输速率。缺镁对根系生长的影响要比对地上部大得多，从而导致根冠比的降低。

缺镁时，储藏组织(如马铃薯块茎)的淀粉含量和谷物的单穗粒重均下降。这些影响主要是由于碳水化合物减少，淀粉合成受阻以及同化产物的分配紊乱所致。缺镁造成豆科植物根瘤中碳水化合物供应量降低，从而降低固氮率。

在砂质土壤、酸性土壤、K^+ 和 NH_4^+ 含量较高的土壤上容易出现缺镁现象。砂土不仅镁本身含量不高，而且淋失比较严重；而酸性土壤除了淋失以外，H^+、

Al^{3+}等的拮抗作用也是造成缺镁的原因之一；高浓度的K^+和NH_4^+对Mg^{2+}的吸收有很强的拮抗作用。因此，增施镁肥、改良土壤、平衡施肥是矫正缺镁现象所必需的。中国科学院南京土壤研究所谢建昌等在江西省红壤上进行的试验表明，每亩施用1 kg $MgSO_4$，可使大豆、花生等作物增产20%左右。

由于镁在植物体内的移动性较好，镁肥既可做底肥，亦可做根外追肥。在大多数情况下，提高镁的含量能改善植物的营养品质。例如施镁肥能防治饲用牧草镁含量不足引起的牲畜痉挛病等，因此种植牧草需要注意补充镁肥。在集约化农业生产中，作物镁含量呈下降趋势；与缺镁有关的失调症，如葡萄茎腐病时有发生；由于酸雨的淋溶作用，使森林缺镁现象日趋严重，将造成严重的生态问题。饮食中Mg^{2+}摄取量的不足，造成大约13%的人缺镁，导致缺镁综合病症。

第三节　硫

一、植物体内硫的含量与分布

植物含硫量为0.1%～0.5%，其变幅受植物种类、品种、器官和生育期的影响很大。十字花科植物需硫最多，豆科、百合科植物次之，禾本科植物较少。硫在植物开花前集中分布于叶片中，成熟时叶片中的硫逐渐减少并向其他器官转移。例如，成熟的玉米叶片中含硫量占全株的10%，茎占33%，种子占26%，根占11%。

植物体内的硫有无机硫酸盐(SO_4^{2-})和有机硫化合物两种形态。前者主要储藏在液泡中，后者主要是以含硫氨基酸如胱氨酸、半胱氨酸和蛋氨酸，及其化合物如谷胱甘肽等存在于植物体各器官中。有机态的硫是组成蛋白质的必需成分。当对植物供硫适度时，植物体内含硫氨基酸中的硫约占植物全硫量的90%。由于各种植物的蛋白质组成是一定的，因此蛋白质中硫和氮的含量基本上是恒定的。但是缺硫时植物体的S/N会发生变化，因此，可以通过S/N来诊断植物的硫营养状况。植物吸收的硫首先满足合成有机硫的需要，多余时才以SO_4^{2-}形态储藏于液泡中。所以当供硫不足时，植物体内大部分为有机态硫；随着供硫量增加，体内有机硫也随之增加；而只有供硫十分丰富时，体内才有大量SO_4^{2-}存在。

二、硫的同化

如图3-9所示，植物体内硫的同化一般是在ATP作用下硫酸盐离子被活化，ATP中的两个磷酸酯被硫酰基置换，从而产生磷硫酸腺苷(APS)和焦磷酸盐。再由ATP进一步激活并形成磷酸腺苷磷硫酸盐(PAPS)。

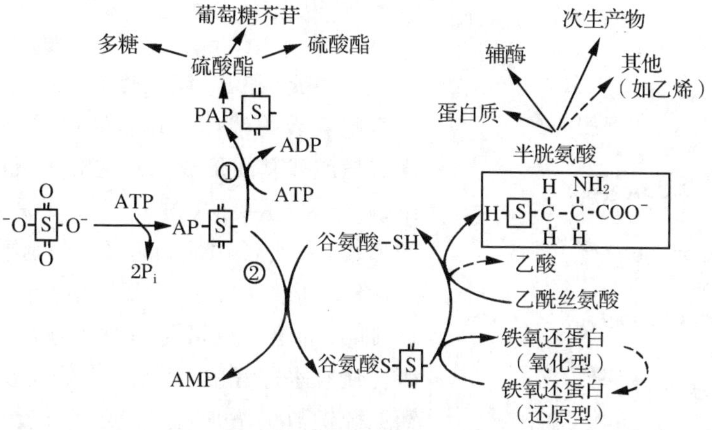

图 3-9　高等植物体内的硫酸盐同化途径

①硫酸酯的合成　②通过 APS 途径的硫酸根还原

当 APS 的硫酰基转移到某一载体（带有半胱氨酸残基的三肽谷胱甘肽）的巯基上（—SH）时，—SH基被活化。

随后由铁氧还蛋白把新形成的 —SH 转移给乙酰丝氨酸，接着被分解成乙酸和半胱氨酸。半胱氨酸是同化硫酸盐还原过程中第一个稳定的产物，它是合成所有其他含还原态硫的有机化合物，也是其他生物合成途径如形成第二信使乙烯的前体。

同化硫酸盐的还原作用受体内有机硫含量水平的调控。高浓度的半胱氨酸抑制 APS 磺基转移酶的活性，从而抑制它对 APS 向 R-S-SO_3^- 转移的催化作用。与硝酸盐相比，铵能提高 APS 磺基转移酶的活性。当细胞中半胱氨酸或 SO_2 含量高时，光能促进绿色细胞强烈产生硫化氢（H_2S）。这种对光依赖性的 SO_2 还原作用从绿叶中释放的 H_2S，其数量可高达 SO_2 吸收量的 10%，是阔叶和针叶植物消除 SO_2 毒害的一种重要机制。

三、硫的营养功能

（一）在蛋白质合成和代谢中的作用

硫是半胱氨酸和蛋氨酸的组分，因此，也是蛋白质的组分。在成熟烟草植株的 60 000 多个不同的结构基因中，绝大多数对应的多肽含有半胱氨酸或蛋氨酸或二者兼有。在多肽链中，两种含巯基的氨基酸可形成二硫化合键（—S—S—），其反应式如下：

$$R_1—SH + HS—R_2 \underset{+2H}{\overset{-2H}{\rightleftharpoons}} R_1—S—S—R_2$$

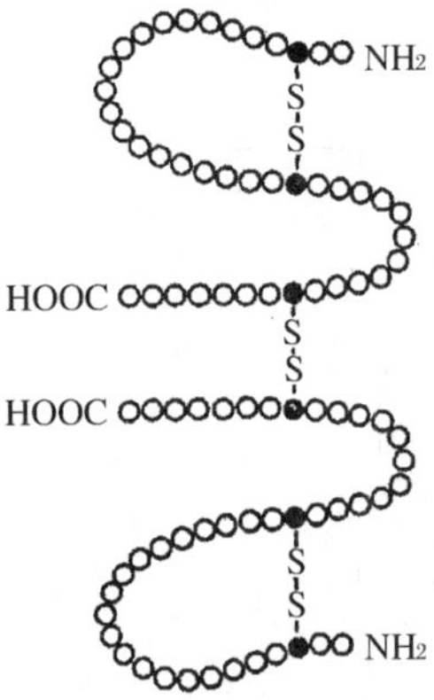

图 3-10 多肽链的二硫键桥示意图

其中 R_1 和 R_2 代表两个半胱氨酸或两个以上半胱氨酸的残体。在多肽链中，两个毗连的半胱氨酸残基间形成二硫键对于蛋白质的三级结构是十分重要的(图 3-10)。正是由于二硫键的形成，才使蛋白质真正具有酶蛋白的功能。多肽链间形成的二硫键既可是一种永久性的交联(即共价键)，也可是一种可逆的二肽桥。在蛋白质脱水过程中，其分子中的巯基数量减少，而二硫键数量增加，这一变化与蛋白质的凝聚和变性密切相关。研究蛋白质分子中二硫键的形成机理及其影响因素，对寻求细胞防脱水的途径，提高作物对干旱、热害和霜害等的抵御能力有重要意义。

(二)在电子传递中的作用

在氧化条件下，两个半胱氨酸氧化形成胱氨酸；而在还原条件下，胱氨酸可还原为半胱氨酸。胱氨酸-半胱氨酸氧化还原体系和谷胱甘肽氧化还原体系一样，是植物体内重要的氧化还原系统。谷胱甘肽是包含谷酰基(谷氨酸的残基)、半胱氨酰基(半胱氨酸的残基)和甘氨酰基(甘氨酸残基)的三肽链，它在氧化状态时为双硫基谷胱甘肽，在两个肽链谷胱甘肽的半胱氨酸残基上形成一个双硫键，而还原态的谷胱甘肽可保持蛋白质分子中的半胱氨酸残基处于还原状态。

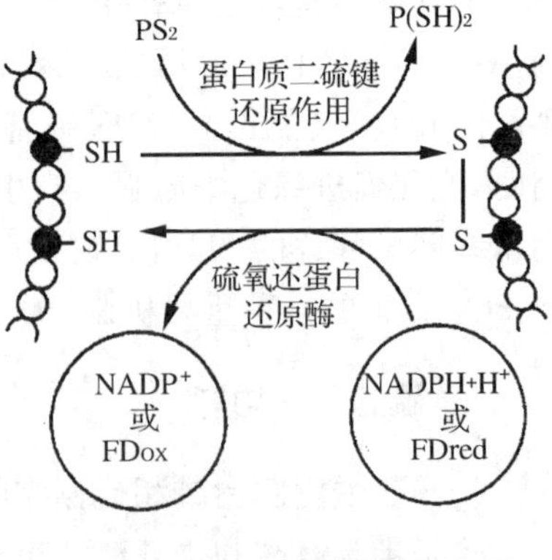

图 3-11 硫氧还蛋白的还原与蛋白质双硫键的氧化示意图

硫氧还蛋白能够还原肽链间和肽链中的双硫键，使许多酶和叶绿体偶联因子活化。硫氧还蛋白有两个紧密结合在肽链中的还原态半胱氨酸残基。这些半胱氨酸的—SH 基是蛋白质双硫键还原的氢供体(图 3-11)。硫氧还蛋白在光合作用电子传递和叶绿体中酶的激活方面也有重要作用(图 3-12)。

铁氧还蛋白是一种重要的含硫化合物，其结合形式及其在许多代谢中的功能如图 3-12 所示，其特点是氧化还原热低，负电位高，在生物化合物中还原性最强。它的氧化形式因接受叶绿素光合作用中排出的电子而被还原；还原态的铁氧还蛋白既能在光合作用的暗反应中参与 CO_2 的还原，也能在硫酸盐还原、N_2 还原和谷氨酸的合成过程中起重要作用。

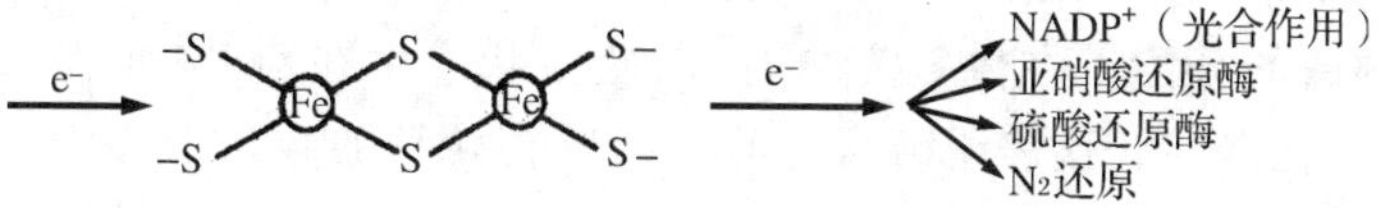

图 3-12 铁氧还蛋白中 Fe-S 结合形式及其在其他代谢中的功能

(三)其他作用

在脲酶、APS 磺基转移酶和辅酶 A 等许多酶和辅酶中，巯基起着酶反应功能团的作用。如在糖酵解过程中，有 3 个含硫的辅酶参与丙酮酸的脱羧化和乙酰辅酶 A 形成的催化反应，它们是硫胺素焦磷酸（TPP）、硫辛酸的巯基-二硫化物氧化体系以及辅酶 A 的巯基。在这些酶的催化下，辅酶 A 的乙酰基（ $—CH_2—CH_3$ ）被转移到三羧酸循环或脂肪酸合成支路。其反应简化图示如下：

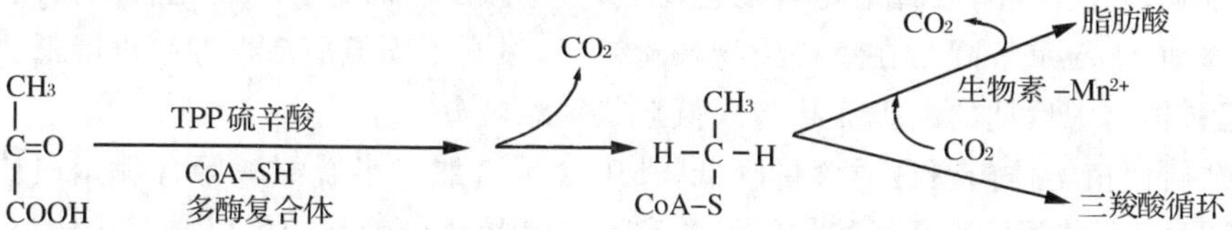

硫还是许多挥发性化合物的结构成分，如异硫氰酸盐和亚砜。这些成分使洋葱、大蒜、大葱和芥子等植物具有特殊的气味。在这些挥发性化合物中，芥子油具有特殊的农业价值。在完整细胞中累积的芥子油主要以非挥发性的糖苷（葡萄糖芥苷）形态存在，其中的硫则以砜基和磺基的形式存在。

不同种类植物芥子油具有不同的 R 侧链。在葡萄糖硫苷酶催化下，葡萄糖芥苷能水解产生带有还原态硫（如芥子油）或部分氧化态硫（如亚砜，洋葱的蒜素）的挥发性化合物。

四、植物对硫的需求及缺硫症状

植物需硫量因植物的种类、品种、器官和生育期不同而异。十字花科植物的需硫量较多，豆科植物次之，禾本科植物较少。这种差异也反应在子粒硫含量上，十字花科为 1.1%～1.7%，而禾本科为 0.18%～0.19%，豆科则为 0.25%～

0.30%。这主要是由于十字花科作物种子富含芥子油，而芥子油中含有硫。一般认为，当植物的干物质硫含量低于0.2%时，植物便会出现缺硫症状。缺硫时蛋白质合成受阻导致失绿症，其外观症状与缺氮很相似，但发生部位有所不同。缺硫症状往往先出现于幼叶，而缺氮症状则先出现于老叶。缺硫时幼芽先变黄色，心叶失绿黄化，茎细弱，根细长而不分枝，开花结实推迟，果实减少。此外，氮素供应也影响缺硫植物体内硫的分配。在供氮充分时，缺硫症状发生在新叶；而在供氮不足时，缺硫症状发生在老叶。这表明硫从老叶向新叶再转移的数量取决于叶片衰老的速率，缺氮加速了老叶的衰老，使硫得以再转移，造成老叶先出现缺硫症。缺硫的特征因作物不同而有很大的差异。豆科作物特别是苜蓿需硫比其他作物多，对缺硫敏感。苜蓿缺硫时，叶呈淡黄绿色，小叶比正常叶更直立，茎变红，分枝少。大豆缺硫时，新叶呈淡黄绿色；缺硫严重时，整株黄化，植株矮小。十字花科作物对缺硫也十分敏感，如四季萝卜常作为鉴定土壤硫营养状况的指示植物。油菜缺硫时，叶片出现紫红色斑块，叶片向上卷曲，叶背面、叶脉和茎等变红或出现紫色，植株矮小，花而不实。小麦缺硫时，新叶脉间黄化，但老叶仍保持绿色。玉米早期缺硫时，新叶和上部叶片脉间黄化；后期继续缺硫时，叶缘变红，然后扩展到整个叶面，茎基部也变红。水稻秧苗缺硫时根系明显伸长，拔秧后容易凋萎，移栽后返青慢。如果继续缺硫，叶尖干枯，叶片上出现褐色斑点，分蘖减少，抽穗不整齐，生育期推迟，空壳率增加，千粒重下降。在豆科植物缺硫初期，根瘤中固氮酶活性的幅度降低。因此，豆科植物中后期的缺硫症状与缺氮症状很难区分。

缺硫使植物体内蛋白质含量降低，其中含蛋氨酸和半胱氨酸等含硫蛋白质的数量明显下降，而其他氨基酸如精氨酸和天冬氨酸比例较高的蛋白质变化较小，有时甚至在体内出现累积现象。

缺硫不仅造成植物营养体中蛋白质含量的下降，而且使子粒中蛋白质含量明显降低。此外，缺硫禾谷类植物子粒中半胱氨酸含量的下降，会明显影响面粉的烘烤质量。

复习思考题

1. 植物缺钙的典型症状是什么？
2. 钙是如何作为第二信使起作用的？
3. 镁是如何调控 RuBP 羧化酶和 ATP 酶的？
4. 缺镁、缺硫与缺氮均会造成叶片黄化，三者有何不同？
5. 硫如何参与电子传递？
6. 哪些氨基酸中含有硫？

第四章　微量营养元素

第一节　铁

一、植物体内铁的含量与分布

大多数植物的含铁量在 100～300 mg・kg^{-1}(干重)之间,并且常随植物种类和植株部位的不同而有差异。某些蔬菜作物含铁量较高,如菠菜、莴苣、绿叶甘蓝等,一般均在 100 mg・kg^{-1}(干重)以上,最高可达 800 mg・kg^{-1}(干重);而水稻、玉米的含铁量相对较低,为 60～180 mg・kg^{-1}(干重)。一般情况下,豆科植物的含铁量高于禾本科植物。不同植株部位的含铁量也不相同,如禾本科作物秸秆含铁量高于子粒;谷粒、块茎中的含铁量比较低。在同一植株中,铁的分布也不均匀,例如玉米茎节中常有大量铁的沉淀,而叶片中含铁量却很低,甚至会出现缺铁症状。应该注意的是:采用植物含铁总量作为缺铁诊断指标往往并不可靠,必须了解总量中有效铁所占的比例。有人提出应采用植物体中"活性铁"(1 mol・L^{-1} HCl 提取的 Fe^{2+})的含量来表征,并以活性铁的含量作为植物缺铁的诊断指标。

一般认为,Fe^{2+} 是植物吸收的主要形式,螯合态铁也可以被吸收,Fe^{3+} 在高 pH 值条件下溶解度很低,多数植物都难以利用。除禾本科植物可以吸收 Fe^{3+} 外,Fe^{3+} 只有在根系表面还原成 Fe^{2+} 以后才能被吸收。植物根尖吸收铁的速率比根基部高。多种离子均能影响植物根系对铁的吸收,如 Mn^{2+}、Cu^{2+}、Mg^{2+}、K^{+}、Zn^{2+} 等金属离子,它们与 Fe^{2+} 有明显的竞争作用。例如 Cu^{2+} 和 Zn^{2+} 可从螯合物中置换出 Fe^{2+} 而形成相应的 Cu^{2+} 和 Zn^{2+} 的螯合物,置换出的 Fe^{2+} 在土壤中很容易被固定,使其有效性降低,从而限制了植物对这部分铁的吸收和利用。

当 Fe^{2+} 被根系吸收后,在大部分根细胞中可氧化成 Fe^{3+},并被柠檬酸螯合,通过木质部运输到地上部。业已证明,铁的运输是以柠檬酸螯合物的形式进行的。柠檬酸和铁离子有很强的亲和力。在向日葵和大豆的伤流液中就发现有柠檬酸铁存在。也有的资料报道,铁能够和柠檬酸或苹果酸等有机酸形成络合物并在导管中移动。运到地上部的铁常常优先进入芽和幼叶。但铁一旦进入细胞和组织，就较难再转移到其他部位，这是由于铁在韧皮部的移动性很低。因此，植物的新生组织容易出现缺铁症状。为了经常保证新生组织对铁的需要，对在缺铁土壤上生长的植物，经常适量补充铁营养是必要的。

二、铁的营养功能

(一)叶绿素合成所必需

在多种植物体内，大部分铁存在于叶绿体中。如菠菜叶片中就有75%的铁集中在叶绿体中。铁虽然不是叶绿素的组成成分，但叶绿素的合成需要有铁的存在。在叶绿素合成时，铁可能是一种或多种酶的活化剂(图4-1)。电子显微镜技术的应用使人们发现，缺铁时叶绿体结构被破坏，从而导致叶绿素不能形成(表4-1)。严重缺铁时，叶绿体变小，甚至解体或液泡化。铁与光合作用有密切关系。它不仅影响光合作用中的氧化还原系统，而且还参与光合磷酸化作用，直接参与 CO_2 的还原过程。铁在影响叶绿素合成的同时，还影响所有能捕获光能的器官，包括叶绿体、叶绿素蛋白复合物、类胡萝卜素等。

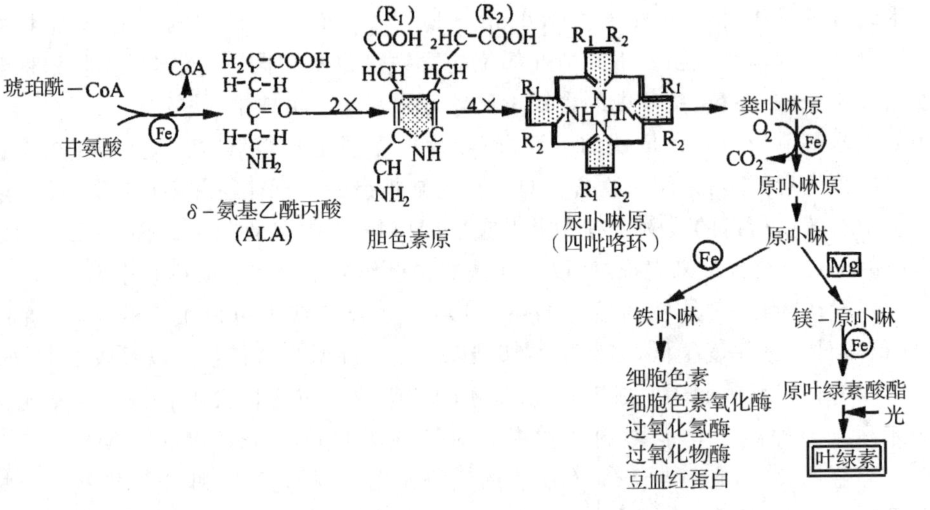

图4-1 铁在血红素辅酶和叶绿素生物合成中的作用

由于缺铁影响叶绿素的合成，而且铁在韧皮部的移动性很低，所以缺铁后老叶中的铁很难再转移到新生的幼叶中去，使新生的幼叶出现缺铁失绿症。这与氮、磷、钾等缺素症状完全不同。

表 4-1　供铁对番茄叶片中叶绿素含量和酶活性的影响

处理	叶片含铁量 /($\mu g \cdot g^{-1}$ 鲜重)	叶绿素含量 /($\mu g \cdot g^{-1}$ 鲜重)	酶活性/%	
			过氧化氢酶	过氧化物酶
+Fe	18.5	3.52	100	100
-Fe	11.1	0.25	20	56

(二)参与体内氧化还原反应和电子传递

铁的另一主要功能是参与植物细胞内的氧化还原反应和电子传递。其实质是三价的铁离子(Fe^{3+})和二价的亚铁离子(Fe^{2+})之间的化合价变化和电子转移。这在植物体内的生物化学代谢过程中是经常发生的。

$$Fe^{3+} \underset{-e^-}{\overset{+e^-}{\rightleftharpoons}} Fe^{2+}$$

更重要的是,无机铁盐的氧化还原能力比较弱。如果铁与某些有机物结合形成铁血红素或进一步合成铁血红素蛋白,它们的氧化还原能力就可提高千倍、万倍。例如各种细胞色素、豆血红蛋白、铁氧还蛋白等都是含铁的有机物,它们的还原能力很强。这些不同种类的含铁蛋白质作为重要的电子传递者或催化剂,参与植物体内多种代谢活动。细胞色素是一类铁卟啉-蛋白质结合物,主要存在于线粒体中,对植物的呼吸等代谢过程有重要作用。其合成途径见图 4-1。

固氮酶是豆科作物固氮所必需的,它由两个对氧敏感的非血红蛋白所组成。一个是含铁和钼的蛋白,也称为钼铁蛋白;另一个是铁氧还蛋白。铁氧还蛋白是一种分子量小、不含卟啉结构的铁蛋白,它是铁和半胱氨酸或无机硫相结合的蛋白质,所以也称为铁硫蛋白。钼铁蛋白是固氮酶的活性中心。当这两种蛋白单独存在时,固氮酶没有活性,豆科作物也不能固氮;只有在两者复合时才有活性,方能进行固氮。

在豆科植物的根瘤中还有一种粉红色的豆血红蛋白,它是铁卟啉(血红素)和蛋白质的复合物(图 4-1)。豆血红蛋白能把进入根瘤的 O_2 输送到呼吸链中,防止 O_2 与固氮酶接触,因为固氮酶遇 O_2 即失去活性。

在氧化磷酸化过程中,电子的传递是在多种特殊物质的参与下完成的。其中铁氧还蛋白和细胞色素类都是含铁的重要有机化合物。正是在铁氧化还原发生化合价变化的过程中完成了电子传递。在高等植物的光合作用中,铁氧还蛋白是光合电子传递链上的重要物质,也是植物体许多基本代谢过程中的电子传递体(图 4-2)。

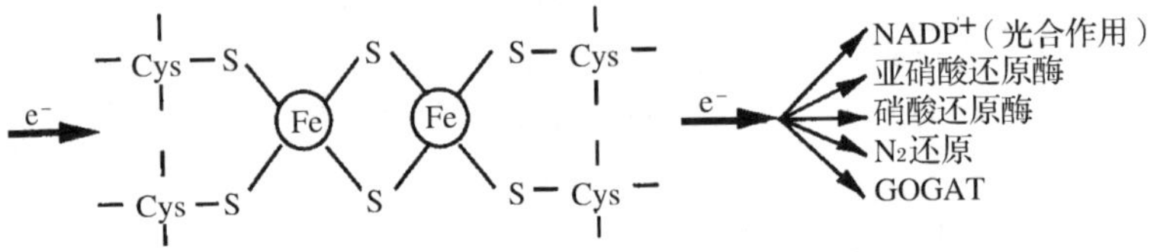

图 4-2 铁氧还蛋白传递电子的示意图

(三)参与植物呼吸作用

铁还参与植物细胞的呼吸作用,因为它是一些与呼吸作用有关的酶的成分。如细胞色素氧化酶、过氧化氢酶、过氧化物酶等都含有铁。铁常处于酶结构的活性部位上。当植物缺铁时,这些酶的活性都会受到影响(表 4-1),并进一步使植物体内的一系列氧化还原作用减弱,电子不能正常传递,呼吸作用受阻,ATP 合成减少。因此,植物生长发育及产量受到明显影响。在细胞壁上,过氧化物酶能催化由酚聚合成木质素的反应。过氧化氢酶和过氧化物酶广泛存在于植物体内,如在根表皮和内皮层细胞壁上有大量过氧化物酶存在。

铁也是磷酸蔗糖合成酶最好的活化剂。植物缺铁会导致体内蔗糖合成减少。

三、植物缺铁及其对缺铁的反应

植物缺铁总是从幼叶开始。典型的症状是在叶片的叶脉间和细胞网状组织中出现失绿现象,在叶片上往往明显可见叶脉深绿而脉间黄化,黄绿相间相当明显。严重缺铁时,叶片上出现坏死斑点,叶片逐渐枯死。此外,缺铁时根系中还可能出现有机酸的积累(表 4-2),其中主要是苹果酸和柠檬酸。因为缺铁时,含铁的乌头酸酶活性降低,使有机酸的代谢不能正常进行。由于植物种类不同,它们的缺铁临界浓度也有差异,通常水稻是 80 $mg \cdot kg^{-1}$,玉米是 15.2 $mg \cdot kg^{-1}$,棉花则为 30～50 $mg \cdot kg^{-1}$。

表 4-2 供铁与燕麦叶片中叶绿素含量以及根系中有机酸含量的关系

处理	叶绿素相对含量/%	有机酸含量/($\mu g \cdot g^{-1}$ 鲜重)			
		苹果酸	柠檬酸	其他	总量
+Fe	100	3.9	1.1	2.3	7.3
−Fe	12	9.3	6.7	7.8	23.8

在缺铁环境中，植物往往产生某种适应性机理。根据植物对缺铁表现出的适应性反应，人们将植物分为两大类。第一类为双子叶和非禾本科单子叶植物，也称为机理Ⅰ植物。缺铁时，这类植物的根系伸长受阻，根尖部分直径增加，并产生大量根毛，有些植物的根表皮细胞和皮层细胞会形成转移细胞；所表现出的生理反应包括受 ATP 酶控制的质子分泌增加，使根际 pH 值降低，以提高铁的有效性；向根外分泌酚类物质等螯合剂。此外，根皮层细胞原生质膜上诱导产生 Fe^{3+} 还原酶，在膜外将 Fe^{3+} 还原为 Fe^{2+}，然后在转移运载体的协同作用下，把 Fe^{2+} 运到膜内，供植物利用。

另一类植物为禾本科单子叶植物，也称为机理Ⅱ植物。缺铁时，机理Ⅱ植物没有机理Ⅰ植物的上述形态学和生理学变化，取而代之的是根系中非结构蛋白氨基酸即铁载体(phytosiderophore，简称 PS)的合成和释放增加。这种释放遵循严格的昼夜变化，在重新供铁后，其释放会迅速受到抑制(图 4-3)。分泌到根外的植物铁载体(如麦根酸)能够与 Fe^{3+} 形成稳定性很高的复合物。在单子叶植物根细胞质膜上还有一种专一性极强的运输系统[运输载体(Tr)，图 4-4]，它可将 Fe^{3+}-植物铁载体复合物运入细胞质中。在机理Ⅰ植物中缺少这种运输系统。虽然植物铁载体也能与其他金属离子如锌、铜和锰形成复合物，但质膜上的运输系统与这些复合物的亲和力很低(图 4-4)。

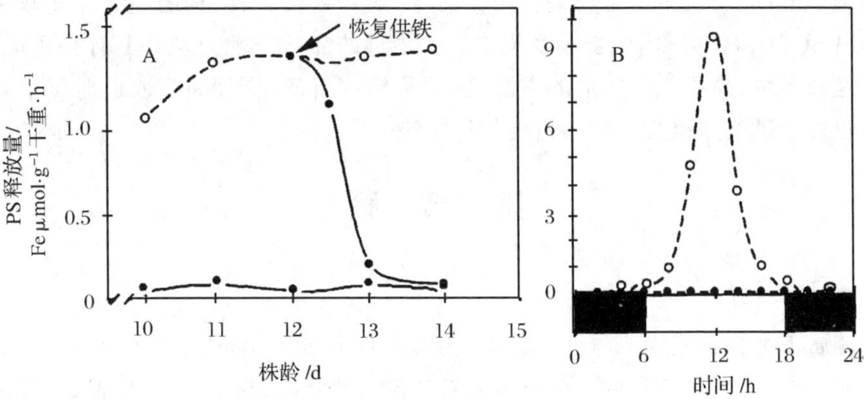

图 4-3　大麦根系铁载体(PS)释放与恢复供铁的关系(A)及铁载体释放的昼夜变化(B)

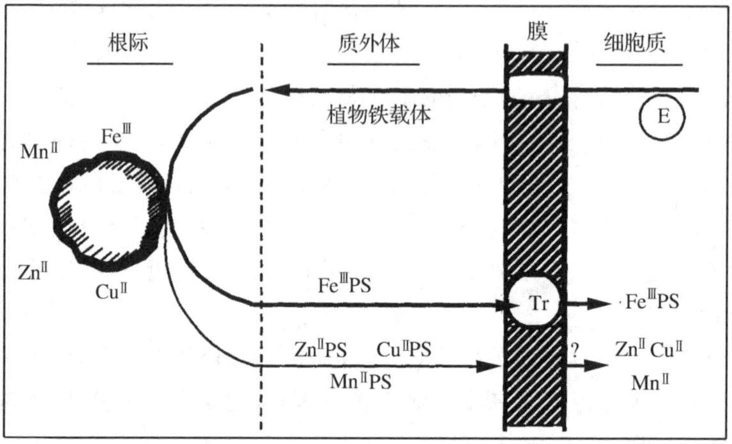

图 4-4 禾本科植物对缺铁的反应示意图

四、亚铁的毒害

在排水不良的土壤和长期渍水的水稻土上经常会发生亚铁中毒现象。水稻低产的重要原因之一是铁的毒害作用。当水稻叶片中亚铁含量>300 $mg \cdot kg^{-1}$ 时，即可能出现铁的毒害作用。造成亚铁毒害原因可能是：植物吸收亚铁过多易导致氧自由基的产生；铁中毒常与缺锌相伴而生，缺锌致使含锌、铜的超氧化物歧化酶(ZnCu-SOD)活性降低，生物膜受损伤。铁中毒的症状表现为老叶上有褐色斑点，根部呈灰黑色、易腐烂。防治的方法是：适量施用石灰，合理灌溉或适时排水晒田等。也可通过选用抗性品种的措施加以解决。

第二节 硼

一、硼的特点

硼属于类金属元素。与铁、锰、锌、铜等微量元素不同，硼不是酶的组成，不以酶的方式参与营养生理作用，至今尚未发现含硼的酶类；它不能通过与酶或其他有机物的螯合发生反应；没有化合价的变化，不参与电子传递；也没有氧化还原的能力。硼酸是一个弱酸，在 pH<7 的水溶液中，它主要以不解离的硼酸形式存在，高 pH 值条件下，硼酸接受水的一个 OH^- 形成四面体的硼酸阴离子：

$$B(OH)_3 + 2H_2O \longrightarrow [B(OH)_4]^- + H_3O^+$$

二、植物体内硼的含量与分布

植物体内硼的含量变幅很大，含量低的只有 2 mg·kg^{-1}，含量高的可达 100 mg·kg^{-1}。一般来说，双子叶植物的需硼量高于单子叶植物；具有乳液系统的双子叶植物，如蒲公英和罂粟的含硼量更高（表 4-3）。由表 4-3 可见，谷类作物需硼较少，一般不易缺硼；而双子叶植物因具有较大数量的形成层和分生组织，需硼比谷类作物多得多，所以容易缺硼。

表 4-3　不同植物的含硼量　　mg·kg^{-1} 干重

单子叶植物		双子叶植物				具有乳液系统的双子叶植物	
大麦	2.3	马铃薯	13.9	萝卜	64.5	蒲公英	80.0
小麦	3.3	豌　豆	21.7	莴苣	70.0	大戟属	93.0
玉米	5.0	烟　草	25.0	甜菜	75.6	罂　粟	94.7

植物体内硼的分布规律是：繁殖器官高于营养器官，叶片高于枝条，枝条高于根系。硼比较集中地分布在子房、柱头等花器官中，因为它对繁殖器官的形成有重要作用。硼在植物体中的移动性与植物的种类有关。根据硼在植物体中移动性的大小可把植物分成两大类：一类是以山梨醇、甘露醇等为同化产物运输形式的植物，如梨、苹果、樱桃、杏、桃、李等果树类。在这些植物中，硼容易与山梨醇、甘露醇等物质形成稳定的复合物，并随这些光合产物运输到植物的其他部位，所以在这些植物中，硼的移动性大；另一类是不含这些物质的植物，在这些植物中硼的移动性小，所以缺硼症状主要表现在这些植物的幼嫩部位。

三、硼的营养功能

（一）促进体内碳水化合物的运输和代谢

硼的重要营养功能之一是参与糖的运输。其可能原因是：

（1）合成含氮碱基的尿嘧啶需要硼，而尿嘧啶二磷酸葡萄糖（UDPG）是蔗糖合成的前体，所以硼有利于蔗糖合成和糖的外运。

（2）硼直接作用于细胞膜，从而影响蔗糖的韧皮部装载。

（3）缺硼容易生成胼胝质，堵塞筛板上的筛孔，影响糖的运输。供硼充足时，糖在体内运输就顺利；供硼不足时，则会有大量糖类化合物在叶片中积累，使叶片变厚、变脆，甚至畸形。糖运输受阻时，会造成分生组织中糖分明显不足，致使新生组织难以形成，往往表现为植株顶部生长停滞，甚至生长点死亡。

硼在葡萄糖代谢中具有调控作用。当供硼充足时，葡萄糖主要进入糖酵解途径进行代谢；供硼不足时，葡萄糖则容易进入磷酸戊糖途径进行代谢，形成酚类物质。

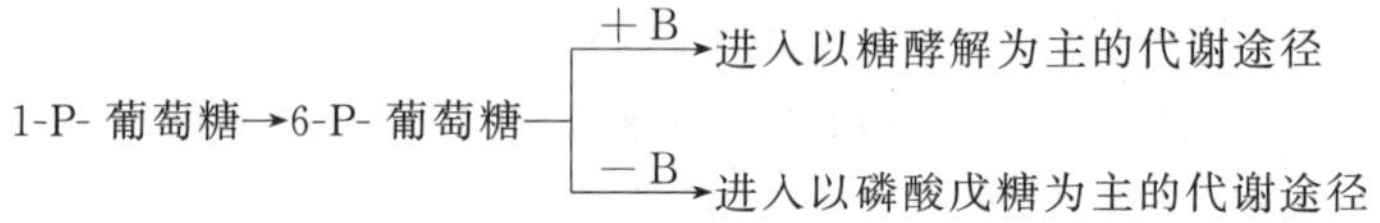

(二)参与半纤维素及细胞壁物质的合成

硼酸与顺式二元醇可形成稳定的酯类。许多糖及其衍生物如糖醇、糖醛酸，以及甘露醇、甘露聚糖和多聚甘露糖醛酸等均属于这类化合物，它们可作为细胞壁半纤维素的组分；而葡萄糖、果糖和半乳糖及其衍生物(如蔗糖)不具有这种顺式二元醇的构型。

硼酸 单酯

单酯 双酯

研究表明，只有顺式二元醇构型的多羟基化合物才能与硼形成稳定的硼酸复合物。这种复合物在高等植物体内常结合在细胞壁中。例如，单子叶植物(如小麦)的细胞壁中牢固结合态硼的含量为 3～5 $\mu g \cdot g^{-1}$；而某些双子叶植物(如向日葵)中可达 30 $\mu g \cdot g^{-1}$。植物体内含量不同反映了植物种间需硼量的差异。质外体中硼的功能可能类似于钙，具有调节和稳定细胞壁和质膜结构的作用。

(三)促进细胞伸长和细胞分裂

缺硼最明显的反应之一是主根和侧根的伸长受抑制，甚至停止生长，使根系呈短粗丛枝状。用南瓜进行的试验表明，缺硼对根系伸长的影响很大(图 4-5A)。停止供硼 3 h 后，根的伸长受到抑制，6 h 后尤为严重，24 h 后根即停止生长，而恢复供硼 12 h 后，根系伸长明显加快。

中断供硼后 6～12 h，根内 IAA 氧化酶的活性迅速提高(图 4-5B)，当再供硼时 IAA 氧化酶活性立即下降。虽然伸长生长和 IAA 氧化酶对缺硼和再供硼的反应很相似，然而它们对缺硼反应在时间上却有明显不同：在 IAA 氧化酶活性提高前 3 h，伸长生长已受抑制。因此，IAA 氧化酶活性的提高是缺硼的次生反应。

(四)促进生殖器官的建成和发育

人们很早就发现，植物的生殖器官，尤其是花的柱头和子房中硼的含量很高。

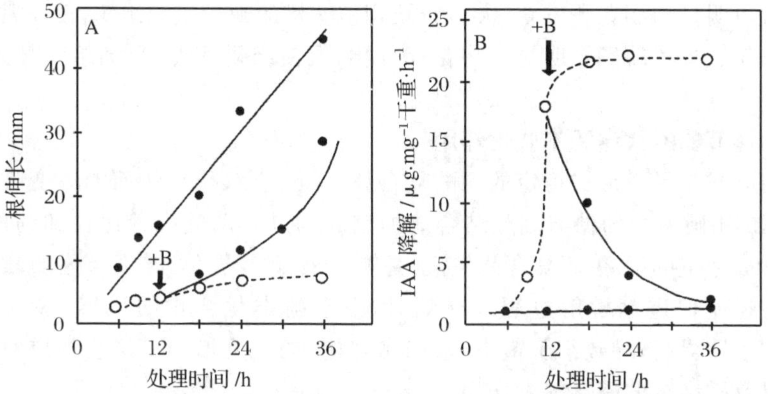

图 4-5　缺硼对南瓜根尖 5 mm 根段伸长(A)和 IAA 氧化酶活性(B)的影响。缺硼 12 h(箭头)后恢复供硼

试验证明,所有缺硼的高等植物,其生殖器官的形成均受到影响,出现花而不孕。缺硼抑制了植物细胞壁的形成,细胞伸长不规则,花粉母细胞不能进行四分体分化,从而导致花粉粒发育不正常。硼能促进植物花粉的萌发和花粉管伸长,减少花粉中糖的外渗(图 4-6)。

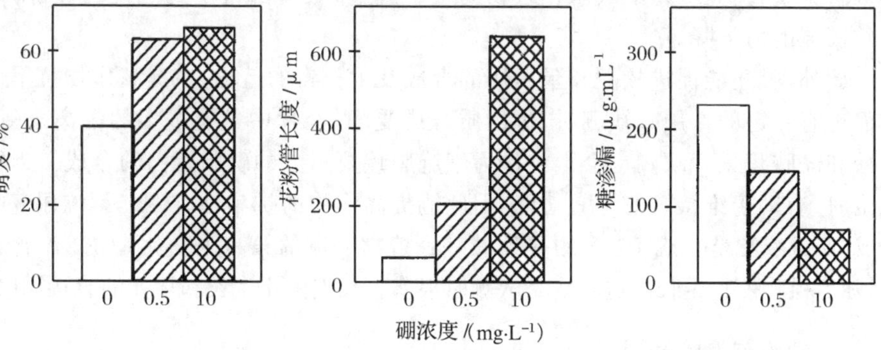

图 4-6　硼浓度对百合花粉萌发、花粉管生长以及糖向介质中渗漏的影响

由此可见,硼与受精作用关系十分密切。缺硼还会影响种子的形成和成熟,如甘蓝型油菜出现的“花而不实”;棉花出现的“蕾而不花”等,都是缺硼引起落花、落蕾造成的。此外,还有花生的“有壳无仁”现象也是缺硼所引起的。甚至像小麦这种在营养生长阶段(包括根系生长)对缺硼不敏感的作物,在其生殖生长时期(首先是花粉发育期)对缺硼也很敏感。因此会出现春小麦的“穗而不实(不稔症)”。玉米缺硼时也明显抑制花粉发育，大多数缺硼植株雄蕊缺少造孢组织，使正常雄蕊不能产生花粉。果树缺硼会明显影响花芽分化，致使结果率低，果肉组织坏死，果实畸形。

（五）调节酚的代谢和木质化作用

硼与顺式二元醇形成稳定的硼酸复合体（单酯或双酯），从而能改变许多代谢过程，例如，6-磷酸葡萄糖与硼酸结合能抑制底物进入磷酸戊糖途径和酚的合成，并通过形成稳定的酚酸-硼复合体（特别是咖啡酸-硼复合体）来调节木质素的生物合成。它还能促进糖酵解过程。缺硼时，由于酚类化合物的积累，多酚氧化酶（PPO）的活性提高，导致细胞壁中醌（如咖啡醌）的浓度增加。这些物质对原生质膜透性以及膜结合的酶有损害作用。

硼对由多酚氧化酶活化的氧化系统有一定的调节作用。缺硼时，氧化系统失调，多酚氧化酶活性提高。当酚氧化成醌以后，产生黑色的醌类聚合物而使作物出现病症。如甜菜的“腐心病”和萝卜的“褐腐病”等都是醌类聚合物积累所引起的。

（六）提高豆科作物根瘤的固氮能力

硼可以提高豆科作物根瘤的固氮能力并增加固氮量，这与硼充足时能改善碳水化合物的运输，为根瘤提供更多的能源物质有关。有资料报道，缺硼时，植物根部维管束发育不良，影响碳水化合物向根部运输，根瘤因得不到充足的碳源，最终导致固氮能力下降。

此外，硼还能促进核酸和蛋白质的合成及生长素的运输，在提高作物抗旱性等方面也有一定的作用。缺硼时，蛋白质合成受阻，叶片中常有过多的游离态氮、氨基酸和酰胺积累。缺硼也会影响作为细胞膜重要组分的磷脂蛋白的合成。当供硼充足时，有助于维持膜的正常功能，因此能提高作物的抗旱性。硼能影响尿嘧啶的合成，而尿嘧啶是合成 RNA 的一种碱基。植物缺硼的第一个变化是 RNA 含量减少，随后植物停止生长。这可能是缺硼时根茎生长点停止生长和坏死的直接原因。

四、植物缺硼的表现

由于硼具有多方面的营养功能，因此植物的缺硼症状也多种多样。缺硼植物的共同特征可归纳为：

（1）茎尖生长点生长受抑制，严重时枯萎，直至死亡。

（2）老叶叶片变厚变脆、畸形，枝条节间短，出现木栓化现象。

（3）根的生长发育明显受影响，根短粗兼有褐色。

（4）生殖器官发育受阻，结实率低，果实小，畸形，缺硼导致种子和果实减产，严重时有可能绝收。

对硼比较敏感的作物常会出现许多典型症状，如甜菜“腐心病”、油菜的“花而不实”、棉花的“蕾而不花”、花椰菜的“褐心病”、小麦的“穗而不实”、芹菜的“茎折病”、苹果的“缩果病”等。总之，缺硼不仅影响产量，而且明显影响品质。

由于硼在植物体内的运输明显受蒸腾作用的影响，因此硼中毒的症状多表现在成熟叶片的尖端和边缘。当植物幼苗含硼过多时，可通过吐水方式向体外排出部分硼。

第三节 锰

一、植物体内锰的含量与分布

植物体内锰的含量高，变化幅度很大，如以禾本科的水稻、小麦和豆科作物为例就可以看到这一特点(表 4-4)。

表 4-4 几种作物体内锰的含量 $mg \cdot kg^{-1}$

作物种类	子粒	茎秆
水稻	20～250	280～900
麦类	16～140	30～350
豆类	14～80	110～130

造成含锰量变幅较大的原因可能是：

(1)锰的吸收受植物代谢作用的控制，在吸收过程中其他阳离子与锰有竞争作用，如 Mg^{2+} 与 Mn^{2+} 之间有拮抗作用，能够降低植物对 Mn^{2+} 的吸收。

(2)植物吸锰常受环境条件的影响，尤其是土壤 pH 值的影响更大。在 pH＞7 的土壤上，植物含锰量低(一般在 100 $mg \cdot kg^{-1}$ 干重以下)；在 pH＜7 的土壤上，植物的含锰量偏高，有时甚至可超过 1 600 $mg \cdot kg^{-1}$，从而使植物发生锰中毒。植物含锰量与 pH 值的关系可从下图(图 4-7)得到进一步说明。从图 4-7 可以看出，随土壤 pH 值上升，土壤中可提取态锰的数量明显减少，这必然影响植物对锰的吸收，使植物体内锰的含量较低。

(3)植物各生育期以及各器官中锰的含量也有较大变化。如玉米植株中锰的含量常随株龄的增长而降低，且累积在叶片的边缘，玉米叶缘含锰量可高出叶片本身的 1 倍。甜菜叶柄中锰的浓度只有叶片中的一半。这说明在植物组织中锰的分布是不均匀的。

植物主要吸收的是 Mn^{2+}，它在植物体内的移动性不大。据报道，当植物缺锰

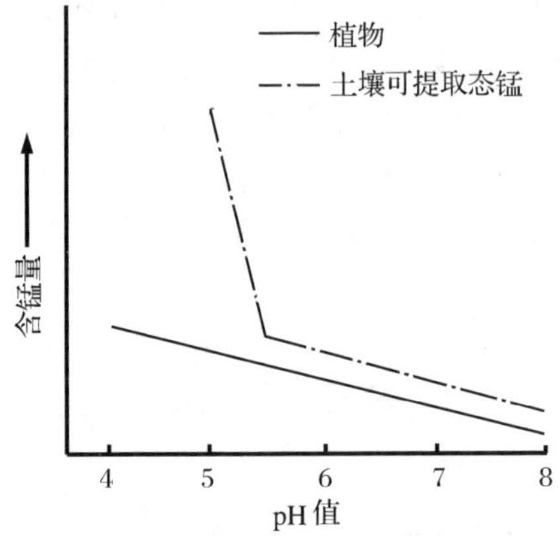

图 4-7　植物含锰量与土壤 pH 值的关系

时，一般幼小到中等叶龄的叶片最易出现症状，而不是最幼嫩的叶片。在单子叶植物中锰的移动性高于双子叶植物，所以谷类作物缺锰症状常出现在老叶上。

二、锰的营养功能

(一)直接参与光合作用

在光合作用中，锰参与水的光解和电子传递。水可被分解并放出 O_2 和电子，并把所产生的电子传递给光系统Ⅱ。

在光合作用中，水的光解反应可简单表示如下：

$$H_2O \xrightarrow[\text{叶绿体},Mn^{2+},Cl^-]{\text{光}} 2H^+ + 2e^- + 1/2\ O_2$$

从反应式可以看出，水的光解除需要 Mn^{2+} 外，还需要 Cl^-，而且作用的场所在叶绿体中。在叶绿体内，光合水解酶能使 Mn^{2+} 进行光氧化变为 Mn^{3+}，从而有较强的氧化势，使 H_2O 氧化分解。Mn^{2+} 和 Cl^- 都存在于放氧系统中，组成光系统Ⅱ的电子供体。Cl^- 在此过程中起活化作用。缺锰时，叶绿体仅能产生少量的氧(图 4-8)，并且光合磷酸化作用减弱，糖和纤维素的合成也随之减少。

从图 4-8 可以看出，停止供锰后，三叶草体内叶绿素含量和放氧量均有所下降，但锰对光合放氧量的影响要大于对叶绿素合成的影响。这一点还可以从重新供锰后，放氧量迅速增加的事实得到证实。

许多资料表明，叶绿体含锰量高。锰是维持叶绿体结构所必需的微量元素。在叶绿体中，锰与蛋白质结合形成酶蛋白，是光合作用中不可缺少的参与者。缺锰

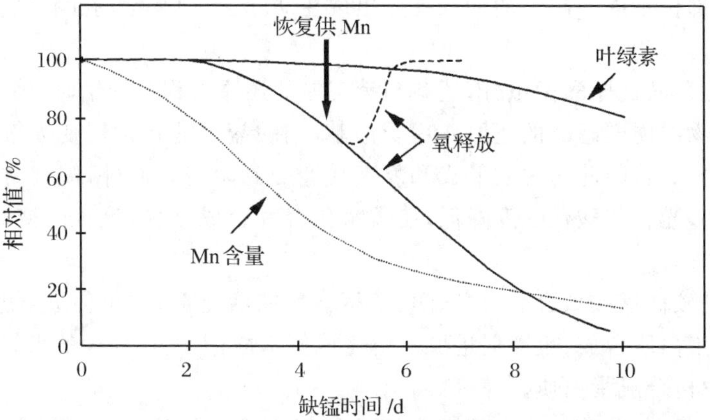

图 4-8　缺锰对三叶草叶绿素含量和光合氧释放量的影响

时，膜结构遭破坏而导致叶绿体解体，叶绿素含量下降。如甜菜缺锰时，其栅栏组织和海绵组织细胞中叶绿体的数目、体积和叶绿素含量都明显减少。菠菜缺锰时，也表现为叶绿体片层数减少，互相融合，片层物质逐渐变成小泡状。玉米和番茄也有同样的现象。植物缺锰时，在其他器官尚未出现症状时，叶绿体的结构就已经明显受损伤。由此可见，在所有细胞器中，叶绿体对缺锰最为敏感。缺锰既降低了希尔反应速率，也降低了非循环式磷酸化的速率；光合磷酸化的降低是由于缺锰导致叶绿体结构破坏而引起的。此外，植物体内其他的氧化还原系统也受到锰的控制，例如缺锰时，抗坏血酸(维生素 C) 和谷胱甘肽易被氧化而影响植物正常生长。

植物体内锰和铁之间的关系十分密切。在植物体中，铁以 Fe^{2+} 和 Fe^{3+} 两种形态存在。两者的比例受细胞液的氧化-还原电位支配，而锰能控制其氧化-还原电位，因此在植物体内铁和锰的数量比例与两者的缺素症有密切关系。当植物吸收过量锰时，就会引起缺铁失绿症。

(二)调节酶活性

锰在植物代谢过程中的作用是多方面的，如直接参与光合作用，促进氮素代谢，调节植物体内氧化还原状况等，而这些作用往往是通过锰对酶活性的影响来实现的。例如在三羧酸循环中，Mn^{2+} 可以活化许多脱氢酶(如柠檬酸脱氢酶、草酰琥珀酸脱氢酶、α-酮戊二酸脱氢酶、苹果酸脱氢酶、草酰乙酸脱氢酶等)，因而对呼吸作用有重要意义。锰能提高植株的呼吸强度，增加 CO_2 的同化量，也能促进碳水化合物的水解。还有不少羧化酶也需要 Mn^{2+} 来激活。不过应该指出，需 Mn^{2+} 激活的酶没有专一性，它的作用往往可被其他离子(Mg^{2+})所代替。缺锰和缺镁症状很类似，但部位不同。缺锰的症状首先出现在幼叶上，而缺镁的症状则首先表现在老叶上。

锰作为羟胺还原酶的组分，还参与硝态氮的还原过程。缺锰时，硝酸还原酶活性下降，植物体内硝态氮的还原作用受抑制，硝酸盐不能正常转变为铵态氮，造成体内硝酸盐积累，因此蛋白质形成和氮素代谢受到阻碍。此外，缺锰时，由于叶绿体结构破坏，光合磷酸化强度降低，使碳水化合物合成减少，这也间接影响着硝酸盐的还原作用。

锰还是核糖核酸聚合酶、二肽酶、精氨酸酶的活化剂，它可促进氨基酸合成为肽，有利于蛋白质合成；也能促进肽水解生成氨基酸，并运往新生的组织和器官，在这些组织中再合成蛋白质。

现已发现，各种植物体内都有含锰的超氧化物歧化酶(Mn-SOD)。它具有保护光合系统免遭活性氧毒害以及稳定叶绿素的功能。

(三)促进种子萌发和幼苗生长

锰能促进种子萌发和幼苗早期生长，因为它对生长素促进胚芽鞘伸长的效应有刺激作用。锰不仅对胚芽鞘的伸长有刺激作用，而且能加快种子内淀粉和蛋白质的水解过程，促使单糖和氨基酸能及时供幼苗利用。供锰充足还能提高结实率，对幼龄果树提早结果有良好的作用。此外，锰对维生素 C 的形成以及加强茎的机械组织等都有良好的作用。

锰对根系的生长也有影响。缺锰时植物侧根几乎完全停止生长，根中无液泡的小细胞数量增多。这也表明缺锰对细胞伸长的影响大于对分裂作用的影响。

三、植物缺锰与锰中毒的症状

植物缺锰时，通常表现为叶片失绿并出现杂色斑点，而叶脉仍保持绿色。燕麦对缺锰最为敏感，常出现燕麦"灰斑病"，因此常用它作为缺锰的指示作物。豌豆缺锰会出现豌豆"杂斑病"，并在成熟时，种子出现坏死，子叶表面出现凹陷。果树缺锰时，一般也是叶脉间失绿黄化(如柑橘)。缺锰有时会影响植物的化学组成，如缺锰的植株中往往有硝酸盐积累。向日葵缺锰时体内有氨基酸积累。这些变化均可作为缺锰诊断时的参考。

在成熟的叶片中，锰的含量为 10～20 $mg \cdot kg^{-1}$(干重)时，即接近缺锰的临界水平。这一数值相当稳定，很少受植物种类、品种和环境条件的影响。低于此水平，植株的干物质产量、净光合量和叶绿素含量均迅速降低，而呼吸和蒸腾速率不受影响。缺锰的植株还表现出易受冻害。

植物含锰量超过 600 $mg \cdot kg^{-1}$ 时就可能发生毒害作用，但各种作物又有区别，甚至在同一种植物的不同品种间也可相差好几倍。表 4-5 所列数字为可能中毒的一般含量。

表 4-5　不同作物体内锰中毒的一般含量　$mg \cdot kg^{-1}$ 干重

作物种类	含锰量	作物种类	含锰量
玉米	200	棉花	750
木豆	300	甘薯	1 380
大豆	600	向日葵	5 300

锰中毒会诱发双子叶植物棉花和菜豆发生缺钙(皱叶病)。这可能是由于锰过量使叶组织的阳离子交换量降低所引起的。

第四节　铜

一、植物体内铜的含量与分布

植物需铜数量不多。大多数植物的含铜量为 5～25 $mg \cdot kg^{-1}$(干重)，多集中于幼嫩叶片、种子胚等生长活跃的组织中，而茎秆和成熟的叶片中较少。植物含铜量常因植物种类、植株部位、成熟状况、土壤条件等因素而有变化，且不同种类作物体内的含量差异很大。一般豆科作物含量高于谷类作物。大豆幼苗期含铜较少，而结荚期叶片和果荚中铜的含量高于茎。玉米整个生育期的含铜量都比较平稳，但不同部位仍有明显差异；通常是叶片中的含量大于茎秆，而且茎秆上部高于基部。铜在叶片中的分布是均匀的，这一点和锰不同。在叶细胞的叶绿体和线粒体中都含有铜，约有 70％的铜结合在叶绿体中。因此，叶绿体中含铜量比较高。植物吸铜受代谢作用的控制，根系中铜的含量往往比地上部高，尤其是根尖。植物地上部是种子和生长旺盛部位含铜量较高。铜的移动取决于体内铜的营养水平。供铜充足时，铜较易移动；而供应不足时，铜则不易移动。

二、铜的营养功能

铜离子形成稳定性络合物的能力很强，它能和氨基酸、肽、蛋白质及其他有机物质形成络合物，如各种含铜的酶和多种含铜蛋白质。含铜的酶类主要有超氧化物歧化酶、细胞色素氧化酶、多酚氧化酶、抗坏血酸氧化酶、吲哚乙酸氧化酶等。各种含铜酶和含铜蛋白质有着多方面的功能。

(一)参与体内氧化还原反应

铜是植物体内许多氧化酶的成分，或是某些酶的活化剂。例如细胞色素氧化酶、多酚氧化酶、抗坏血酸氧化酶、吲哚乙酸氧化酶等都是含铜的酶。这些含铜氧化酶能参与氧分子的还原作用，以 O_2 为电子受体，形成 H_2O 或 H_2O_2，而铜在氧化还原作用中改变自身的化合价。由此可见，铜是以酶的方式参与植物体内的氧化还原反应，并对植物的呼吸作用有明显影响。例如，抗坏血酸氧化酶是植物呼吸作用的末端氧化酶之一，在呼吸作用中把电子传递给氧。在叶片、根尖和新生的幼根中，抗坏血酸氧化酶的活性很高，是植物体内重要的催化剂之一。它不仅参与植物体内的呼吸作用，而且还参与受精过程，有利于胚珠的发育。又如漆酶，属于多酚氧化酶类，它的作用是氧化对苯二酚和邻苯二酚。植物体内胺类化合物的氧化脱氨基作用是由胺氧化酶催化的，而胺氧化酶中也含有铜。有资料报道，铜还能提高硝酸还原酶的活性。

铜还能催化脂肪酸的去饱和作用和羧化作用，在这些氧化反应中它也起电子传递的作用。

(二)构成铜蛋白并参与光合作用

叶片中的铜大部分结合在细胞器中，尤其是叶绿体中含量较高。铜与色素可形成络合物，对叶绿素和其他色素有稳定作用，特别是在不良环境中能防止色素被破坏。铜也积极参与光合作用。叶绿体中有一种含铜的蓝色蛋白质，其分子量不大，每摩尔蛋白质中含两个铜原子，它被称为质体蓝素(也称为蓝蛋白)。在光系统Ⅰ中，质体蓝素可通过铜化合价的变化传递电子。铜与光合作用的关系还不仅仅在于质体蓝素中含有铜，而且是生成质体醌所必需的，质体醌在光系统Ⅱ中能产生氢的受体。多酚氧化酶是植物体内重要的含铜酶类，它能把多元酚类氧化酶氧化成邻醌类。多酚氧化酶也是呼吸作用中的一种末端氧化酶。

现在已知含铜蛋白质有 3 种：

(1)无氧化酶活性的蓝色蛋白质(即质体蓝素)，它起电子传递作用。

(2)非蓝色蛋白质，它能产生过氧化物酶，并将单酚氧化成联苯酚。

(3)多铜蛋白质，每个分子中至少含 4 个铜原子。如抗坏血酸氧化酶或漆酶，它们作为氧化酶，可催化底物的氧化，在植物体内参与氧化还原反应。

$$\underset{\text{(底物)}}{AH_2 + 1/2\ O_2} \xrightarrow{Cu^{2+}} \underset{\text{(产物)}}{A + H_2O}$$

(三)超氧化物歧化酶(SOD)的重要组分

近些年来，又发现铜与锌共同存在于超氧化物歧化酶中。铜锌超氧化物歧化酶(CuZn-SOD)是所有好氧有机体所必需的。生物体中的氧分子易于再接收一个电子形成超氧自由基($O_2^{\cdot -}$)。它是一种反应能力很强的自由基,其转化产物具有寿命短、不稳定和毒性大的特点,能使整个有机体的代谢作用紊乱,导致有机体死亡。铜锌超氧化物歧化酶具有催化超氧自由基歧化的作用,以保护叶绿体免遭超氧自由基的伤害。超氧化物歧化酶催化的反应如下:

$$O_2^{\cdot -} + O_2^{\cdot -} + 2H^+ \xrightarrow{\text{CuZn-SOD}} O_2 + H_2O_2$$

$$2H_2O_2 \xrightarrow{\text{过氧化氢酶}} 2H_2O + O_2$$

超氧自由基是叶绿素光反应还原产物还原氧时所产生的。缺铜时,植株中超氧化物歧化酶的活性降低。现在已经证实,厌氧有机体之所以不能在有氧气的条件下生存,其原因就在于其体内缺少超氧化物歧化酶。

(四)参与氮素代谢,影响固氮作用

铜还参与植物体内的氮素代谢作用。在蛋白质形成过程中,铜对氨基酸活化及蛋白质合成有促进作用。缺铜时,蛋白质合成受阻,可溶性氨态氮和天冬酰胺积累,有机酸也明显增加,导致植物体内DNA含量降低。铜还有抑制核糖核酸酶活性的作用,铜能和酶结合形成复合物而使该酶钝化,从而对核糖体有保护作用,进而促进蛋白质合成。

铜对共生固氮作用也有影响,它可能是共生固氮过程中某种酶的成分。缺铜时,根瘤内末端氧化酶的活性降低,同时能使根瘤细胞中氧的分压提高,从而影响固氮能力。也有资料报道,铜供应水平较低时,三叶草的根瘤形成受到影响,不仅根瘤明显减少,而且固氮能力下降。因此,有人推测,铜可能参与豆血红蛋白的合成作用。此外,固氮能力下降也受铜的间接影响。因为缺铜导致光合作用受阻和光合产物数量减少,在碳水化合物供应不足的情况下,也会影响豆科作物固氮。当氮肥用量过高时,会加剧植物缺铜。

(五)促进花器官的发育

缺铜明显影响禾本科作物的生殖生长。缺铜时,麦类作物因主茎丧失顶端优势,使分蘖明显增加(表4-6),秸秆产量较高,但却不能结实。

研究证实,小麦孕穗初期对缺铜十分敏感,表现为花药形成受阻,而且花药和花粉发育不良,生活力差(表4-7)。可以判断,缺铜造成的花粉不能成活是不结实的主要原因。

表 4-6　铜肥对麦类作物分蘖数的影响

每盆铜肥用量/mg	每盆分蘖数		
	小麦	大麦	燕麦
2.4	10	17	11
0.4	13	37	13
0.1	15	84	31
0	22	93	41

表 4-7　缺铜对小麦花药和花粉发育的影响

供铜水平/($mg \cdot L^{-1}$)	花药长度/mm	花粉粒数/个	花粉直径/μm	花粉萌发率/%
0.065	3.5	2 017	52.4	53.0
0.013	2.1	2 076	45.9	7.1

施铜肥后，往往茎秆产量增加不多，而主要表现在子粒产量有明显提高（表4-8）。

表 4-8　施铜对缺铜土壤小麦产量的影响

	每盆施铜量/mg			
	0	0.1	0.4	20
总茎数/盆	22	15	13	10
秸秆产量/g	7.7	9.0	10.3	10.9
子粒产量/g	0.0	0.5	3.5	11.8

* 每盆 4 株。

据报道，缺铜时，谷类作物老叶中的铜不能向花粉中转移，而导致雄性不育。由此可见，铜营养是关系到人类最重要的粮食生产问题，农业生产上对铜营养给予足够的重视是十分必要的。

三、植物缺铜与铜中毒的症状

当植物体铜的含量<4 $mg \cdot kg^{-1}$ 时，就有可能缺铜。由于麦类作物对铜最为敏感，所以它们最容易出现缺铜症状。禾本科作物缺铜表现为植株丛生，顶端逐渐变白，症状通常从叶尖开始，严重时不抽穗，或穗萎缩变形，结实率降低，或子粒不饱满，甚至不结实。果树缺铜，顶梢上的叶片呈叶簇状，叶和果实均褪色。严重时顶梢枯死，并逐渐向下扩展。同禾本科作物类似，果树在开花结果的生殖生长阶段对缺铜更加敏感。

缺铜常有一个明显的特征，即某些作物花的颜色发生退色现象，如蚕豆缺铜时，花的颜色由原来的深红褐色变为白色。各种植物对缺铜的敏感程度不同。单子叶植物如大麦、小麦、燕麦、玉米等对铜比较敏感，而双子叶植物对铜的敏感性较差。不过在某些双子叶植物，如烟草、花生、甜菜、胡萝卜、柑橘等，施用铜肥也常有良好的效果。实践证明，燕麦和小麦对铜极为敏感，它们是判断土壤是否缺铜最理想的指示作物。

对于一般作物来讲，含铜量＞20 $mg \cdot kg^{-1}$ 干重时，作物就可能中毒。铜中毒的症状是新叶失绿，老叶坏死，叶柄和叶的背面出现紫红色。从外部特征看，铜中毒很像缺铁，这可能是由于铜过多时会引起铜从生理重要中心置换出其他的金属离子(如铁等)。植物对铜的忍耐能力有限，铜过量很容易引起毒害。例如，玉米虽是对铜敏感的作物，但铜过多时，也易发生中毒现象。此外，菜豆、苜蓿、柑橘等对大量铜的忍耐力都较弱。铜对植物的毒害首先表现在根部，因为植物体内过多的铜主要集中在根部，具体表现为主根的伸长受阻，侧根变短。许多研究者认为，过量铜对质膜结构有损害，从而导致根内大量物质外溢。

第五节 锌

一、植物体内锌的含量与分布

植物正常含锌量为 25～150 $mg \cdot kg^{-1}$(干重)。其含量常因植物种类及品种不同而有差异。植物各部位的含锌量也不相同，一般多分布在茎尖和幼嫩的叶片中。据中国科学院植物研究所的试验结果表明，正常番茄植株顶芽含锌量最高，叶片次之，茎最少；整个植株中锌的分布呈由下而上逐渐递增的趋势。植物根系的含锌量常高于地上部分。供锌充足时，锌可在根中累积，而其中一部分属于奢侈吸收。锌主要以 Zn^{2+} 形式被吸收。通常作物含锌量低于 20 $mg \cdot kg^{-1}$ 时就有可能出现缺锌症状。植物缺锌时，老叶中的锌可向较幼小的叶片转移，只是转移率较低。

二、锌的营养功能

(一)某些酶的组分或活化剂

现已发现锌是许多酶的组分。例如乙醇脱氢酶、铜锌超氧化物歧化酶、碳酸酐酶和 RNA 聚合酶都含有结合态锌。乙醇脱氢酶在高等植物体内是一种十分重要的酶。在有氧条件下，高等植物体内乙醇主要产生于分生组织(如根尖)，缺锌时植物体内的乙醇脱氢酶活性降低。关于铜锌超氧化物歧化酶在本章第四节铜的营养生理作用中已有介绍。锌也是许多酶的活化剂，在生长素形成中，锌与色氨酸酶的活性有密切关系。在糖酵解过程中，锌是磷酸甘油醛脱氢酶、乙醇脱氢酶和乳酸脱氢酶的活化剂，这都表明锌参与呼吸作用及多种物质代谢过程。缺锌还会引起植物体内硝酸还原酶和蛋白酶活性降低。总之，锌通过酶的作用对植物碳氮代谢产生相当广泛的影响。

(二)参与生长素的代谢

锌在植物物体内的主要功能之一是参与生长素的代谢。试验证明，锌能促进吲哚和丝氨酸合成色氨酸，而色氨酸是生长素的前身，因此锌间接影响生长素的形成。其简单反应如下：

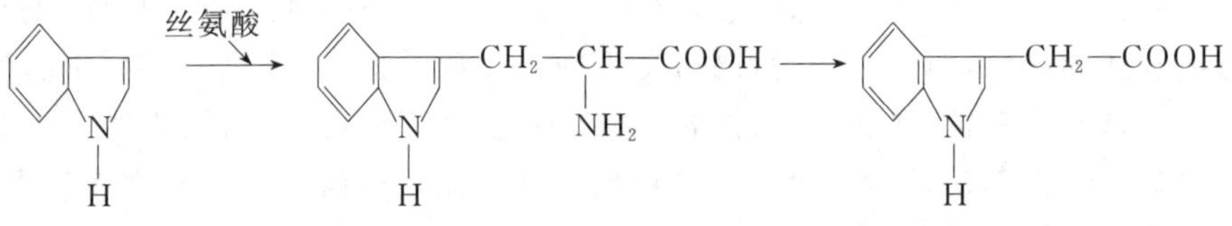

缺锌时，作物体内吲哚乙酸(IAA)合成锐减(图 4-9)，尤其是芽和茎中的含量明显下降，作物生长发育即出现停滞状态，其典型表现是叶片变小，节间缩短等症状，通常称为“小叶病”或“簇叶病”。有试验证明(Tsui，1948)，缺锌时番茄植株内色氨酸含量少，茎的伸长速率降低。有人进而发现在缺锌的营养液中培养玉米，加锌或加色氨酸均能消除缺锌症状。因此许多资料都提出，色氨酸合成时需要锌。但是，也有相反的报道，认为不是色氨酸合成需要锌，而是色氨酸合成吲哚乙酸时需要锌。

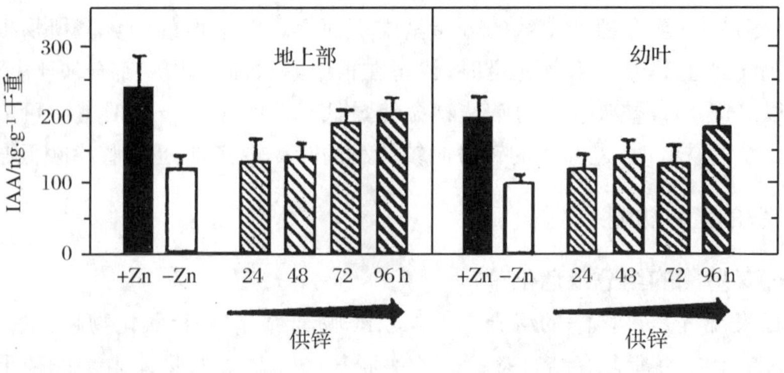

图 4-9　缺锌对大豆植株中 IAA 含量的影响

缺锌导致IAA含量下降的原因至今仍无一致的解释。很可能是由于缺锌抑制了色氨酸的转化，阻碍IAA向基部运输以及促进了IAA的分解。最近还有人提出缺锌导致氧自由基对IAA的分解作用。

（三）参与光合作用中CO_2的水合作用

碳酸酐酶（CA）可催化植物光合作用过程中CO_2的水合作用。其反应如下：

$$CO_2 + H_2O \xrightarrow[Zn^{2+}]{\text{碳酸酐酶}} H_2CO_3 \longrightarrow H^+ + HCO_3^-$$

缺锌时，植物的光合作用效率大大降低，这不仅与叶绿素含量减少有关，而且也与CO_2的水合反应受阻有关。锌是碳酸酐酶专性活化离子，它在碳酸酐酶中能与酶蛋白牢固结合。试验表明，作物体内含锌量与碳酸酐酶活性呈正相关。这种酶存在于叶绿体的外膜上，能催化CO_2和H_2O合成H_2CO_3，或使H_2CO_3脱水形成CO_2。光呼吸过程中作物可释放出H_2CO_3，而碳酸酐酶可捕捉H_2CO_3，释放CO_2，为光合作用提供底物。

锌是醛缩酶的激活剂。醛缩酶是光合作用碳代谢过程中的关键酶之一。它能催化二羟丙酮和甘油醛-3-磷酸转化为1,6-二磷酸果糖的反应，在叶绿体中使之进入淀粉合成的途径，而在细胞质中使之向糖酵解支路——蔗糖合成途径转移。

（四）促进蛋白质代谢

锌与蛋白质代谢有密切关系，缺锌时蛋白质合成受阻。因为锌是蛋白质合成过程中多种酶的组成成分。如蛋白质合成所必需的RNA聚合酶中就含有锌。缺锌会影响大豆蛋白态氮的含量，同时也反映在鲜重上（表4-9）。植物缺锌的一个明显特征是植物体内RNA聚合酶的活性提高。由此可见，缺锌植物体内蛋白质含量降低是由于RNA降解加快所引起的。

表4-9　供锌对大豆鲜重、RNA酶活性和蛋白态氮含量的影响

供锌水平/($mg \cdot L^{-1}$)	鲜重/($g \cdot 株^{-1}$)	RNA酶活性*/%	蛋白态氮含量/%
0.005	4.0	74	1.82
0.01	5.1	58	2.25
0.05	6.6	48	2.78
0.10	10.0	40	3.65

* 以RNA底物水解的百分数表示。

此外，锌不仅是核糖和蛋白体的组成成分，也是保持核糖核蛋白体结构完整性所必需。对裸藻属细胞的研究表明，在缺锌条件下，核糖核蛋白体解体；恢复供锌后，核糖核蛋白体又可重建（图4-10）。

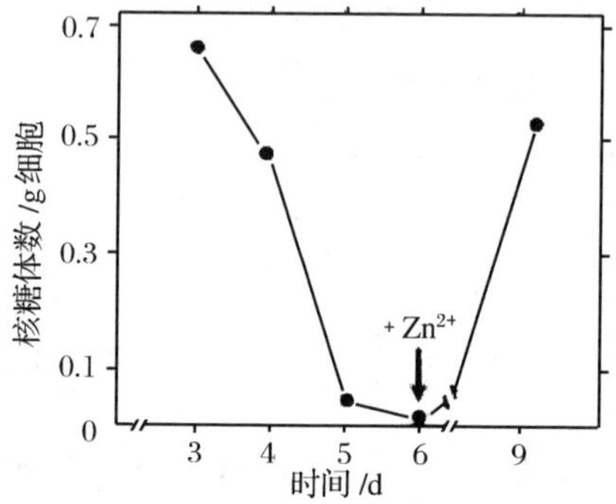

图 4-10　缺锌和恢复供锌对裸藻属细胞的核糖核蛋白体数量变化的影响

番茄缺锌时，RNA 聚合酶活性降低，致使蛋白质合成受阻，体内游离氨基酸和酰胺含量均明显增加(表 4-10)。

表 4-10　缺锌对番茄体内游离氨基酸和酰胺含量的影响

供锌状况	干重/(mg・株$^{-1}$)	氨基酸/(μg・mg^{-1} 干重)	酰胺/(μg・mg^{-1} 干重)
+Zn	213.6	16.0	4.2
-Zn	66.0	31.6	42.9

在几种微量元素中，锌是对蛋白质合成影响最大的元素(表 4-11)。缺锌几乎总是和蛋白质合成的减少联系在一起。最近几年又发现另外一些对氮素代谢有影响的含锌酶，如蛋白酶和肽酶等。

表 4-11　缺锌、锰和铜对番茄植株中游离氨基酸和酰胺含量的影响

项目	干重/(mg・株$^{-1}$)	氨基酸/(μg・mg^{-1})	酰胺/(μg・mg^{-1})
对照	213.6	16.0	4.2
缺锌	66.0	31.6	42.9
缺锰	69.4	18.3	3.0
缺铜	75.8	21.5	1.9

锌还是合成谷氨酸不可缺少的元素，因为锌是谷氨酸脱氢酶的成分。在植物体内谷氨酸是形成其他氨基酸的基础。可见，锌与蛋白质代谢的关系十分密切。

(五)促进生殖器官发育和提高抗逆性

锌对植物生殖器官发育和受精作用都有影响。锌和铜一样，是种子中含量比较高的微量元素，而且主要集中在胚中。在缺锌介质中培养的豌豆不能产生种子。

在澳大利亚进行的试验表明，给三叶草增施锌肥，其营养体产量可增加1倍，而种子和花的产量可增加近100倍。这足以证明了锌对繁殖器官形成和发育所起的重要作用。

锌可增强植物对不良环境的抵抗力。它既能提高植物的抗旱性，又能提高植物的抗热性。缺锌时，植物的蒸腾效率降低。锌能增强高温下叶片蛋白质构象的柔性。锌在供水不足和高温条件下，能增强光合作用强度，提高光合作用效率。此外，锌还能提高植物抗低温或霜冻的能力，因而有助于冬小麦抵御霜冻侵害，安全越冬。

三、植物缺锌与锌中毒的症状

缺锌时，植物生长受抑制，尤其是节间生长严重受阻，并表现出叶片的脉间失绿或白化症状。植物生长出现障碍与缺锌时植物体内生长素浓度降低有关。缺锌的玉米叶片表现为与叶脉平行的叶肉组织变薄，叶片中脉的两侧出现失绿条纹。双子叶植物缺锌时，其典型症状是节间变短，植株生长矮化，且叶片失绿，有时叶片不能正常展开。植物缺锌，叶绿体内的膜系统易遭破坏，叶绿素形成受阻，因而常出现叶脉间失绿现象。通过电子显微镜观察发现，缺锌对植物叶绿体的结构有明显影响。例如菜豆缺锌时，其中部叶片叶绿体基粒片层和间质层均减少，上部叶片受害较严重，基粒构造破坏，基粒的隔室分散为残体，间质片层消失，叶绿体液泡化。果树缺锌，既影响叶片生长，又影响枝条正常伸长，使节间变得很短。例如苹果树缺锌时表现为叶片狭小，丛生呈簇状，芽苞形成减少，树皮显得粗糙易碎。出现上述缺锌症状与植物体内生长素合成受阻有关。

植物对缺锌的敏感程度常因其种类不同而有很大差异。禾本科植物中玉米和水稻对锌最为敏感，通常可作为判断土壤有效锌丰缺的指示作物。小麦、大麦、燕麦和黑麦等谷类作物及禾本科牧草对锌则不敏感。双子叶植物中的马铃薯、番茄、甜菜等对锌仅为中度敏感。多年生果树对锌也比较敏感，如柑橘、葡萄、桃和苹果等。缺锌对果实品质的影响较大。广西桂林的试验结果表明，施用锌肥可使温州蜜柑果皮光滑，果实大而均匀，果实的可食部分、全糖含量、固形物均比对照都有所提高。

一般认为含锌量$>400\ mg\cdot kg^{-1}$时，植物就会出现中毒症状，但作物种类、品种、生长状况和环境因素的影响很大。据报道，水稻、小麦、玉米等禾谷类作物比甜菜、豌豆及许多蔬菜作物对过量锌的适应性强，尤其是玉米，对过量锌既有拒吸作用，同时又有耐高锌的能力。

近年来，有人发现过量施锌对菜豆光合作用中电子传递与光合磷酸化有抑制作用。与其他微量元素相比，锌的毒性较小，作物的耐锌能力较强。但长期施用锌肥时，也应对土壤中锌的状况做必要的监测，以免过量施用造成毒害。

第六节　钼

一、植物体内钼的含量与分布

在16种必需营养元素中，植物对钼的需要量低于其他任何一种，其含量范围为0.1～300 mg·kg^{-1}(干重)，通常含量不到1 mg·kg^{-1}。国内外资料表明，豆科作物含钼量明显高于禾本科作物。豆科牧草含钼量较高，其种子含钼量为0.5～20 mg·kg^{-1}，根瘤中含钼量也很高，因为豆科作物的根瘤有优先累积钼的特点，如豌豆根瘤中钼的含量比叶片高出10倍。谷类作物含钼量一般为0.2～1 mg·kg^{-1}，且以幼嫩器官中含量较高，叶片含钼量高于茎和根。叶片中的钼主要存在于叶绿体中。一般作物含钼量低于0.1 mg·kg^{-1}，而豆科作物低于0.4 mg·kg^{-1}时就有可能缺钼。

植物对钼的吸收与其生长环境有关。代谢影响根系对MoO_4^{2-}的吸收速率。SO_4^{2-}是植物吸收MoO_4^{2-}的竞争离子。钼主要存在于韧皮部和维管束薄壁组织中，在韧皮部内可以转移，但它以何种形态转移还不清楚。它属于移动性中等的元素。

表4-12的数字表明，菜豆从相同的营养液(含钼4 mg·L^{-1})中吸收的钼多于番茄，说明它们对钼的需要量是不同的。同时还可以看出，菜豆根部钼的含量明显高于茎和叶，尤其是叶片的含钼量还不足总量的10%；而番茄则不同，根所吸收的钼，大约有50%可运往茎叶，且叶片中钼的含量显著高于茎。这可能反映了不同植物体内钼运输的特点。

表4-12　菜豆和番茄植株中钼的含量和分布

植株部位	菜豆		番茄	
	含量/(mg·g^{-1}干重)	%	含量/(mg·g^{-1}干重)	%
总量	1 325	100	918	100
叶	85	6.4	325	35.4
茎	210	15.9	123	13.4
根	1 030	77.7	470	51.2

二、钼的营养功能

(一)硝酸还原酶的组分

钼的营养作用突出表现在氮素代谢方面。它参与酶的金属组分,并发生化合价的变化。在植物体中,钼是硝酸还原酶和固氮酶的成分,这两种酶是氮素代谢过程中不可缺少的。对豆科作物来说,钼有其特殊的重要作用。

植物吸收硝态氮素以后,必须经过一系列的还原过程,转变成 NH_3 以后才能用于合成氨基酸和蛋白质。在一系列的还原过程中,第一步就是硝酸还原成亚硝酸,这一步骤需要硝酸还原酶催化。硝酸还原酶是一个黄素蛋白,黄素腺嘌呤二核苷酸是硝酸还原酶的辅基,而钼是硝酸还原酶辅基中的金属元素。钼在硝酸还原酶中和蛋白质部分结合,构成该酶不可缺少的部分。还原的辅酶(NADPH)是还原反应所需的电子来源。供钼能提高硝酸还原酶的活性;除去钼,硝酸还原酶就会丧失活性,只有重新供钼才能恢复其活性。缺钼植株叶片中的硝酸还原酶,经施钼诱导可明显提高其活性。有试验证明,只供 NH_4^+-N 的植株并不需要钼;但按植物形成单位干物质计算,施 NO_3^--N 的植株吸收的钼多于施 NH_4^+-N 的植株,而硝酸还原酶中的钼主要起电子传递作用,它通过自身化合价的变化,把硝酸盐转变为亚硝酸盐,并进一步转变为 NH_3。缺钼时,植株内硝酸盐积累,氨基酸和蛋白质的数量明显减少。柑橘黄斑病就是因硝酸盐积累过多而引起的。

(二)参与根瘤菌的固氮作用

钼的另一重要营养功能是参与根瘤菌的固氮作用。豆科作物借助固氮酶把大气中的 N_2 固定为 NH_3,再由 NH_3 合成有机含氮化合物。固氮酶是由钼铁氧还蛋白和铁氧还蛋白两种蛋白组成的。这两种蛋白单独存在时都不能固氮,只有两者结合才具有固氮能力。在固氮过程中,钼铁氧还蛋白直接和游离氮结合,它是固氮酶的活性中心;铁氧还蛋白则与 Mg-ATP 结合,向活性中心提供能量和传递电子,在活性中心上的 N_2 获得能量和电子后就能还原成 NH_3。钼在固氮酶中也起电子传递作用。钼还能提高豆科作物根瘤中脱氢酶的活性,加大氢的流入,增强固氮能力。有人推测,在固氮过程中钼很可能直接参与 N_2 的还原反应。钼不仅直接影响根瘤菌的固氮活性,而且也影响根瘤的形成和发育。缺钼时,豆科作物的根瘤发育不良,固氮能力下降。

钼除了参与硝酸盐还原和固氮作用外,还可能参与氨基酸的合成与代谢。有人发现给植物供钼时,谷氨酸的浓度增加;在缺钼情况下,不仅硝酸还原酶活性降低,而且谷氨酸脱氢酶活性也有所下降。在发芽的豌豆核糖体组分中,钼能抑制核糖核酸酶的活性,使其保持在一种潜伏状态,对核糖体起保护作用。钼阻止核酸降解，也有利于蛋白质的合成。

(三)促进植物体内有机含磷化合物的合成

钼与植物的磷代谢有密切关系。据报道，钼酸盐会影响正磷酸盐和焦磷酸酯一类化合物的水解作用，还会影响植物体内有机态磷和无机态磷的比例。缺钼时，体内磷酸酶的活性明显提高，使磷酸酯水解，不利于无机态磷向有机态磷的转化，因此体内磷脂态-P、RNA-P 和 DNA-P 都减少。在缺钼的情况下，施钼可使植物体内的无机态磷转化成有机态磷，而且有机态磷与无机态磷的比例显著增大。钼可促进大豆植株对 ^{32}P 的吸收和有机态磷的合成，并能提高产量。还应该指出，缺磷时，植物体内会积累大量钼酸盐，而造成钼中毒。

(四)参与体内的光合作用和呼吸作用

钼对植物的呼吸作用也有一定的影响。植物体内抗坏血酸的含量常因缺钼而明显减少。这可能是由于缺钼导致植物体内氧化还原反应不能正常进行所致。钼还能提高过氧化氢酶、过氧化物酶和多酚氧化酶的活性。钼也是酸式磷酸酶的专性抑制剂。

钼在光合作用中的直接作用还不清楚，但缺钼会引起光合作用强度降低，还原糖的含量减少。钼对叶绿素的影响早已引起人们的注意。许多试验证明，缺钼时叶绿素含量减少。示踪元素试验表明，叶绿素减少的区位往往正好发生在缺钼的同一脉间区内。钼对维持叶绿素的正常结构也是不可缺少的。据北京师范大学试验，施钼可使植物光合作用强度比对照提高 10%～40%，表明钼也参与碳水化合物的代谢过程。钼对维生素 C 的合成也有良好的作用，施钼能提高维生素 C 的含量。

(五)促进繁殖器官的建成

钼除了在豆科作物根瘤和叶片脉间组织积累外，在繁殖器官中含量也很高。这表明它在受精和胚胎发育中的特殊作用。当植物缺钼时，花的数目减少。番茄缺钼表现出花特别小，而且丧失开放的能力。玉米缺钼时，花粉的形成和活力均受到极明显的影响(表 4-13)。

表 4-13 不同供钼水平对玉米花粉生产力和生活力的影响

供钼水平/($mg \cdot kg^{-1}$)	含钼量/($\mu g \cdot g^{-1}$)	生产力/(花粉粒数·花药$^{-1}$)	直径/μm	生活力/%
20	92	2 437	94	86
0.1	61	1 937	85	51
0.01	17	1 300	68	27

有资料报道，种子含钼量有时可作为预测植物对钼反应敏感程度的指标。例如，当豌豆种子中钼的含量为 0.65 mg·kg^{-1} 时，施钼没有反应；而含量为 0.17 mg·kg^{-1} 时，钼肥有良好肥效。又如在缺钼的土壤上，玉米种子含钼为 0.08 mg·kg^{-1} 时，出苗正常；而含量为 0.03～0.06 mg·kg^{-1} 时，幼苗即出现缺钼症状；若种子含量为 0.02 mg·kg^{-1} 时，则会出现严重的缺钼症状。种子中有足够的钼，可以保证生长在缺钼土壤上的幼苗能正常生长并获得较好的产量(表 4-14)。

表 4-14 缺钼土壤上大豆子粒含钼量与子粒产量的关系

子粒含钼量/(mg·kg^{-1})	子粒产量/(kg·hm^{-2})
0.05	1 505
19.0	2 332
48.4	2 755

三、植物缺钼与钼中毒的症状

缺钼的共同特征是植株矮小，生长缓慢，叶片失绿，且有大小不一的黄色或橙黄色斑点，严重缺钼时叶缘萎蔫，有时叶片扭曲呈杯状，老叶变厚、焦枯，以致死亡。十字花科的花椰菜，其缺钼最典型的症状是，叶片明显缩小，呈不规则状的畸形叶，或形成鞭尾状叶，通常称为“鞭尾病”或“鞭尾现象”(图 4-11)。

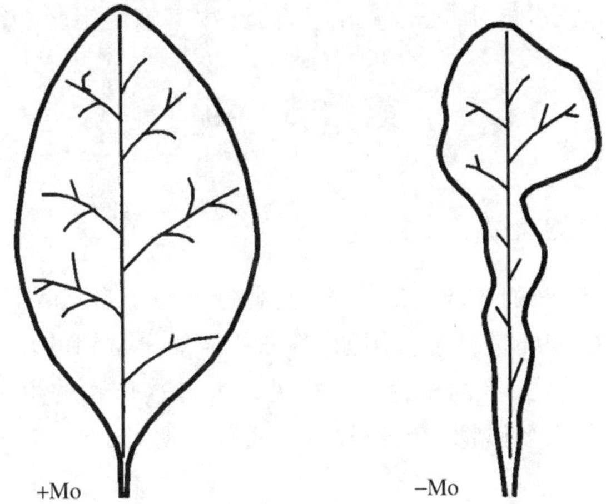

图 4-11 缺钼花椰菜叶片形态变化(“鞭尾”现象)

鞭尾病是叶片局部组织坏死，以及在叶片发育早期维管束分化不完全造成的。

柑橘缺钼表现为成熟叶片沿主脉局部失绿和坏死，即柑橘“黄斑病”。花椰菜新叶的“鞭尾病”和柑橘成熟叶的“黄斑病”虽然同属缺钼症状，但它却反映了不同发育阶段局部代谢紊乱的特征。豆科作物缺钼的症状与缺氮十分相似，老叶首先失绿，所不同的是严重缺钼的叶片，由于有 NO_3-N 积累，致使叶缘会出现坏死组织，而且缺钼症状最先出现在老叶或茎中部的叶片上，并向幼叶及生长点发展，以致遍及全株。这与缺氮叶片只是均匀失绿、无斑点和不产生坏死组织是有区别的。豆科作物缺钼时，根瘤发育不良，根瘤小而且数量也少。

各种作物对钼的需要量有很大区别。豆科作物需钼量最大，十字花科的花椰菜和甘蓝需钼量也很高，禾本科作物则需钼较少。

由于缺钼是发生在酸性土壤上，植物常因土壤中过多的 Mn^{2+} 和 Al^{3+} 存在而出现锰中毒或铝中毒。这表明，缺钼常常伴生锰和铝的毒害。然而，花椰菜缺钼的典型症状(鞭尾病)并不是因为锰中毒而引起的。在酸性土壤上施用石灰可以防止缺钼，但是有些时候只有施用钼肥才能起到提高产量和植株含钼量的目的，尤其是那些不需要调节 pH 值的土壤，更应通过施用钼肥以补充钼的不足。

植物耐钼的能力很强，在大于 100 $mg \cdot kg^{-1}$ 的情况下，大多数植物并无不良反应，甚至有些植物不仅能吸收相当多的钼，而且还生长得很好。番茄植株中钼的浓度达 1 000～2 000 $mg \cdot kg^{-1}$ 时，叶片上才会出现明显的钼中毒症状。但如果牧草中含钼量超过 15 $mg \cdot kg^{-1}$ 时，动物就可能会中毒，特别是奶牛最为敏感。一般要求饲料含钼量不超过 5 $mg \cdot kg^{-1}$，因此牧草施用钼肥必须适量。

第七节 氯

一、植物体内氯的含量与分布

氯是一种比较特殊的矿质营养元素，它普遍存在于自然界，在 7 种必需的微量元素中，植物对氯的需要量最多。例如，番茄的需氯量是钼的几千倍。许多植物体内氯的含量很高，含氯 10%的植物并不少见。大多数作物的生长过程中无明显的缺氯症状，然而氯对许多作物有生长效应。实践证明，某些作物施用氯化钾的产量常优于施硫酸钾。

在植物体中，氯以离子(Cl^-)态存在，移动性很强。大多数植物吸收 Cl^- 的速度很快，而且数量也不少。植物吸收 Cl^- 的速度主要取决于介质中氯的浓度(Schmalfuss 和 Reinike，1960)。Elzam 和 Epstein(1965)的研究表明，植物吸收 Cl^- 受代谢的影响，其中对温度的变化和代谢抑制剂尤为敏感。根据 Gerson 和

Poole(1972)的报道,植物对氯的吸收属逆化学梯度的主动吸收过程。由于光合磷酸化作用中所形成的 ATP 可提供主动吸收所需的能量,所以光照有利于氯的吸收(Barke,1968;McDonald 等,1975)。Stelzer 等(1975)认为,氯在体内的运输可能是以共质体途径为主。

氯易于透过质膜而进入植物组织。但是,当介质中 Cl^- 浓度很高时,液泡膜将变成渗透的屏障,阻止 Cl^- 进入液泡,保护植物免遭损害。因此,植物吸收的大量 Cl^- 只能积聚在细胞质中。植物体内 Cl^- 的移动与蒸腾作用有关,蒸腾量小的器官含氯量极低(如小麦穗部)。氯的分布特点是:茎叶中多,子粒中少。

二、氯的营养功能

(一)参与光合作用

在光合作用中,氯作为锰的辅助因子参与水的光解反应。水光解反应是光合作用最初的光化学反应,氯的作用位点在光系统Ⅱ。研究工作表明,在缺氯条件下,植物细胞的增殖速度降低,叶面积减少,生长量明显下降(大约 60%),但氯并不影响植物体中光合速率。由此可见,氯对水光解放 O_2 反应的影响不是直接作用,氯可能是锰的配合基,有助于稳定锰离子,使之处于较高的氧化状态。氯不仅为希尔反应放 O_2 所必需,它还能促进光合磷酸化作用。

(二)调节气孔运动

氯对气孔的开张和关闭有调节作用。当某些植物叶片气孔开张时,K^+ 流入是由有机酸阴离子(主要是苹果酸根)作为陪伴离子,这些离子在代谢过程中是靠消耗淀粉产生的;但是对某些淀粉含量不多的作物(如洋葱),当 K^+ 流入保卫细胞时,由于缺少苹果酸根则需由 Cl^- 作为陪伴离子。缺氯时,洋葱的气孔就不能自如地开关,而导致水分过多地损失。由于氯在维持细胞膨压、调节气孔运动方面的明显作用,从而能增强植物的抗旱能力。

(三)激活 H^+-泵 ATP 酶

以往人们了解较多的是原生质上的 H^+-ATP 酶,它受 K^+ 的激活。而在液泡膜上也存在有 H^+-ATP 酶。与原生质上的 H^+-ATP 酶不同,这种酶不受一价阳离子的影响,而专靠氯化物激活。该酶可以把原生质中的 H^+ 转运到液泡内,使液泡膜内外产生 pH 梯度(胞液,$pH>7$;液泡,$pH \ll 6$)。缺氯时,植物根的伸长严重受阻,这可能和氯的上述功能有关。因为缺氯时,影响活性溶质渗入液泡内,从而使根的伸长受到抑制(Hagerh 和 Helmle,1981)。

(四)抑制病害发生

施用含氯肥料对抑制病害的发生有明显作用。据报道,目前至少有 10 种作物的15个品种,其叶、根病害可通过增施含氯肥料而明显减轻。例如冬小麦的全蚀病、条锈病,春小麦的叶锈病、枯斑病,大麦的根腐病,玉米的茎枯病,马铃薯的空心病、褐心病等。根据研究者的推论,氯能抑制土壤中铵态氮素的硝化作用。当施入铵态氮肥时,氯使大多数铵态氮素不能被转化,而迫使作物吸收更多的铵态氮;在作物吸收铵态氮肥的同时,根系释放出 H^+,使根际酸度增加。许多土壤微生物由于适宜在酸度较大的环境中大量繁衍,从而抑制了病菌的滋生,如小麦因施用含氯肥料而减轻了全蚀病病害的发生。还有一些研究者从 Cl^- 和 NO_3^- 存在吸收上的竞争性来解释。施含氯肥料可降低作物体内 NO_3^- 的浓度,一般认为 NO_3^- 含量低的作物很少发生严重的根腐病。

(五)其他作用

在许多阴离子中,Cl^- 是生物化学性质最稳定的离子,它能与阳离子保持电荷平衡,维持细胞内的渗透压。植物体内氯的流动性很强,输送速度较快,能迅速进入细胞内,提高细胞的渗透压和膨压。渗透压的提高可增强细胞吸水,并提高植物细胞和组织束缚水分的能力。这就有利于促进植物从外界吸收更多的水分。在干旱条件下,也能减少植物丢失水分。提高膨压后可使叶片直立,延长功能期。作物缺氯时,叶片往往失去膨压而萎蔫。氯对细胞液缓冲体系也有一定的影响。氯在离子平衡方面的作用,可能有特殊的意义。

氯对酶活性也有影响。氯化物能激活利用谷氨酰胺为底物的天冬酰胺合成酶,促进天冬酰胺和谷氨酸的合成。氯在氮素代谢过程中有重要作用。

适量的氯有利于碳水化合物的合成和转化。例如,氯能增加菜豆中碳水化合物、蔗糖和淀粉的含量(表4-15)。

表4-15 施用含氯肥料对菜豆中碳水化合物含量的影响 $mg \cdot g^{-1}$ 干重

肥料种类	总碳水化合物	蔗糖(葡萄糖+果糖)	淀粉
KCl	58.7	20.8	10.0
K_2SO_4	42.5	7.0	7.8

三、植物缺氯与氯毒害的症状

曾经有人观察过不同供试植物缺氯的表现。植物缺氯轻时表现为生长不良,严重时表现为:叶片失绿、凋萎。番茄缺氯时,首先是叶片尖端出现凋萎,尔后叶片失绿,进而呈青铜色,逐渐由局部遍及全叶而坏死,根系生长不正常,表现为根细而短,侧根少;还表现为不结果。甜菜缺氯的症状是:叶细胞的增殖速率降低,叶片生长明显缓慢,叶面积变小,并且叶脉间失绿。

在大田中很少发现作物缺氯症状，因为即使土壤供氯不足，作物还可从雨水、灌溉水、大气中得到补充。实际上，氯过多是生产中的一个问题。土壤中含氯化物过多时，对某些作物是有害的，常常出现中毒症。氯中毒的症状是：叶缘似烧伤，早熟性发黄及叶片脱落（Eaton，1966）。各种作物对氯的敏感程度不同，糖用甜菜、大麦、玉米、菠菜和番茄的耐氯能力强，而烟草、菜豆、马铃薯、柑橘、莴苣和一些豆科作物的耐氯能力弱，易遭受毒害。在通常情况下，氯的危害虽不会达到出现可见症状的程度，但却会抑制作物生长，并影响产量。对某些作物来讲，施用含氯肥料有时会影响产品的品质。如氯会降低烟草的燃烧性，减少薯类作物的淀粉含量等。

大多数作物对氯中毒有一定的敏感期。通常中毒发生在某一较短的时期内，而且有时症状仅发生在某一叶层的叶片上。敏感期后，症状趋于消失，生长也能基本恢复正常。禾本科作物氯的敏感期主要在幼苗期。如小麦、大麦、黑麦等是在2～5叶期，大白菜、小白菜和油菜在4～6叶期，水稻在3～5叶期，柑橘和茶树在1～4年生的幼龄期。

复习思考题

1. 说明植物缺铁的症状、原因以及植物对缺铁的可能适应机制。
2. 简述植物缺硼症状、部位与硼的生理功能之间的关系。
3. 缺锰对植物的生长有何影响？为什么？
4. 除缺铜以外，还有哪些微量元素缺乏时会影响植物的生殖生长，为什么？
5. 缺锌和缺铁的症状有何异同？为什么？
6. 请描述典型的缺钼症状，缺钼对高等植物体内的哪些生理过程有直接影响？
7. 哪几种微量元素与植物体内氧自由基的产生和清除有关，举例说明其作用原理。
8. 试比较大量元素和微量元素在植物体内的作用和功能有何差异。

第五章　有益元素

随着农业科学的发展与分析化学技术的进步，在16种必需的营养元素之外，还有一些营养元素，它们对某些植物的生长发育具有良好的刺激作用，或为某些植物种类、在某些特定条件下所必需，但不是所有植物所必需，人们称之为“有益元素”(Beneficial element)，目前主要包括硅、钠、钴、硒、镍、铝6种。

根据有益元素与植物生长发育的关系可以将其分为两种类型：第一种类型是该元素为某些植物种群中的特定生物反应所必需，例如钴是根瘤菌固氮所必需的。第二种类型是某些植物生长在该元素过剩的特定环境中，经过长期进化而逐渐变成必需的元素，例如钠、硅分别是甜菜、水稻生长发育所必需的营养元素。此外，钴、硒等虽然不是植物生长发育所必需的营养元素，但它们是动物所必需的微量元素。为了满足动物的需求，首先应在植物体内保持它们有一定的含量。

植物对营养元素的需求量是有限度的，尤其是有益元素，它们在植物体内的适宜含量很严格，缺少了不行，过多则有毒，以至于恶化生态环境。尽管植物种类之间有差异，但一般来说，植物的正常生长发育所要求的含量很低，适宜的范围也很窄。因此以适宜的含量作为区分是否是有益元素的界限是至关重要的。例如铝一般被看做污染元素，但它在低剂量时有促进植物生长的作用，可视为有益的。又如硒被称为有益元素，但是含量超过适宜范围后，又成为抑制植物生长与人畜健康的有毒元素。因此，适宜的含量是这类元素发挥有益作用的关键。

第一节　硅

一、植物体内硅的含量、分布和形态

(一)含量

植物体的含硅量通常以植物干重中SiO_2的百分数表示。不同种类植物之间含硅量差异很大，一般情况下，硅在单子叶植物体内累积较多，平均含硅量是双子

叶植物的10～20倍。高桥英一和三宅靖人对生长在同一土壤上的175种植物进行多种养分分析，发现硅是种间差异最大的元素。在10种最高含量与10种最低含量的植物之间，硅含量的差异可达196倍。

根据植物体的含硅量，可将一般栽培植物分为3类：第一类是含硅量很高的植物，主要是莎草科中的一些植物种和禾本科的湿生种，如水稻和木贼，其含硅量可达10%～15%；第二类是含硅量中等的植物，主要是旱地禾本科植物，如甘蔗、燕麦、小麦、大麦、玉米、高粱等大部分禾谷类作物和几种双子叶植物，平均含硅量为1%～3%；第三类是含硅量很低的植物，主要包括豆科植物和其他大部分双子叶植物，含硅量在1%以下，豆科作物含硅量甚至小于0.5%。

(二)分布

硅在植物体内呈不均匀分布。按栽培植物体内硅的分布特点可归纳为3种类型。第一类的特点是总含量高，主要分布于地上部，根中累积很少。例如燕麦根部的硅只占植株总硅量的2%；地上部的穗和叶、茎硅含量高，可达95%以上。水稻体内的硅大多分布于地上部。第二类的特点是植株各部分的含硅量都低，根部与地上部的分布大致相等。例如番茄、大葱、萝卜和白菜等。第三类的特点是根中的含硅量明显高于地上部，如绛车轴草，其根中硅含量是地上部的8倍。

从组织水平上看，无定型 SiO_2 的沉积主要发生在细胞壁、细胞间隙或导管内。硅多累积于木栓细胞外的表皮细胞壁中，它不仅进入细胞壁、也进入中胶层。在水稻叶片中，硅集中在表皮、纤维束、维管束鞘与厚壁组织中。硅在叶片中不仅存在于表皮细胞内，同时还沉积于细胞外，其上覆盖很薄的角质层，形成角质-硅双层结构；在茎与叶鞘中硅主要存在于外表皮、维管束及厚壁组织的细胞壁中；根部的硅则存在于表层细胞中。在器官与组织间硅分布不均匀的因素主要有2个：一是与器官年龄的长短有关，时间越长硅的累积越多；二是与器官的蒸腾总量有关，蒸腾总量多，硅累积就多。蒸腾流中的硅随水分散发而浓缩，植株的硅含量由基部至顶部呈顺序增加。传统观点认为硅在细胞壁的沉积是一个纯物理的过程，其作用只是保持组织的稳固性(刚性)，同时也作为病原体的机械障碍。随着研究工作的不断深入，越来越多的证据表明，硅在植物体的沉积严格受代谢和时间的调控。例如，禾本科植物叶表皮毛的细胞壁在从初生壁到次生壁的发育过程中，硅沉积物的基本结构由片状变为球状。显然，这种结构上的变化是受细胞壁代谢物与硅酸的交互作用所支配，并导致了大量硅酸在成熟细胞壁中沉积(Perry 等，1987)。

现将几种常见禾本科植物的含硅量列于表5-1。

表 5-1 几种植物不同部位硅的含量 %干重

植物种类	植株部位	SiO_2 含量	植物种类	植株部位	SiO_2 含量
水稻	根	2.74	玉米	根	0.78
	谷壳	8.40		茎秆	5.96
	叶	6.02		穗茎	1.83
	茎秆	3.70～5.60		果穗	0.32
				子粒	0.04
小麦	根	3.11	大麦	芒	4.70
	茎秆	0.60～2.24		茎秆	1.54
	子粒	0.11～0.16		子粒	0.42
黑麦	根	1.23	燕麦	根	2.43～3.74
	茎秆	1.06～1.76		茎秆	4.96
	子粒	0.04～0.46		叶	2.05
				子粒	0.99

(三)形态

植物体内硅的主要沉积形态是无定型硅胶($SiO_2 \cdot nH_2O$,又称蛋白石)和多聚硅酸,其次是胶状硅酸和游离单硅酸[$Si(OH)_4$]。木质部汁液中的硅主要是单硅酸。在高等植物中,硅和糖、蛋白质、纤维素等牢固地结合在一起。植物不同部位硅的形态有差异,根中离子态硅所占比例较高,水稻可达 3.8%～8.0%,但是叶片中难溶性硅胶高达 99%以上。

二、植物对硅的吸收与运输

高等植物主要吸收分子态的单硅酸。不同植物种类吸收硅的能力有显著差异,而植物基因型差异对硅吸收的影响很大,此外环境条件也有明显的影响。通常土壤溶液中的硅酸含量与植物的吸硅量呈正比。土壤 pH 值影响土壤溶液中硅酸的浓度,当土壤 pH 值由 6.8 降至 5.6 时,燕麦植株的含硅量可从 1.68%提高到 2.77%;酸性土壤施用石灰后,可降低水稻、大麦、燕麦、甘蔗、黑麦草对硅的吸收。适量增加土壤养分,也可促进植物对硅的吸收。降低土壤氧化还原电位,水稻的吸硅量增加;土壤中铁、铝氧化物增加,对硅酸的吸附加强,导致溶液中硅的浓度降低,也会减少植物对硅的吸收。

目前认为,植物体内硅的长距离运输仅限于木质部。它在地上部茎叶中的分布取决于各器官的蒸腾率,对于某一特定器官,如叶片、叶龄则是决定因素。硅主要存在于质外体。当水分蒸发后沉淀于蒸腾流的末端,例如在叶片两面的表皮细胞的外壁。当表皮细胞外壁有坚硬的硅层时，可以阻碍真菌侵染和降低角质层水分的散失。在长距离运输中，硅也沉积于木质部导管的细胞壁中，增加导管的强度抵抗高蒸腾的挤压作用。水稻及其他硅累积型的植物，对硅的吸收与根系代谢密切相关，而受蒸腾速率的影响不大，因此认为，硅在富硅植物根部径向运输中，必须通过共质体运输。

三、硅的营养功能

到目前为止，虽然还没有足够的证据证明硅是高等植物生长发育的必需营养元素，但硅对某些高等植物生长的有益作用得到越来越多的证实。它对植物生长的有益作用可归纳如下几点。

(一)参与细胞壁的组成

硅在参与组成结构物质时所需要的能量仅仅是合成木质素所需能量的1/20。硅与植物体内果胶酸、多糖醛酸、糖脂等物质有较高的亲和力，形成稳定性强、溶解度低的单、双、多硅酸复合物并沉积在木质化细胞壁中，增强组织的机械强度与稳固性，抵御病虫害的入侵。例如硅提高谷类作物对粉霉病、小麦对麦蝇、水稻对茎螟虫的抵抗能力。

(二)影响植物光合作用与蒸腾作用

植物叶片的硅化细胞对于散射光的透过量为绿色细胞的10倍，能增加能量吸收，从而能促进光合作用。在田间条件下，水稻供硅充足时，叶片直立、植株的受光姿态好(表5-2)，从而间接增加水稻群体的光合作用，并可消除高产栽培中大量供氮造成叶片展开度大而相互遮荫的问题。

表 5-2　不同硅、氮肥的用量对水稻花期叶片展开度* 的影响

氮肥/$mg \cdot L^{-1}$	硅肥(SiO_2)** /($mg \cdot L^{-1}$)		
	0	40	200
5	23°	16°	11°
20	53°	40°	19°
200	77°	69°	22°

* 展开度指叶尖与茎秆之间的夹角。** 硅肥为硅酸钠。

硅化物沉淀在细胞壁与角质层之间，能抑制植物的蒸腾，避免强光下过多失水造成萎蔫症状。硅减少蒸腾的作用可以促进植物对水分的有效利用。

(三)提高植物的抗逆性

硅在提高植物抗逆性中的作用及其机制还不很清楚，但这方面的研究日益受到重视。不少研究表明，硅在提高植物耐锰毒、铝毒、镉毒、过量锌和盐害中有重要

作用。在植物细胞壁和质外体中有较高浓度的硅，这些硅降低了毒害离子的浓度。大麦在遭受锰毒害时，叶片出现大量黑褐色坏死斑，施硅后，硅使锰在植物体内分布均匀，致使坏死斑明显减少。硅可以明显降低铝的毒害，这主要是在植物根细胞壁质外体空间形成溶解度较低的铝硅酸盐或羟基铝硅酸盐，降低了游离铝离子浓度。硅与锌形成 Si-Zn 复合物的沉淀可阻止 Zn^{2+} 进入细胞膜内。硅修饰的细胞壁对 Cd^{2+} 有较强的亲合性，明显抑制了 Cd^{2+} 的毒害。硅对缓解盐胁迫也有明显效果。在小麦、大麦、水稻上都发现，硅明显抑制了 Na^{+} 运转，改善了植物的生长。

此外，硅也能提高某些作物对真菌病害的抵抗力，如硅明显提高小麦、黄瓜、葡萄对白粉病的抗性和水稻对稻瘟病的抗性。目前推测硅对植物病害可能是以机械强度，或化学代谢调节起作用，或二者共同作用。研究表明水稻对稻瘟病、褐斑病的抵御能力也随着体内含硅量的增加而提高(图 5-1)。

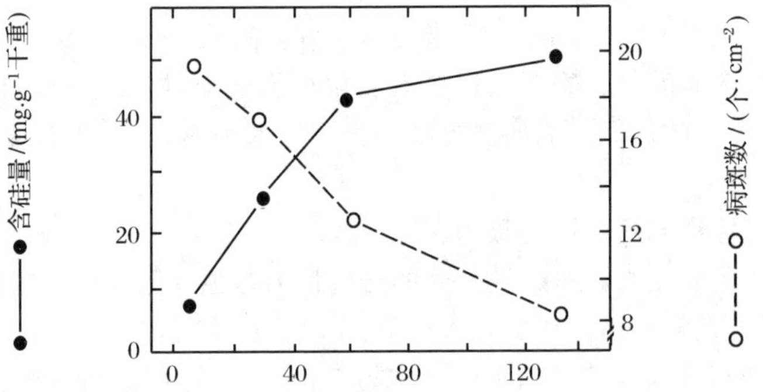

图 5-1　水稻叶片的含硅量及其对稻瘟病致病性的影响

(四)与其他养分的相互作用

1. Si-N 作用　在供应高氮时，植物体内可溶性含氮化合物增加，致使大量的碳水化合物用于合成蛋白质等大分子含氮化合物，而相对减少了纤维素、木质素含量，因而植株的机械支撑力减弱，组织柔软，从而使植株易倒伏和遭受病虫害等。施硅可以增强植株的刚性，减少倒伏性。植株中 Si-N 与作物的抗病性有关，随着硅含量的增加，植物的抗病和抗虫性增加。

2. Si-P 作用　植物对硅与磷的吸收表现出一定的竞争效应。例如硅可抑制水稻对磷的过量吸收。缺硅时植株对磷的吸收成倍增加，在磷过多时，增加硅可以减少植物对磷的吸收，避免磷过多影响产品的正常成熟。在长距离运输中，硅与磷之间又有一定的相助作用，实验表明 ^{32}P 易累积于根部，而 ^{81}Si 易转运到叶片，增施硅可以促进磷向子粒中转运。

3. Si-Fe、Mn 作用　硅能缓解铁、锰离子过多引起的毒害作用(图 5-2)。同位素示踪试验证明,当大麦和豆科植物缺硅时,叶片中锰的分布不均匀,以斑状聚集,并在棕色斑周围出现失绿与坏死症。供硅充足时,叶片中锰的分布均匀,不出现上述症状,从而有利于植物生长。此外,硅能增强水稻茎、根通气组织中的刚性与体积,有利于氧的输入,提高根系的氧化力,从而增加水稻对过量铁、锰的忍耐性。

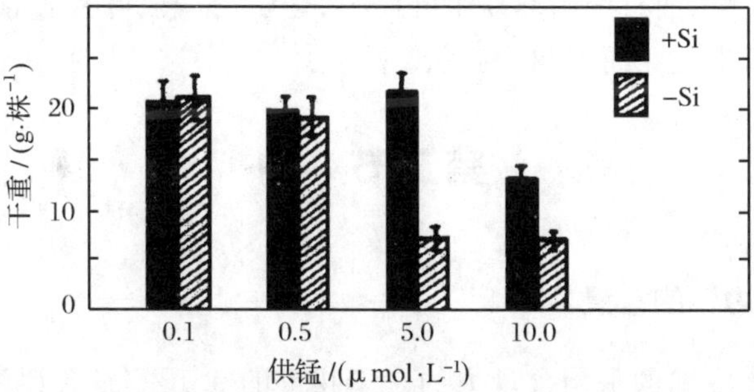

图 5-2　施硅条件下供锰对大豆干重的影响

四、植物对硅的需求和缺硅的反应

水稻是典型的硅累积植物,缺硅后其营养生长与子粒产量都明显下降。如果体内硅不足,而铁、锰稍高时,叶片出现褐斑点,与缺钾、缺锌的“赤枯病”斑类似。缺硅对水稻生殖生长的影响更为明显(表 5-3)。

表 5-3　在不同生育阶段供硅对水稻生长与产量的影响

营养生长阶段 生殖生长阶段**	－Si ＋Si	＋Si* －Si	－Si ＋Si	＋Si ＋Si
SiO_2%(地上部干重)	0.05	2.2	6.9	0.4
干重/(g·盆$^{-1}$)				
根	4.0	4.3	4.2	4.7
茎	23.5	26.5	31.0	33.6
子粒	5.3	6.6	10.3	10.3

* ＋Si:100 mg·L^{-1} SiO_2;** 抽穗开始。

表 5-3 的数据表明,生殖生长阶段供硅可以增加子粒产量。如果生殖生长阶段不供硅,尽管营养生长阶段供硅,水稻的子粒产量也明显降低。这些结果表明硅是水稻生长所必需的。尽管如此,至今仍然没有证明硅是水稻完成生命周期所必

需的。

甘蔗也是一种累积硅的植物，对硅的需求迫切。在田间条件下，达到最佳产量时，叶片中的 SiO_2 至少应占干物重的 1%～2.1% SiO_2。当叶片中硅下降到 0.25%时，产量下降近一半，并同时表现出典型的缺素症状——叶雀斑(leaf freckling)。相反，在温室条件下，甘蔗对硅的需求量似乎极低。

近年来有不少报道，黄瓜、番茄、大豆、草莓对硅的需求也很明显，停止供硅不仅使产量急剧下降，而且会引起新生叶畸形、萎蔫、早衰、叶片黄化、花粉活力受到破坏、花药退化，出现花而不孕等症状。

第二节　钠

一、植物体内钠的含量

通常植物体中钠的平均含量大约是干物重的 0.1%，是含钾量的 1/10。不同种类的植物含钠量变化很大，例如甜菜的含钠量可达 3%～4%；不同种牧草的含钠量可以在 20～2 000 $mg \cdot kg^{-1}$ 的范围之间，人们根据植物对钠的不同反应，将植物分为“喜钠”(natrophilio)植物和嫌钠(natrophobic)植物两类。典型的喜钠植物有甜菜、澳洲囊状盐蓬(*Atriplex vesicaria*)、三色苋(*Amaranthus tricolor*)、滨藜和蓝藻等，它们在缺钠时会产生典型的缺素症状。然而，许多栽培作物在钠多时会出现毒害现象。通常土壤溶液中可溶性钠的浓度在 9～30 $mg \cdot kg^{-1}$ 的范围内，适于厌钠植物的生长；喜钠植物在高盐浓度下才能生长茂盛。喜钠植物主要有藜科、白花丹科、菊科和瞿麦科植物。喜钠植物体内的含钠量显著高于含钾量，例如：生长在滨海沙土上的海蓬子，NaCl 的含量可达 30%。植物不同种类之间、同一种植物的不同基因型之间对钠的吸收和向地上部的转移能力有很大的差异。

二、钠的营养功能

(一)刺激植物生长

对于一部分具有 C_4 光合途径和景天酸代谢(CAM)途径的植物种类来说，钠是必需的微量元素。例如，澳洲囊状盐蓬在培养液中 $Na^+ < 0.1\ \mu mol \cdot L^{-1}$ 时，会出现因缺钠而不能继续生长，植株表现失绿症状。尽管这时体内钾的含量还很高，但也不能替代钠的作用。关于钠促进这些植物生长的作用机理迄今尚不清楚。钠对植物生长的刺激作用在许多作物上均已发现，但在植物种类之间、同种植物的不同基因型之间对钠的反应都存在差异。

(二)调节渗透压

钠对于许多盐土植物都有明显的生长效应。这里钠不是作为微量营养元素对生长产生刺激作用,而是作为一种渗透调节物质调节植物渗透压，以适应高盐环境。钠在这方面的作用比钾更为明显。

(三)影响植物水分平衡与细胞伸展

钠与钾同样能增加液泡中的溶质势,产生膨压而促进细胞的伸长。在液泡中钠的累积优先于钾,当以累积钠为主时,植物形态上的变化有如下特征:叶片面积和厚度、单位叶面积储水量和肉质性都有所增加,呈现出多汁性(表 5-4),这些变化是耐盐植物的典型特征。同时，钠的供应还能增加单位叶面积的气孔数。高钠供应刺激盐生植物生长的一个主要原因是通过良好的渗透调节机制,并且在水分胁迫条件下,这种变化可以减缓植物叶片水势的进一步降低,有利于缓解干旱胁迫。

表 5-4　Na^+、K^+ 对甜菜叶片性状差异的影响

处理/mmol	叶片干重/g	养分含量/($mmol \cdot g^{-1}$ 干重)		叶面积/cm^2	叶厚度/μm	肉质性(H_2O)/($g \cdot dm^{-2}$)
		K^+	Na^+			
$5K^+$	7.9	2.67	0.03	233	274	3.07
$0.25K^+ + 4.75Na^+$	9.7	0.43	2.45	302	319	3.71

在水分供应有限或者介质中水的有效性突然降低时,供钠植株比供钾的植株气孔关闭快,而当水分胁迫解除后,供钠植株的气孔开放得晚。由于钠对气孔的这种调节作用,从而改善了植物的水分平衡。即使在干旱或在盐土条件下,供钠植株叶片的相对含水量也仍然保持在较高的水平上,具有明显的抗旱功能。

(四)代替钾行使营养功能的作用

某些植物在供钾不足时,钠可在一定程度上替代钾的功能。钠取代钾的程度因植物的种类而异。根据植物对钠的反应不同以及钠、钾之间的互换关系,可将植物分为以下 4 类(图 5-3)。这种分类未考虑同种植物不同品种间钠代替钾的差异,因此不很严格。

1. 钠可替代植物体内大部分钾　钠对这类植物的生长有明显的刺激作用,而且钠对该类植物的刺激作用是钾所不能代替的。属于这一类植物的有糖用甜菜、食用甜菜、萝卜、芜菁和许多 C_4 草本植物。

2. 钠可替代植物体内少部分钾　钠对这类植物的生长有一定的刺激作用,例如甘蓝、萝卜属、棉花、豌豆、菠菜、亚麻和小麦。

3. 钠可替代植物体内极少量钾　钠对这类植物的生长无明显的刺激作用,如狗尾草属、水稻、大麦、燕麦、番茄、马铃薯、黑麦草等。

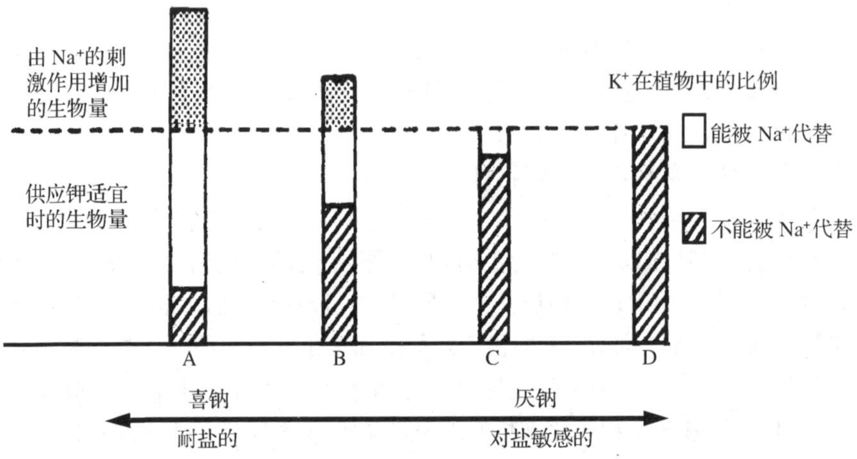

图 5-3 不同类型作物植株中 Na^+ 代替 K^+ 的程度以及由 Na^+ 刺激生长所增加的生长量示意图

4. 钠完全不能替代植物体内钾　如玉米、黑麦、大豆、菜豆、莴苣和猫尾草等。

三、植物对钠的适应机理

植物适应高钠的主要机制是提高其耐钠能力。当环境中钠较多时，耐钠能力强的植物将所吸收的大量 Na^+ 运到地上部或叶细胞的液泡中累积起来，以便调节渗透压，或是在细胞质及细胞器中完成其特殊功能。例如：耐盐性强的野生番茄叶组织累积的钠量可达到不耐盐栽培型番茄的 4 倍，而对植株无毒害作用。植物不同种类与同一种类的不同品种之间耐钠性能差异很大。一般不耐钠植物不仅吸收的钠较少，而且向地上部转移的数量也很少，体内大部分的钠存留于根和茎基部。耐钠植物尽管能吸收大量钠，但并不妨碍对其他必需养分的选择吸收。例如：当营养液中钠的浓度为钾的 10 倍时，该类植物钾的吸收也未受到显著影响。对于植物从大量类似离子中选择吸收低浓度的必需养分离子的现象，美国植物营养学家 Epstein 提出了双载体学说。他认为植物是以两种不同的机制通过不同的吸收载体吸收养分的。对于钾的吸收，耐钠与不耐钠的植物同样都具有专一性和选择性；而对于钠的吸收，只有耐钠的盐土植物才具有大量吸收钠的特有机理。喜钠植物就是依靠这种机制大量吸收离子(主要是 Na^+ 和 K^+)来提高细胞渗透压和维持膨压的，因而这些植物能提高渗透压以适应外界高渗透压环境，而不至于脱水凋萎。菊科中的一些植物，在生长发育过程中细胞内的盐分和水分随年龄而增加，致使叶片肉质化而不提高渗透压。

四、钠肥的施用

通常情况下，在以下 3 种情况下施用钠肥会受到很好效果：①喜钠植物；②有效钾或钠水平低或二者都低的土壤；③降雨无规律或生长季节中有暂时干旱的地区，或二者都存在的地区。饲料和牧草中钠是动物钠营养的一个重要来源，为了保证动物钠的正常供给，目前在世界范围内正在实施对饲料和牧草施用钠肥以增加其含钠量的措施。

第三节　钴

一、植物体内钴的含量

植物含钴量因土壤类型、环境条件和植物种类与品系不同而变化。通常植物体含钴量的范围为 0.02～0.5 $mg \cdot kg^{-1}$，但在蛇纹岩上土壤发育的植物含钴量大大超过一般含量，可达 100 $mg \cdot kg^{-1}$ 以上。不同种类的植物之间钴的含量差异很大，豆科植物需要并累积较多的钴，平均为 0.24～0.52 $mg \cdot kg^{-1}$；禾本科植物只有 0.08～0.26 $mg \cdot kg^{-1}$；粗饲料和牧草中含钴量通常在 0.1～0.5 $mg \cdot kg^{-1}$ 之间。此外，不同种类的植物含钴量的变异范围有所不同。一般而言，禾本科植物的含钴量变异较小，豆科植物变异较大，而且在野生种与栽培种植物之间差异更大。有些植物具有富集钴的作用，如紫云英、华东楤叶树和野百合等。据文献报道，世界上广泛存在着土壤由于饲料植物含钴量不足而导致反刍动物患病的，例如新西兰、澳大利亚、美国、苏联、波兰、意大利、芬兰、日本、荷兰、德国等都有过此类报道。为了防止反刍动物缺钴症，有关部门要求反刍动物长期食用的饲料植物的含钴量不能低于 0.08～0.1 $mg \cdot kg^{-1}$。然而，过量摄钴对动物也不利，牧草中含钴量达 60 $mg \cdot kg^{-1}$ 时，动物就要受到毒害。

二、钴的营养功能

(一)参与豆科植物根瘤固氮

钴是钴胺素辅酶的金属组分。钴在钴胺素(维生素 B_{12})中类似于铁血红素中的铁，位于卟啉结构的中心与四个氮原子相螯合。在根瘤菌中有 3 种专性的酶系统，它们是甲硫氨酸合成酶、核糖核苷酸还原酶和甲基丙二酰辅酶 A 变位酶。这些酶依赖于钴胺素，钴诱导其活性变化。在缺钴的条件下，上述 3 种酶的活性下降，并导致相应的生化作用受阻，致使蛋白质的合成速率下降、细胞分裂受抑制、豆血红蛋白的合成降低，因此固氮率明显下降。

(二)刺激植物生长

钴具有促进茎、芽和胚芽鞘伸长的作用。这主要是由于低浓度的钴可以抑制植物体内乙烯的生物合成。当乙烯合成减少后，它对细胞分裂素和生长素的抑制作用就会降低，因此认为钴对植物体生长有一定的调控作用。

(三)稳定叶绿体

钴具有稳定叶绿体膜上脂蛋白复合体的功能。因此在矫正缺钴后，大麦植株单位叶面积上叶绿体的数目、表面积和色素含量均有所增加，从而促进了光合作用，提高了子粒产量。

三、植物对钴的需求

豆科植物对钴的需求已为大量试验结果所肯定。大量报道表明，在田间条件下钴增加豆科植物的生长量与含氮量。豆科植物缺钴后，表现出叶片淡黄色，体内大约只有 12%的钴结合于钴胺素内，根瘤菌的侵染率很低，固氮作用缓慢。在缺钴土壤上，对 6 周株龄的白羽扇豆施钴后，其植株有如下明显的效应：根瘤的重量、根瘤的含钴量和单位重量的鲜根瘤中类菌体的数量、钴胺素含量和豆血红蛋白的数量都有所提高(表 5-5)。

表 5-5　施钴对宽叶羽扇豆根瘤的生长与组分的影响

处理	根瘤鲜重/($g \cdot 株^{-1}$)	根瘤含钴量/($mg \cdot g^{-1}$ 干重)	根瘤类菌体数/(10^{-9} 个 $\cdot g^{-1}$ 鲜重)	根瘤钴胺素/($mg \cdot g^{-1}$ 鲜重)	根瘤豆血红蛋白/($mg \cdot g^{-1}$ 鲜重)
$-Co^{2+}$	0.1	45	15	5.9	0.71
$+Co^{2+}$ *	0.6	105	27	28.3	1.91

* 每盆以硫酸盐形式施用 0.19 mg 钴，6 周后收获。

研究表明在缺钴土壤上，如豆科植物种子中的含钴量低于 0.03 $mg \cdot kg^{-1}$ 时，施钴有明显促进生长的效应。由于豆科植物对钴的需求量低，豆粒种子大，因此可将含钴量高的豆粒(>0.1 $mg \cdot kg^{-1}$)种于缺钴的土壤上，同样可以达到防止植株缺钴症的效果。用钴处理种子是缺钴土壤上豆科植物正常生长与保持固氮的有效措施。此外，叶面喷施也有效果，因为钴在植物体内的长距离运输中有一定的移动性。在田间条件下，结瘤豆科植物对施钴有反应的例子较少，但在贫瘠的硅质土壤上已得到证实，叶面喷施、拌种都明显提高了花生根瘤数量、植株含氮量和荚果产量(表 5-6)。

表 5-6　钴对花生的影响

钴处理	根瘤数/(个·株$^{-1}$)	成熟时含氮量/%干重	荚果产量/(kg·hm^{-2})
对照(－Co)	91	2.38	1 232
种子处理	150	2.62	1 687
叶面喷施	123	3.14	1 752
种子处理＋叶面喷施	166	3.38	1 844

豆科植物不同种类间对缺钴的敏感性差异很大，如羽扇豆比三叶草敏感得多，而非固氮高等植物对钴的反应通常是不敏感的。试验证明对于某些低等光合植物，如股薄肌裸藻，钴则是必需营养元素。然而，过量钴对植物也会产生毒害作用。植物不同基因型对过量钴的忍耐力有明显的差异。

第四节　镍

一、植物体内镍的含量

大多数植物体的营养器官中镍的含量一般在 0.05～10 mg·kg^{-1} 范围内，平均 1.10 mg·kg^{-1}。不同植物种类之间镍的含量差异很大，常见栽培作物的含镍量列于表 5-7。

表 5-7　部分栽培作物的含镍量

作物种类	含镍量/(mg·kg^{-1} 干重)	作物种类	含镍量/(mg·kg^{-1} 干重)
食荚菜豆	1.7～3.7	莴苣	1.0～1.8
菜豆	1.1	番茄	0.43～0.48
洋葱	0.59～0.84	马铃薯	0.29～1.0
大白菜	0.62～0.99	黄瓜	1.3～2.0
胡萝卜	0.26～0.98	甜玉米	0.22～0.34
燕麦子粒	0.3～2.8	苹果	0.06
小麦子粒	0.2～0.6	柑橘	0.39

某些植物具有累积镍的特点，根据其累积程度不同，可分为两类。第一类为镍超累积植物，主要是野生植物，它们体内镍的含量超过 1 000 mg·kg^{-1}，例如庭荠属(*Alyssum*)中大约有 45 种、车前属(*Rinorea*)中也有两种属于此种类型。第二类为镍累积型，其中包括野生的和栽培的植物，主要有紫草科、十字花科、桃金娘科、豆科和石竹科的某些种类。这些植物大多生长在蛇纹岩发育的土壤或酸性铁

铝土壤，某些水生植物也有镍富集现象，其体内镍的浓度可以高达水中镍浓度的200倍左右。镍累积植物往往也是累积钴的植物。

二、镍的营养功能

(一)有利于种子发芽和幼苗生长

低浓度的镍能刺激许多植物的种子发芽和幼苗生长，例如小麦、豌豆、蓖麻、白羽扇豆、大豆、水稻等。试验证明，用 100 $mg \cdot L^{-1}$ 的镍处理小麦种子，能促进根系与地上部的生长。如图 5-4 所示，当种子中镍的含量在 100 $ng \cdot g^{-1}$ 以下时，随着镍含量增加，种子萌发率增加；当镍含量大于 100 $ng \cdot g^{-1}$ 干重时种子萌发率不变，也没有表现出明显的抑制作用。在种子萌发时，尿囊素是氮的代谢产物，因而需要镍参与这些代谢活动，促进种子萌发，且这种作用会影响后代。所以，镍对于施用尿素或代谢过程中产生尿囊素的植物具有促进生长的作用。镍促进种子的萌发或许是参与尿素代谢时所需。另外，缺镍种子的成活率能通过镍浸种来提高，说明镍对母体植物种子的发育是必需的。

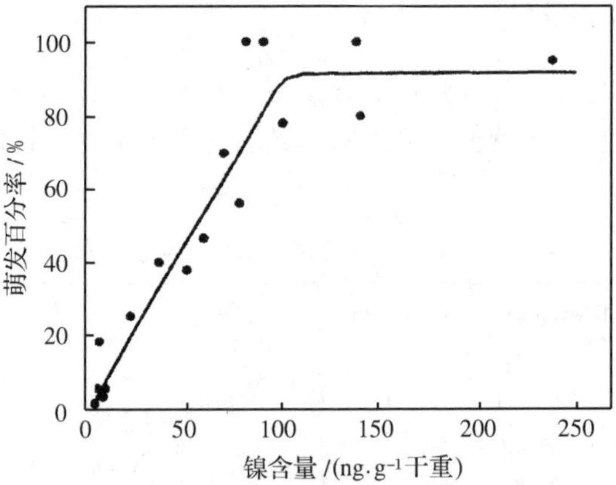

图 5-4 种子含镍量对种子萌发率的影响

用低浓度的镍喷施马铃薯、葡萄、番茄和水稻均可促进其生长。目前认为镍对植物生长的刺激作用与激素控制系统有关。研究证明，镍盐能显著抑制苹果和绿豆胚轴组织中乙烯的产生。施用镍，能使马铃薯、大豆、小麦等作物产量增加，产品品质改善。另有研究表明，低浓度的镍对植物生长有刺激作用。用 0.5～1.0 $mg \cdot kg^{-1}$ 浓度的镍处理土壤种植小麦，总的生物量、株高和产量有增长的趋势。用 10～100 $mg \cdot kg^{-1}$ 浓度的镍处理春小麦，对其生长发育及产量无明显影响。这一结果说明，春小麦对高浓度镍的耐受性较强。当镍浓度高达 200 mg·kg^{-1} 时，其株高及产量均受到明显的影响。微量镍不仅对植物生长具有促进作用，而且能明显增加植物的光合速率，促进植物体内叶绿素、胡萝卜素等的合成，增加过氧化氢酶等多种酶的活性。

（二）催化尿素降解

在生物系统中，镍作为许多酶的金属成分，是维持酶活性所必需的。在这些酶中，Ni 与 N-、O-配位体（如脲酶），S-配位体（如氢化酶中半胱氨酸残体）或 N-配位体结合形成四面体结构。在高等植物中，脲酶是目前已知的唯一 1 个含 Ni 的酶，在其他微生物、动物中还发现了一些含镍的酶，如氢化酶、甲基辅酶、肝脱氢酶等。脲酶的作用是催化尿素水解为氨和二氧化碳。脲酶普遍存在于高等植物、细菌、真菌和藻类中。脲酶的种类很多，不同种类脲酶的含镍量不同。镍对于脲酶维持构型与发挥功能是必需的。研究发现，通过 EDTA 处理钝化的脲酶，在加入镍后可恢复活性，在一定范围内其活性恢复的程度与添加的镍的数量呈直线相关。高等植物中的脲酶主要存在于叶片中，在叶面喷施尿素后也可诱导产生。

不仅土壤中尿素肥料的分解需要含镍的脲酶，植物体以尿素为氮源时也需要含镍的脲酶。如果土壤施用尿素过多而镍不足时，脲酶活性降低，导致体内尿素过量累积会导致叶片异常甚至坏死。

即使高等植物不以尿素为氮源，代谢过程中体内也可能累积尿素，因此也需要适量的镍，以促使尿素分解。植物体内尿素的生成途径如图 5-5 所示。

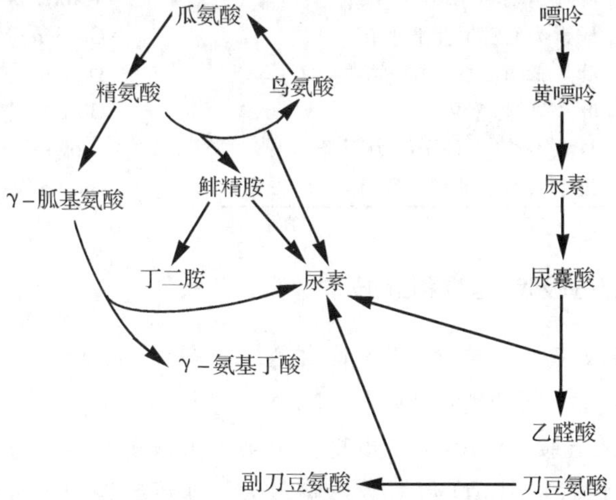

图 5-5 植物体内尿素生物合成的途径

图 5-5 表明，植物体内存在着合成尿素的各种途径，包括老组织中含氮化合物的降解和生殖生长期中含氮降解产物的重新分配等。由此可见，镍参与催化尿素降解具有普遍的生理生化意义。此外，镍还可能参与固氮作用和保护硝酸还原酶的作用。

（三）防治某些病害

低浓度的镍可以促进紫花苜蓿叶片中过氧化物酶和抗坏血酸氧化酶的活性，达到促进微生物分泌的毒素降解和增强作物的抗病能力。研究表明，镍可降低 IAA 氧化酶活性而提高多酚氧化酶活性，间接影响酚类合成，并提高作物的抗病性，如低浓度镍能防治谷类作物的锈病、水稻叶枯病、棉花枯萎病等。表 5-8 总结了镍对高等植物生长发育影响的一些研究结果。

表 5-8 镍对高等植物生长的影响

生长条件	缺镍后所受影响	资料
营养液培养	叶片有坏死斑，脲酶活性下降	Baker 等(1984a,1984b)
营养液培养	叶片脲酶活性下降	Klucas 等(1983)
田间	根瘤重量及单株子粒重下降	Bertrand 和 Dewal(1973)
	根瘤中毒，氢化酶活性降低	
土培	地上部和子粒重降低	Horak(1985a)
土培	叶片脲酶活性及根瘤氢化酶活性降低	Dalton 等(1985)
组培	脲酶活性降低，以尿素为氮源时生长受阻	Polacco(1977a,b)
营养液培养	叶片出现坏死斑	Walker 等(1985)
营养液培养	尿素为氮源时生长受阻	Gorden 等(1978)
营养液培养	叶片脲酶活性下降	Dalton(1986)
营养液培养	叶片失绿，茎坏死	Chectel 等(1986)
营养液培养	早熟不结实，种子活力下降	Brown 等(1987a)
营养液培养	根系和地上部重量降低，叶片失绿	Brown 等(1987b)

三、植物对镍的吸收、运输和分配

植物主要吸收离子态镍(Ni^{2+})，其次是络合态镍，如 Ni-EDTA 和 Ni-DTPA 等。其吸收的难易程度为 Ni-EDTA＞Ni-NTA（氢基三乙酸）＞Ni-DTPA＞Ni-TETREN（四乙酸五胺）＝$NiSO_4$。植物从土壤中吸收镍受许多外界条件的影响，其中土壤代换性镍含量和 pH 值对其影响最大。随着土壤中镍浓度增加，植物吸镍量也增大。土壤 pH 值升高时，镍的有效性下降，植物吸镍量也随之减少。土壤 pH 值低于 5.5 时，镍的有效性会大大提高。由于镍与钙、镁、铁、锌等离子间存在着竞争性吸收关系，因此这些离子可以减少植物对镍的吸收。此外，土壤中原有的有机质或人工合成的螯合剂的存在会大大降低植物对镍的吸收。

镍在植物体内的运输较为迅速。在木质部中镍可以与有机酸或多肽等形成螯合物，再向上运输。一般在镍累积型植物中，植物根系吸收的镍主要在地上部累积。大多数镍与有机酸结合呈络合形态存在，柠檬酸、苹果酸、丙二酸、氨基酸等都可与镍形成稳定的螯合物而有利于镍的吸收、运输与转移。在非累积型植物中，根系镍的含量高于地上部，例如豆科植物根瘤中的镍比茎中高 1.3～1.9 倍，大豆根系含镍占植株总镍量的 50.7%，茎占 3.7%，叶占 4.3%，荚占 2.5%，种子占 38.8%。也有研究说明，非镍累积型植物所吸收的镍主要存在于根部，很少向地上部转运。

四、植物对镍的需求

豆科植物和葫芦科植物对镍的需求最明显，这些植物的氮代谢中都有脲酶参加。豆科作物中大豆、豇豆在固氮条件下，木质部运输的氮素主要是尿素与酰脲，而在不固氮时，木质部运输的氮素主要是酰胺、酰脲和氨基酸。当供应尿素为氮源时，植物对镍的需要更迫切。Walkeg 等(1985)试验证明，在豌豆培养液中除去镍后，植株中尿素明显累积，叶尖坏死，在坏死组织中尿素的含量高达 3.1%。当植物干物质中镍含量＜0.01～0.15 $mg \cdot kg^{-1}$ 时，叶片就会出现尿素中毒的坏死症状；而施入适量的镍后，植株内脲酶活性增强，尿素含量下降，对植株的生长有所促进(表 5-9)。

表 5-9　镍对黄瓜、大麦脲酶活性的影响

镍浓度/($mg \cdot L^{-1}$)	脲酶活性(NH_3)/($mg \cdot kg^{-1} \cdot h^{-1}$ 鲜重)			
	黄　瓜		大　麦	
	施用尿素-N	施用 NO_3^--N	施用尿素-N	施用 NO_3^--N
0.00	38	21	13	7
0.01	196	106	187	103
0.10	234	119	212	116
1.00	263	162	153	248

有关作物缺镍的报道不多，但在营养液培养或土培、田间条件下，也获得一些结果。缺镍时主要表现为：叶片脲酶活性下降，根瘤氢化酶活性降低，叶片出现坏死斑、茎坏死、种子活力下降等。Brown(1987)报道，缺镍大麦植株比镍充足植株的叶小色淡、直立性差，最初脉间失绿，然后中脉前半段白化，并继续向下发展，同时叶尖和叶缘也发白。

应该指出，迄今为止的研究表明，镍对植物的有益作用是有条件的，只有在浓度很低的条件下表现，而且限于某些植物种类和以尿素为唯一氮源时。另外，镍对人畜健康的威胁，近年来也引起了人们的重视。过量的镍对植物是有毒害的，而且症状多变，表现为：生长迟缓，叶片失绿和变形，有斑点、条纹；果实变小，着色早等。对镍比较敏感的植物，中毒的临界浓度＞10 $\mu g \cdot g^{-1}$，对镍中等敏感植物的临界浓度＞50 $\mu g \cdot g^{-1}$。植物镍中毒表现的失绿症可能是由于诱发缺铁和缺锌所致。但是，到目前为止，还没有发现土培植物及土壤细菌缺镍的证据。

第五节　硒

一、植物体内硒的含量、分布和形态

（一）含量

植物体的含硒量因植物种类不同而有很大变异，由每千克几千微克到每千克几千毫克。美国的 Trelease 和 Beath(1949)曾根据植物的含硒量将植物分为三类：

第一种类型为高硒累积型植物　这类植物大多数为多年生深根植物，主要包括黄芪属、剑莎草属、金鸡菊属、长药芥属中的某些种。它们只能生长在富硒地区的土壤上，体内的含硒量可达数千毫克/千克，牲畜食用后易发生眩晕症或急性硒中毒。硒对这些植物的生长似乎是必需的。这些植物中的硒绝大部分以无机形态存在。累积型植物能从土壤中吸收大量的硒，其含硒量明显高于一般植物，它们可以作为硒毒区的指示植物。

第二种类型为亚硒累积型植物　主要有紫菀属、滨藜属、扁萼花属和黏胶葡属中的一些植物种。这些植物通常生长在硒有效性较高的土壤上，体内硒大部分以无机硒存在，少部分为有机硒。

第三种类型为非硒累积型植物　它们是大多数食用植物、一部分杂草和禾本科植物。含硒量低于 30 $mg \cdot kg^{-1}$，这类植物中的硒主要与蛋白质结合，以有机态形式存在。

大多数粮食作物和其他食用植物的含硒量一般都比较低，平均含硒量在 0.01～1.00 $mg \cdot kg^{-1}$，对人类和动物均无毒害。在食用植物中，含硒量变化的大致趋势是油料作物＞豆类＞粮食＞蔬菜＞水果，其中，低等植物蘑菇含硒量高，其含量有时可以达到一般高等植物的 1 000 倍。表 5-10 中列出了常见蔬菜与水果的平均含硒量。

表 5-10　常见蔬菜和水果的含硒量

作物种类	植株部位	平均含量/($mg \cdot kg^{-1}$ 干重)
甜玉米	子粒	0.001
卷心菜	叶	0.150
莴苣	叶	0.057
胡萝卜	根	0.064
马铃薯	块茎	0.011
番茄	果实	0.036
苹果	果实	0.003
橘子	果实	0.008

(二)分布

植物体的含硒量常因器官、部位、生育时期的不同而有变化。通常植物子粒含硒量最高,其次是叶、茎、根,而且累积型植物新叶的含硒量大于老叶。例如,三叶草幼叶的含硒量为老叶的 2～3 倍。小麦苗期比成熟期含有较多的硒,而玉米的乳熟期含硒量最高,成熟期则有所下降。就环境条件的影响而言,硒累积植物在湿润年份吸收的硒要多于干旱年份,而非累积植物对硒的吸收与降雨量无显著相关。就土壤条件而言,我国东南部的红黄壤、西北部的草原与荒漠土上,主要粮食作物的平均含硒量>0.02 $mg \cdot kg^{-1}$;中部的棕褐土上,粮食作物平均含硒<0.02 $mg \cdot kg^{-1}$;富硒地区土壤上生长的作物,其含硒量可以超出正常范围,如湖北省的恩施和陕西省的紫阳是两个富硒地区,马铃薯含硒量高达 2.0 $mg \cdot kg^{-1}$;玉米含硒量为 0.24～37.5 $mg \cdot kg^{-1}$,是一般玉米含硒量的 45～50 倍;蚕豆含硒量为 45.8 $mg \cdot kg^{-1}$,已达到中毒水平。由于长期以来某些植物对富硒条件的适应,上述植物并未出现中毒现象,却出现了一些富硒植物,如富硒茶叶,其含硒量可达到 0.70 $mg \cdot kg^{-1}$。由于牧草的含硒量与动物饲养及畜群健康的关系密切,而且又间接影响人类的健康,因此,世界各国对牧草的含硒量都十分重视,并制定了相应的标准。在美国不少地区的饲用植物或谷物植物的硒含量常常<0.05 $mg \cdot kg^{-1}$,为了预防反刍动物因缺硒而发生"白肌病"(white muscle disease),有关部门要求饲料的含硒量必须达到 0.05～0.10 $mg \cdot kg^{-1}$ 的范围。

(三)形态

植物体内的硒以 3 种形态存在,即无机态、有机态和挥发态。

(1)无机硒。在自然生长条件下,植物体内所有无机态硒几乎完全是 SeO_4^{2-},只有少量的 SeO_3^{2-} 和元素硒。植物体内无机硒大约占全硒量的 10%～15%。如在营养液培养条件下,小麦幼苗根系中有大量的 SeO_3^{2-},而地上部则是 SeO_4^{2-} 均匀分布。

(2)有机态硒。植物体内硒主要以有机态存在,大部分是低分子量硒化合物,并且大部分以含硒氨基酸存在。目前在生物体内(包括植物、动物和微生物)发现了许多重要的硒化合物,如硒代半胱氨酸、硒胱氨酸、硒代高胱氨酸、硒-甲基硒代半胱氨酸、硒代蛋氨酸、硒代辅酶 A 等。在硒累积型植物中,含硒氨基酸以游离态存在,而在非硒累积型植物中则与蛋白质结合,这种差别被认为可能是两类植物对硒忍耐性和吸收能力不同的原因所在。植物体内有机硒所占比例与植物种类和硒源有关。供应不同形态的硒,植物体内无机硒转化为有机硒的比例不同,用 SeO_3^{2-} 或植物浸提液供给植物根系时,植物体内硒全部为有机硒;供应 SeO_4^{2-}(浓度为 3.3～10 mg·kg^{-1} Se)时,植物所吸收的硒只有 50%转变为有机态硒;若供应浓度为 1.1 mg·kg^{-1} 时,则有 95%的 SeO_4^{2-} 转化为有机硒。

(3)挥发态硒。植物体内挥发性气态硒化合物所占的比例很小,约占植物全硒量的 0.3%～7%,其中硒累积型植物中挥发态硒所占的比例较大,非硒累积型植物中则较小。目前发现的挥发性硒化合物主要有二甲基二硒化物、二甲基一硒化物、二甲硒(代)砜和二乙基硒等。一般在午后,气态硒化合物的释放达到高峰。在农产品的储存过程中,也有少量的挥发性气态硒释放而使硒损失。据报道,大麦、玉米储存 3～5 年后,硒损失 4%～73%。食物在烘干和煮食过程中,也有少量硒损失。但是由于植物体内气态硒本身的量很少,所以以气态硒挥发损失的数量也极少。

二、植物对硒的吸收和运输

植物可以通过根系从土壤或外界溶液中吸收无机态的硒和少量低分子的有机硒,也可通过叶片吸收大气中的硒。根系吸收的硒主要是硒酸盐(SeO_4^{2-})和亚硒酸盐(SeO_3^{2-}),根对 SeO_4^{2-} 的吸收易于 SeO_3^{2-}。植物根系对硒的吸收是一个主动过程,低温和呼吸抑制剂对硒的吸收有明显的抑制作用。其他外界因素对硒的吸收有明显的影响,如 pH 值和 SO_4^{2-}。土壤 pH 值影响硒的溶解度和有效性,微酸性至中性土壤上硒的溶解度最低,而碱性土壤上硒的有效性较高。硒与硫为同族元素,SO_4^{2-} 与 SeO_4^{2-} 有相似的化学性质,两者为争夺根细胞膜上相同结合位点,而在吸收上存在着竞争性关系,但是在 SeO_4^{2-} 浓度很低时,又表现出促进硒吸收。土壤中其他阴离子也影响植物对硒的吸收,例如 NO_3^- 对硒的吸收影响不大;Cl^- 对硒的吸收有一定的拮抗作用。低浓度硒可促进 $H_2PO_4^{2-}$ 的吸收,而高浓度硒则抑制 $H_2PO_4^{2-}$ 的吸收。

一般情况下，植物根系吸收的 SeO_4^{2-} 和 SeO_3^{2-} 主要累积在根部，很少向地上部运输。但当根部累积硒较多时，即可以沿木质部输送到地上部。SeO_4^{2-} 比 SeO_3^{2-} 更易向地上部运输，因而 Se(Ⅳ)在根部的累积多于 Se(Ⅵ)。根部吸收的 SeO_3^{2-} 很快被同化成含硒氨基酸，而主要以硒代氨基酸的形式向上运输。

硒在植物体内的同化途径与硫有相似之处，即需要先经过还原作用，再同化为硒半胱氨酸和硒蛋氨酸。但是累积型与非累积型植物的同化途径有所不同(图5-6)。在非累积型植物中，硒氨基酸组合进入蛋白质充当酶蛋白，而在累积型植物中，硒氨基酸被转化为硒-甲基半胱氨酸等非蛋白氨基酸。

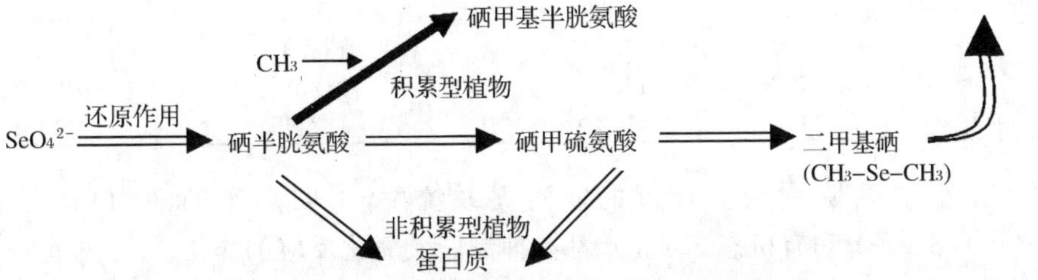

图 5-6 硒累积和非硒累积植物体内硒同化及挥发示意图

上述差异实际上是一种特殊的生理钝化(physiological inactivation)现象，被人们视为累积型植物忍耐硒酸的最重要机理之一。在非累积型植物中，硒结合进入到蛋白质，这是非累积型植物易受硒毒的原因所在。

三、硒的营养功能

(一)刺激植物生长

研究证明，低浓度的硒(0.001～0.05 mg·kg^{-1})可不同程度地促进百合科、十字花科、豆科、禾本科等一些植物的种子萌发和幼苗生长，这主要是通过增强植物的光合作用，提高叶片中叶绿素的含量和可溶性蛋白质的含量而促进了植物生长。研究表明，喷施适当浓度的亚硒酸钠，小麦、玉米、大豆都能增产，其中小麦、玉米可增产 13%～25%。

(二)增强植物体的抗氧化作用

需氧生物体在正常生理代谢条件下产生的活性氧，其中大部分可通过酶促作用还原成水，剩余的少部分活性氧及其衍生物必须得到及时清除，否则就可能与生物大分子发生一系列反应而出现毒害，损伤细胞、组织及机体。通常生物体内存在着两种清除有害活性氧的系统，即酶促系统与非酶促的抗氧化系统。其中谷胱甘肽过氧化物酶(GSH-Px)即是高等植物体内的抗氧化剂，可以清除脂质过氧化作用的自由基。薛泰麟(1992)用油菜、大豆等植物研究证明,施硒可以强化 GSH-Px 系统,在一定范围内,植物体内 GSH-Px 的合成和活性均依赖于硒的供应(表 5-11)。

表 5-11 培养液中硒浓度对油菜生长及其体内 GSH-Px 活性的影响

供硒(Se)浓度/($mg \cdot L^{-1}$)	地上部干重/($g \cdot 盆^{-1}$)	植株含硒(Se)量/($mg \cdot kg^{-1}$ 干重)	GSH-Px 活性(GSH)/($\mu mol \cdot g^{-1}$ 鲜重 $\cdot min^{-1}$)	叶绿素含量/($mg \cdot g^{-1}$ 鲜重)
0	4.55	0.004 0	0	0.210
0.01	5.05	0.834 5	61.54	0.232
0.05	5.86	2.130 5	66.20	0.359
0.10	7.48	9.450	71.78	0.304
0.50	7.34	32.39	106.2	0.250
1.00	5.73	77.57	133.8	0.231
5.00	1.83	314.2	242.3	0.143
10.00	1.04	601.2	132.4	0.145

此外,在清除剩余活性氧的非酶促系统中,不同形态的硒[包括无机态 Se(Ⅳ)、Se(Ⅵ)和有机态 Se(Ⅱ)]都有抑制脂质氧化反应的作用。

四、植物对硒的需求

植物对硒的需求量一般很低。硒对植物的有益作用只有在很低的浓度时才会表现出来。对硒累积型植物生长有促进作用的低硒浓度(0.33～9 $mg \cdot L^{-1}$),则对非硒累积型植物的生长产生了抑制作用。因此,在自然生长条件下,目前还未发现植物缺硒的报道,即使在动物发生缺硒的地区,给植物正常施用硒肥,也会表现出明显的促进作用。在缺硒的高硫地区,施用适量的硒肥对植物的生长也有一定的促进作用。近年来,大量研究进一步证明,累积型植物获得高产需要适量的硒。此外,由于硒是人类和动物所必需的微量营养元素,如缺硒引起地方性疾病"克山病"和"大骨节病"。通过某些累积型植物富集硒或在缺硒土壤上合理施用硒肥来提高植物含硒量,以满足人们对硒的需求,从而增强免疫功能和防癌作用。为避免动物缺硒,食物含硒量最少应达到 0.1～0.3 $mg \cdot kg^{-1}$,低于这个水平,所有的牲畜,尤其是幼畜就会出现缺硒症状,如白肌病,营养性肌肉萎缩或生殖系统失调等。

过量硒对植物的生长发育有毒害作用,表现为生长受阻,植株矮小,叶片失绿,叶脉为粉红色等症状,严重时会导致产量下降。目前的研究认为,硒对植物的毒害是由于过量硒干扰了植物体内硫的正常代谢,如硒代替硫与蛋白质结合后,引起蛋白质结构和功能的改变,酶失活,干扰蛋白质、核酸、碳水化合物等合成。由于硒累积型植物体内硒主要以硒代氨基酸存在,非硒累积型植物体内硒主要与蛋白质结合,因此,后者比前者更容易遭受硒的毒害。

第六节　铝

一、植物体内铝的含量与分布

植物体的含铝量通常为20～200 mg·kg^{-1},不同植物种间有明显的差异。日本吉井等(1937)将含铝量超过0.1%的植物称为铝累积型植物,低于200 mg·kg^{-1}含量的植物为非累积型植物。高桥英一(1976)对生长在同一种土壤上的175种栽培植物的测定表明,有60种是铝累积型植物,占34%,它们的平均含铝量为0.25%。有115种为非铝累积型植物,占66%,它们的平均含铝量为0.05%。全部苔藓植物和72%的厥类植物都是铝累积型植物,而在被子植物和裸子植物中铝累积型植物只占30%左右。

植物体的含铝量还因土壤条件的不同而有差异。在酸性土壤上生长的植物,体内含铝量较高,而当土壤pH值上升后,由于土壤溶液中铝的浓度下降,植物体的含铝量也有所下降(表5-12)。

表5-12　水稻在不同的pH值和供铝水平下,体内含铝量的差异

溶液供铝浓度/(mg·kg^{-1})	溶液中实际铝浓度/(mg·L^{-1})	含铝量(Al)/(mg·kg^{-1})			
		pH 4.0		pH 5.0	
		地上部	根	地上部	根
0	0.5	40	768	75	248
100	23.0	268	1 238	70	735
300	59.0	318	6 800	82	1 139

植物体内铝的分布因植物种类不同而有所不同。如水稻和黄瓜根系吸收的铝很少向地上部运输,而萝卜、荞麦根系吸收的铝向地上部运输较多。由于Al^{3+}在长距离运输中移动性差,所以,一般植物根系的含铝量比叶片高几倍甚至几十倍(表5-12)。植株中铝的分布特点是老叶含铝量高于幼叶。茶树是典型的铝累积型植物,其地上部不同部位的含铝量显著不同(表5-13)。

表5-13　茶树植株不同部位的铝含量

茶树种	铝含量(Al)/(mg·kg^{-1})				
	茎	新叶	一芽二叶	成叶	落叶
中国品种	188	155	466	4 000	10 000
阿萨姆种	112	331	512	2 820	4 450

二、铝的营养功能

铝对植物生长的有益作用往往属于次级反应，一般认为主要是由于铝减轻了其他矿物质，特别是磷和铜的毒害。

(一)刺激植物生长

低浓度的铝能刺激多种植物的生长。低浓度铝刺激生长的原因之一，是铝可防止过量铜、锰或磷的毒害。例如浓度为 $0.2 \sim 0.5\ mg \cdot L^{-1}$ 铝对非铝累积型植物，如水稻、玉米、棉花、甜菜、燕麦、豌豆、小麦等都有促进生长的作用。对一些铝累积型植物，即使再高一些的含铝量，也有刺激生长的作用。茶树是最耐铝的植物，当铝浓度高达 $27\ mg \cdot L^{-1}$ 时，仍有促进生长的作用。

(二)影响植物的颜色

对于铝累积型植物茶树与锈球而言，铝可以改变它们的颜色，例如使茶叶的绿色加深、锈球的花色由粉红色(花内铝浓度 $<150\ mg \cdot kg^{-1}$)变成蓝色(花内铝浓度 $>250\ mg \cdot kg^{-1}$)。

(三)激活酶的作用

铝是抗坏血酸氧化酶的专性激活剂，也是某些酶的非专性激活剂。此外，适量的铝可以提高植物对干旱、霜冻与盐碱的抗性，但其机理尚不清楚。

三、铝的毒害

过量铝对植物的毒害作用首先表现在根系。铝的毒害机制首先是抑制根尖分生组织的细胞分裂，严重时，细胞分裂停止。研究发现，根系伸长受抑制的直接原因是根冠细胞中铝的累积造成根冠细胞的损伤。

此外，铝在自由空间的累积，可形成铝磷酸盐沉淀，进而降低磷的吸收。铝还抑制植物对钙、镁的吸收，大豆顶端分生组织缺钙，有时是铝毒的间接表现。

复习思考题

1. 什么是有益元素？目前公认的有益元素包括哪几种？
2. 简述硅、硒在植物体内的存在形态和分布。
3. 钠有哪些营养功能？植物对钠的适应性机理是什么？
4. 镍是如何参与植物体内尿素降解的？
5. 如何正确评价有益元素在植物营养中的地位。
6. 在生产中合理施用有益元素时应注意什么问题？

第六章　土壤养分的生物有效性

“有效养分”(available nutrient)概念的提出，最早来自于土壤化学家。在对土壤进行了大量的化学分析之后，发现土壤中各种营养元素的全量是很丰富的。但是，其中绝大部分对植物却是无效的。由于当时这一概念尚处于笼统与模糊状态，许多人回避这一术语。经过大半个世纪以后，随着农业增产对科学施肥的要求不断提高，随着土壤学、植物学、植物营养学等多学科的共同关注与交叉研究的发展，关于“土壤养分有效性”(soil nutrient avalability)或“土壤养分生物有效性”(soil nutrient bioavailability)，无论是在概念的确立与延伸方面，还是在测定方法与定量化的研究方面都有了长足的进展。

“土壤有效养分”(soil available nutrient)，原初的定义是指土壤中能为当季作物吸收利用的那一部分养分。定量化地研究土壤的有效养分及其影响因素，对于发展合理施肥与推荐施肥的技术，进而推动农业增产有着重要意义。

按说，测定土壤有效养分最直接的方法是通过田间施肥对比试验，观测植物的生长效应。但是这种方法既耗时，又难以推广应用。相比之下，土壤化学分析即土壤养分测定，却是一种快速而成本较低的方法，其结果可以用于推荐施肥。

在土壤化学分析基础上建立起来的“有效养分”概念：是指土壤中那些能被植物根系吸收的无机态养分以及在植物生长期内由有机态释放出的无机态养分。如土壤中的氮、硫等元素绝大部分是以有机形态存在，可以通过矿化作用转化为无机形态。20 世纪下半叶，随着植物营养学与植物生理学的发展，对于“土壤有效养分”的研究不只停留于养分形态的化学分析，而是延伸到植物根如何从土壤中获取养分的过程，以及植物从土壤中能得到多少养分，进而提出了矿质态养分向根迁移的方式与速率问题。植物根系对土壤养分的生物有效性的影响，以及“根际”与“土体”之间养分有效性的差异等。总之，进入了对养分吸收的主体——植物与“土壤养分有效性”相互作用的综合研究。提出并发展了“土壤养分生物有效性”概念。美国土壤学家 S. A. Barber 教授在他的“土壤养分生物有效性”专著中指出：“生物有效养分(bioavailable nutrient)，系指存在于土壤的离子库中，在作物生长期内能够移动到位置紧挨植物根的一些矿质养分。” 也可以说，土壤的生物有效养分具有两个基本要素：

(1)在养分形态上,是以离子态为主的矿质养分。

(2)在养分的空间位置上,是处于植物根际或生长期内能迁移到根际的养分。

第一节　土壤养分的化学有效性

化学有效养分是指土壤中存在的矿质态养分。可以采用不同的化学方法从土壤样品中提取出来。化学有效养分主要包括可溶性的离子态与简单分子态养分;易分解态和交换吸附态养分以及某些气态养分。

一、化学浸提的有效养分

(一)化学有效养分的提取

提取土壤有效养分的化学浸提剂种类很多,常因营养元素和土壤类型的不同而异。在提取原理上除纯化学法外,还有物理化学方法等。

由于阳离子形态的养分,主要存在于土壤溶液中或被吸附于土壤有机-无机复合体上,因此,用过量的阳离子浸提剂可将土壤样品中各种交换态和几乎全部的可溶态阳离子提取出来,然后,对提取液定量测定,将所得数值作为土壤有效养分的含量。

土壤中有效态阴离子的提取,以土壤有效磷为例,所选择的浸提剂要求其提取土壤中易分解的有机态磷,易溶解的无机态磷和部分的胶体吸附态磷。针对不同土壤上各种形态磷的组分与比例不同,以及磷酸盐的类型不同,可以有多种有效磷的浸提剂。石灰性土壤上常采用奥尔逊(Olsen)法,该法的提取剂是 0.5 mol $NaHCO_3$(pH 值 8.5)。

近来,也有用电超滤法提取土壤有效养分的。此法是将土壤悬浊液置于电场下,通过改变电压和温度,分别提取出不同吸附态的养分。在低电压条件下,分离出的养分量少,其结果与土壤溶液中的养分浓度相关性较高;而在高电压时,提取出的养分量多,其结果就与土壤中吸附态养分相关性高。通过大量生物试验表明,用电超滤法提取的土壤有效钾比化学方法测定的交换钾能更好地反映出土壤有效钾的含量水平。

(二)化学有效养分测定值的相对性

不同化学浸提方法所测出的"有效养分"数值是不相同的,在很大程度上取决于浸提剂的类型。表 6-1 列出中国农业大学李酉开等用 7 种不同的化学浸提剂测定我国 15 种土壤所测得土壤有效磷含量的平均值。可以看出,对于同一种土壤采用不同的浸提剂所测出的“有效磷”的数值相差很大，最大的可相差 4 倍之多，表明化学方法浸提的“有效养分”含量是相对值，不同方法间缺乏相互比较的基础，局限性较大。

表 6-1　不同浸提剂提取 15 种土壤所测得有效磷的平均含量

测定方法	浸提液种类	有效磷(P)/($mg \cdot kg^{-1}$)
1. Olsen 法	$NaHCO_3$	24.9
2. Machiqin 法	$(NH_4)_2CO_3$	23.9
3. Al-Abbas-法	$NaOH+Na_2C_2O_4$	30.4
4. 双酸法	$HCl+H_2SO_4$	29.4
5. MehlichⅢ法	$HAc+NH_4NO_3+NH_4F+HNO_3+EDTA$	70.1
6. Soltanpour 法	NH_4HCO_3+DTPA	14.8
7. MeugepqkoB 法	$(NH_4)_2C_2O_4+NH_4HCO_3$	46.9

李酉开，韩琅丰等，1983。

(三)化学有效养分与植物吸收量之间的相关性

由于化学浸提法测定的有效养分是相对值，在应用前需要与生物试验的结果进行相关研究。实际上大量研究结果已经表明，化学有效养分与各种植物的实际吸收量或生长状况之间相关性往往不能使人满意。例如美国加州大学 Burd 和 Hoagland 对 28 种土壤连续七年进行燕麦盆栽试验，在栽培过程中严格调节水分和温度等条件，每年用稀柠檬酸提取供试土壤的有效养分，研究土壤有效养分含量与燕麦实际吸收量、燕麦生长量之间的关系，其结果常常出现有效养分相同而燕麦生长状况与养分实际吸收量却差异极大，说明化学浸提法所测得的养分数值有的很难真实反映植物的生长状况和产量水平。

(四)化学有效养分在推荐施肥中的应用

在确定推荐施肥量时，需要了解土壤能为当季植物提供多少养分。在实际中常用化学有效养分含量作为推荐施肥的依据。图 6-1 说明土壤有效磷（乳酸法）含量与建议施肥量之间的关系。

图中曲线代表理论推荐施磷量。该曲线的变化趋势说明，土壤有效磷的水平高时，最佳施肥量低，反之则高。尽管图中各点的变化基本遵循理论曲线的变化趋势，但仍然存在着明显的差异。例如在建议施磷量同是 50 $kg \cdot hm^{-2}$ 的试验点上，不同土壤有效磷的测定值却差异很大，如有的试验点土壤有效磷只有 30 $mg \cdot kg^{-1}$ P，而另外的点土壤有效磷可高达 140 $mg \cdot kg^{-1}$ P。图中也反映出在土壤有效磷的测定值相同时，不同试验点达到最佳产量所需的施磷量也有很大的差异。例如在有效磷测定值同为 80 $mg \cdot kg^{-1}$ P 的试验点上，为获得最佳产量，有的土壤

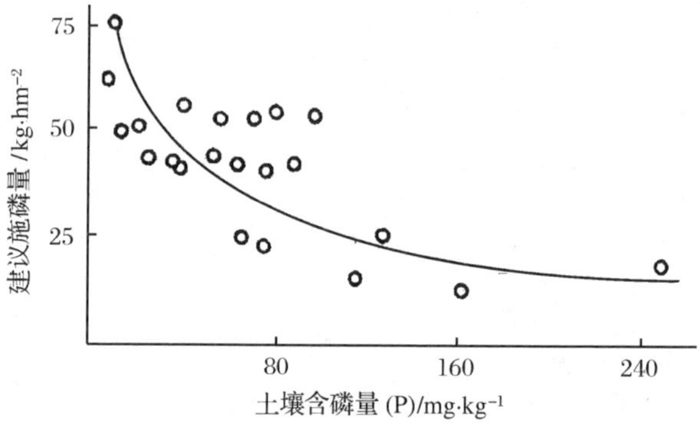

图 6-1　不同地区土壤有效磷含量与建议施磷量的关系

*(乳酸法)(引自 Marschner, 1982)

只需施用磷 25 kg·hm^{-2},而有的土壤则必须施用磷 50 kg·hm^{-2},两者相差 1 倍。许多诸如此类的例子都说明了化学浸提方法所测定的有效养分只是部分地反映出"有效养分"的因素,还不能完全与植物有效养分的实际含义相吻合。

二、养分的强度因素与容量因素

土壤养分的有效性也可以用强度与容量因素的关系表达。

(一)土壤养分的强度因素

它是指土壤溶液中养分的浓度。土壤溶液中养分的浓度越高,根直接接触到的养分越多,养分就越容易被吸收。所以,强度因素是土壤养分供应的主要因子。它因植物吸收、肥料施用等因素而有变化。

(二)土壤养分的容量因素

它是指土壤中有效养分的数量,也就是不断补充强度因子的库容量。当土壤溶液中的养分浓度随根的吸收而下降时,固相储存态的养分可以不断地向溶液中补充。这种储存量便是土壤养分供应的容量因子。

在植物整个生长期间,要保持土壤养分的不断供应,不仅取决于土壤溶液中养分的浓度,也取决于保持土壤溶液中有一定养分浓度的缓冲能力。由此可见,养分的强度因素与容量因素之间是相互关联的。容量因素对强度因素的补充不仅取决于养分库容量的大小,还决定于储存养分释放的难易程度。它们不仅受到土壤 pH 值、水分、温度、通气等土壤条件的影响,而且还受到植物根生长的影响,例如根所占据的土壤容积的大小对储存养分的释放有重要作用。因而,根系容量等参数也应归入容量因素(图 6-2)。

(三)土壤养分的缓冲因素

土壤养分的缓冲因素是表示土壤保持一定养分强度的能力,也叫缓冲力或缓冲容量。它关系着养分供应的速度,反映强度(I)随数量(Q)变化的关系,可以用 $\Delta Q/\Delta I$ 比率来表示。此项比率越大,土壤养分的缓冲力就越强(图 6-3)。图 6-3 表示 A、B 两种土壤其钾的容量与强度之间动态变化的关系。随土壤溶液中 K^+ 浓度的增加,土壤 A 和 B 中钾的容量也随着增加,但是,土壤 A 增加的速度比土壤 B 快。当植物分别从两种土壤取走等量的钾后,土壤钾的容量就有所减少(ΔQ),同时,相应地,两种土壤钾的强度也随之减少(ΔI_A 和 ΔI_B)。图中 ΔI_B 明显大于 ΔI_A,这就表明土壤 A 保持溶液中 K^+ 浓度的能力强于土壤 B,即土壤 A 的缓冲力大于土壤 B。

在植物生长期间,由于根系对 K^+ 吸收

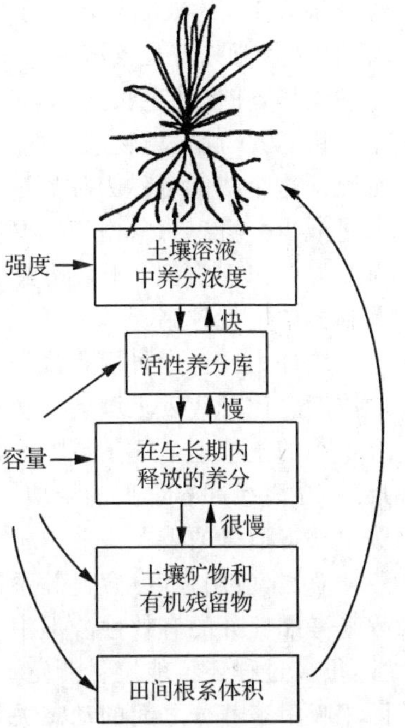

图 6-2　土壤中养分的供应强度与容量示意图(E. G. Williams)

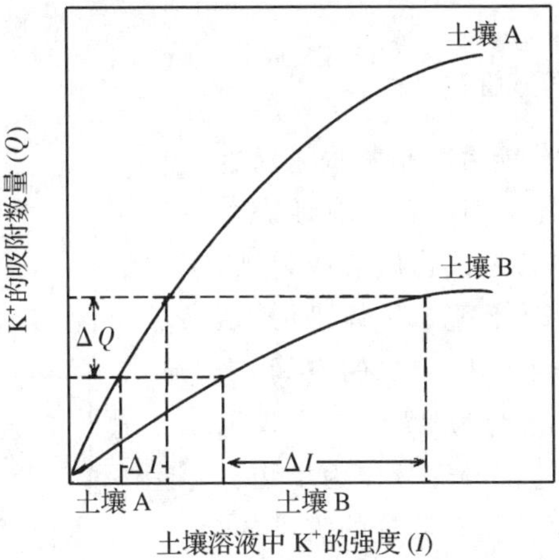

图 6-3　两种容重的土壤 K^+ 缓冲力的比较

(Mengel 和 Busch,1982)

导致根表 K^+ 的浓度下降，而下降的程度取决于土壤的缓冲容量。土壤钾的缓冲容量大,就意味着土壤溶液中 K^+ 的补充快,浓度下降减缓。相反,K^+ 的缓冲容量小的土壤,在作物生长期间,随着根的吸收,根表 K^+ 的浓度会下降得很快。从理论上讲,为了满足植物适宜的生长,需要使土壤溶液中的养分浓度维持在一定的水平上。这个浓度可称为临界浓度。当土壤溶液中养分浓度低于临界值时,作物生长量减少。可以想象由于不同植物对土壤养分浓度的要求不同,因此临界浓度也有差异。以钾为例，土壤溶液中钾的临界水平与其缓冲容量有关,缓冲容量越小,其临界浓度就越高。

缓冲力概念也可用来说明土壤磷的有效性。一般来讲,吸附态磷与溶液中磷的浓度之比可代表土壤磷的缓冲容量,它对植物的磷供应有很大的影响。在缓冲容量小的土壤上，只有保持土壤溶液中较高的磷浓度,植物根才能得到适量的磷。反之,在磷缓冲容量大的土壤上,即使土壤溶液中磷浓度较低,植物也有可能从土壤中获得适量的磷。

总之,应用强度/容量关系描述土壤养分的有效性,可以从养分转化的动态过程来考虑养分的有效性。但由于土壤中养分存在状态与转化过程的多样性与复杂性,很多过程还不能定量测定。目前仅限于借助化学动力学方法测定土壤溶液与固相吸附态养分之间的动态关系,以描述土壤的有效养分,因此在实际应用中是很有限的。

第二节　土壤养分的空间有效性

一、养分的位置与有效性

土壤中化学有效养分能否为植物根系所吸收,与其所处的空间位置密切有关。有效态养分只有到达根系表面才能为植物所吸收,成为实际的有效养分。然而对于整个土体来说,植物根系的分布仅仅占据了其中极少的空间,平均根系土壤容积百分数大约为 3%。如果仅以根系与土壤直接接触的这部分养分作为植物有效养分,是远远不能满足植物对养分的需求的,而实际上土壤中相当部分的化学态有效养分可以通过不同的途径与方式迁移到达根表,而成为植物的有效性养分(图 6-4)。由此可见,养分

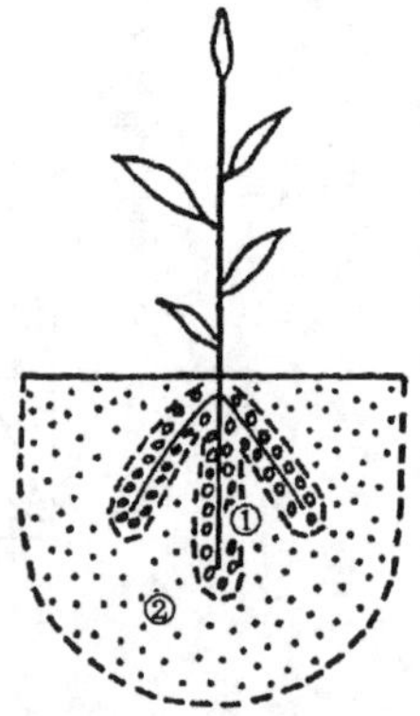

图 6-4　土壤有效养分示意图
①生物有效养分　②化学有效养分

的迁移对于提高土壤养分的空间有效性是极其重要的。

二、养分向根表的迁移

土壤中养分到达根表有两个途径：一是根对土壤养分的主动截获。截获（interception）是指根直接从所接触的土壤中获取养分而不通过运输。截获所得的养分实际是根系所占据的土壤容积中的养分，主要决定于根系容积（或根表面积）大小和土壤中有效养分的浓度。二是在植物生长与代谢活动（如蒸腾、吸收等）影响下，土体养分向根表的迁移。迁移有两种方式：即质流与扩散。

（一）质流（mass flow）

植物的蒸腾作用和根系吸水造成根表土壤与原土体之间出现明显的水势差，此种压力差异导致土壤溶液中的养分随着水流向根表迁移，称为质流（图 6-5）。在植物生育期内由于蒸腾量比较大，因此，通过质流方式运输到根表的养分数量也比较多。养分通过质流方式迁移的距离比扩散迁移的距离长。某种养分通过质流到达根部的数量，取决于植物的蒸腾率和土壤溶液中该养分的浓度。就植物蒸腾率而言，不同植物种类间由于叶面积和气孔数不同，蒸腾率有明显差异；同一种植物不同生育期的蒸腾率也有所不同。质流的速率常随植物生长量的增加而提高。此外，空气相对湿度和光强等因素也可以间接地影响质流作用。作物通过质流获取的养分可由下式计算：

$$\text{质流获得的养分量}=\frac{\text{土壤溶液养分浓度}\times\text{全生育期中水分蒸腾量}}{\text{植物吸收的养分总量}}\times 100\%$$

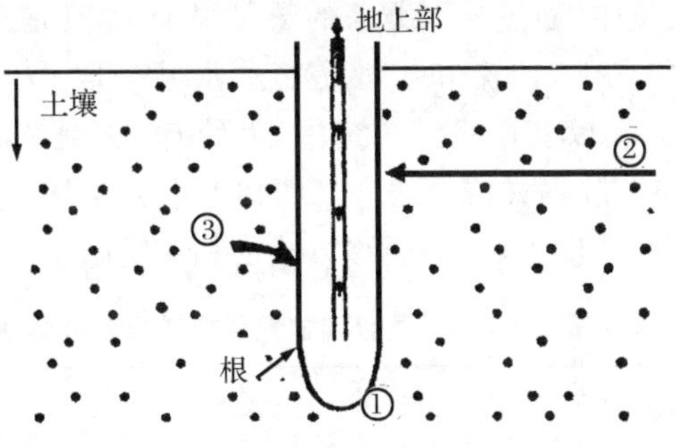

图 6-5　植物根获取土壤养分的模式

①截获　②质流　③扩散　∵ 有效养分

(二)扩散(diffusion)

当根系通过截获和质流作用所获得养分不能满足植物需求时，随着根系不断地吸收，根际有效养分的浓度明显降低，并在根表垂直的方向上出现养分浓度的梯度差，从而引起土体养分顺浓度梯度向根表迁移，这种养分的迁移方式叫养分的扩散作用。一般来讲，只要出现养分的浓度梯度，就会发生养分从高浓度区向低浓度区的扩散作用。这种迁移一般具有速度慢距离短的特点。不同营养元素之间扩散所达到的距离并不一致，彼此间常有明显差异，一般是在 0.1～15 mm 范围之间。

土壤中养分的扩散过程比较复杂。养分扩散速率主要取决于扩散系数，表 6-2 是不同介质中 3 种离子养分的扩散系数。表中数据说明，养分的扩散系数与离子的特性(包括半径大小、电荷数目等)和介质的性状均有密切关系。即使是同一种养分元素，它在土壤中的扩散系数远远小于水溶液中的数值；不同养分之间差异也很大，例如，$H_2PO_4^-$ 的扩散系数最小，K^+ 居中，NO_3^- 最大。

表 6-2 离子在不同介质中的扩散系数与移动距离的估算值*

离子	扩散系数		土壤中移动距离/(mm · d⁻¹)
	水	土	
NO_3^-	1.9×10^{-9}	5×10^{-11}	3.0
K^+	2.0×10^{-9}	5×10^{-12}	0.9
$H_2PO_4^-$	0.9×10^{-9}	1×10^{-13}	0.13

* 引自 Jungk，1991。

(三)不同迁移方式对植物养分吸收的贡献

在植物养分吸收量中，通过根系截获的数量很少，尤其是大量营养元素更是如此。因而，在大多数情况下，质流和扩散是植物根系获取养分的主要途径。1967 年 Drew 和 Nye 证实，在黑麦草吸钾总量中，大约有 6%是来自根系的截获，其他 94% 则是通过质流和扩散方式获得的。又如在玉米的养分需求量以及截获、质流和扩散供应矿质养分的供应中，不同迁移方式的相对贡献也是不相同的(表 6-3)。

表 6-3 玉米的养分需求量以及截获、质流和扩散供应矿质养分的估算量* $kg\cdot hm^{-2}$

养分	需求量	供应量		
		截获	质流	扩散
钾	195	4	35	156
氮	190	2	150	38
磷	40	1	2	37
镁	45	15	100	0

*引自 Barbar，1984。

对于各种营养元素来说，不同供应方式的贡献各不相同。钙、镁和氮(NO_3^-)主要靠质流供应养分。不同元素在相同蒸腾条件下，质流的供应量取决于养分在土壤溶液中的浓度，即土壤溶液中浓度高的元素，质流供应的量就大，相反，浓度低的元素，质流供应则低。特别应该指出的是钙，它的情况比较特殊。由于土壤溶液中钙的浓度高，根系通过截获和质流就可以满足植物对钙的需求，尤其在石灰性土壤上。如果植物蒸腾作用强烈，其根表面会出现由于钙的富集而产生的碳酸钙淀积，并因此对磷、铁和锌等营养元素产生复合效应，降低这些营养元素的有效性。这在生产实际中是值得注意的。

对于在土壤溶液中浓度比较低的离子养分，如 $H_2PO_4^-$、K^+、NH_4^+ 等，扩散方式是它们向根表迁移的主要方式。不同营养元素对扩散的依赖程度取决于它在土壤溶液中的浓度和离子的扩散系数，两者之间基本上呈负相关。

土壤中养分迁移的方式，在一定程度上取决土壤溶液中各种养分的浓度。它通常指原状土壤饱和水溶液的离子浓度，以单位容积中的养分量表示。有关土壤中主要养分的浓度列入表 6-4。在不同种类养分中，磷在土壤溶液中的浓度最低。这就决定了植物吸收的磷主要靠扩散方式供应。钙、镁、硫等元素在土壤溶液中的浓度明显较高，它们靠质流作用基本可以满足植物需要。因而从理论上讲，这些营养元素的扩散作用是很弱的。当然，实际生产中的条件复杂，也可能出现不同情况。

表 6-4 土壤饱和水溶液中几种养分的浓度* mmol · L^{-1}

养分种类	养分浓度	养分种类	养分浓度
NO_3^-	0.1～2.0	Ca^{2+}	0.1～5.0
NH_4^+	0.1～2.0	Mg^{2+}	0.1～5.0
$H_2PO_4^- + HPO_4^{2-}$	0.001～0.02	SO_4^{2-}	0.1～10.0
K^+	0.1～1.0		

* 摘自 Borptr(1972)，土壤属于美国北部中性淋溶土。

三、影响养分移动性的因素

养分向根表的迁移受根系吸收与土壤供应两方面的影响，而增加养分的移动性就应从这两方面来考虑。

(一)土壤湿度

水分是土粒养分移动的基质，它对养分移动性的影响是十分明显的。增加土壤的湿度，可使土粒表面的水膜加厚，一方面这能增加根表与土粒间的接触吸收；另一方面又可减少养分扩散的曲径，从而提高养分扩散速率(表 6-5)。

表 6-5　土壤含水量对 K^+ 扩散率(K^+ mg・cm^{-2}・2 d^{-1})的影响

土壤交换性钾含量/(cmol・kg^{-1})	土壤含水量/%			
	4	10	20	30
0.41	2	4	8	10
4.10	40	55	78	95

* Mengel 等,1966。

资料表明,土壤不同含水量对 K^+ 扩散率是有影响的。当土壤含水量从 4%提高到 30%时,K^+ 的扩散率从 40 提高到 95,净增加了 1 倍多。当土壤处于干旱条件时,即使土壤含钾量相同,但钾的迁移速率降低。在实际生产中,通过降雨和灌溉增加土壤水分,可提高养分的移动性,即增加了养分的空间有效性。

此外,土壤质地、结构等特性也都对养分的移动性产生有一定的影响。

(二)施肥

施肥可增加土壤溶液中养分的浓度,从而直接增加质流和截获的供应量。由于施肥加大了土体与根表间的养分浓度差,增强养分向根表的扩散势,因而增加扩散迁移量。尤其对于土壤中移动性很小的磷、钾等养分,通过施肥可明显增加它们向根表的迁移。图 6-6 表明,施钾肥增加了土壤交换性钾与可溶性钾的数量,使钾的扩散系数(D)提高 4 倍多,扩散距离也由 5 mm 增加至 10 mm,因而土壤钾的移动性和有效性明显得到了提高。

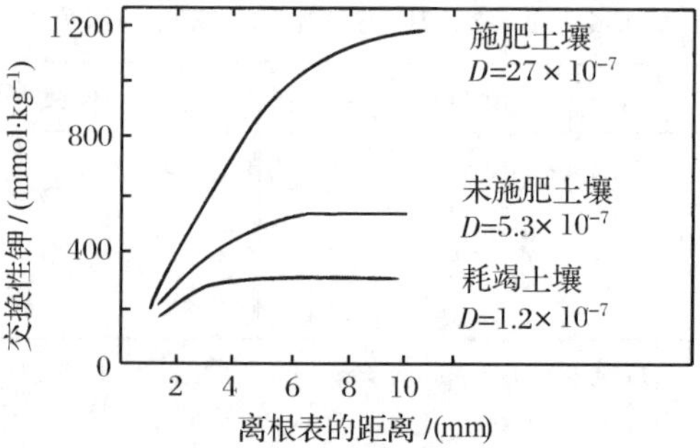

图 6-6　施钾对提高土壤钾有效性的影响

D 为扩散系数/(cm^2・s^{-1})

(三)养分的吸附与固定

由于土壤中存在着对养分的吸附和固定作用,从而使磷、钾、锌、锰、铁等营养元素的移动性变小。为了减少养分的吸附与固定,增加养分的移动性,可以向土壤直接供应有机螯合态肥料,或者施用有机肥料,增加土壤中的活性腐植酸和小分子有机化合物(如有机酸等),以减少养分的固定与吸附,增加养分的溶解度与移动性。表 6-6 说明供应有机态磷后,由于土壤中磷的移动性增加,因此燕麦的吸磷量有显著的提高。

表 6-6　燕麦对无机态与有机态磷源的吸收量

磷肥种类	磷总吸收量(P)/mg	来自肥料中的磷(P)	
		每盆吸收量/mg	占总磷百分率/%
$Ca(H_2PO_4)_2$	12.1	2.3	19
BAPA*	16.5	6.4	39

* BAPA 系有机含磷化合物[$(CH)_2NP(O)NH_2$](引自 H. Marschner,1987)。

第三节　根系生长与养分有效性

植物主要通过根系从土壤或介质中获得养分,因此,养分的有效性不仅取决于土壤的因素,同时也取决于植物根系的生长状况,例如根系的分布深度、总根长、体积与总表面积,根毛的密度与长度,根表还原力等性状,都会影响根对土壤养分的获取或养分向根表的迁移,因而它们对土壤养分的生物有效性有重要的作用。然而,植物根系的特性又明显受到遗传控制和环境因素的双重影响。

一、植物根的特性

(一)形态结构

植物间的种类差异导致根系的类型不同,它们从土壤中吸收养分的效率也有某些差异。例如,在土壤有效磷含量低的草原上,为了选择吸磷效率高的牧草,对双子叶的三叶草和单子叶的黑麦草进行了比较,发现三叶草获得最高产量所需要的土壤有效磷含量是黑麦草的 10 倍。主要原因是两种牧草根系在吸磷能力上有明显的差异,表现在它们之间的根长、根吸收表面积和根系分布深度等性状有所不同。

单子叶植物的根属须根系,主根不够发达,在茎基和茎节等处长出许多不定根,并大量形成粗细差不多的各级侧根。所以,须根系是粗细比较均匀的体系,根长与表面积也都比较大。相反,双子叶植物的根属直根系(又称主根系),其主要支、干根都可进行次生生长,并形成粗细悬殊较大的不均匀的结构体系,在根长与总吸收表面积上都比须根系小。

由于植物根系形态的不同,施用磷肥后的生长效应就有差异。表 6-7 说明相同施磷水平下,以侧根细而长、根毛多而长的植物吸磷量多,生长效应好。

表 6-7 植物根系形态对磷肥生长效应的影响* 地上部干重/(mg·株$^{-1}$)

植物种类	根形态		施磷量/(mg·kg^{-1})			
	直径/cm	根毛	0	10	30	90
罗汉松	>1	无	9	9	11	29
	0.2～0.3	无	3	3	5	71
	0.1～0.2	少量	10	16	38	61
龙　葵	0.1～0.2	多而长	2	9	60	243

* 引自 Baylis，1972。

(二)根毛

大多数农作物都是有根毛的。只有洋葱、胡萝卜等少数植物没有根毛或根毛很少而短。植物根毛的寿命很短，一般只有几天至几周。根毛的长度为 0.1～1.5 mm，直径为 5～25 μm，每平方厘米根表面上生长的根毛数在 $5\times(10^7\sim10^8)$ 之间，由于根毛形态既纤细又繁多，根毛的出现使根系的外表面积增加到原来的 2～10 倍。因此，根毛在增强植物养分与水分吸收方面的作用是很突出的，尤其是对那些在土壤中浓度低、移动性小、靠扩散作用向根表供应的营养元素(如磷、钾、锌等)，根毛的作用更显重要。由于根毛的存在缩短了养分迁移到根表的距离，并可增加总吸收表面积。因而植物对养分的吸收速率明显提高，图 6-7 说明了植物根毛体积对吸钾速率的影响。图中的 5 种作物之间，由于每厘米根上所生根毛体积差异很大，例如油菜是玉米的 3 倍，因此在吸钾速率上，油菜比玉米高 3 倍多。

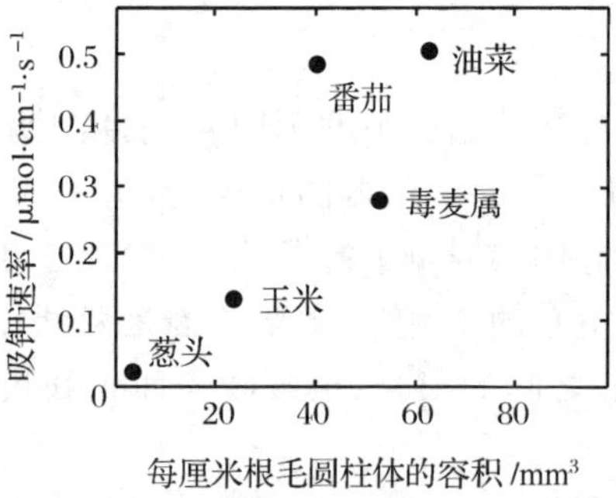

图 6-7 在粉砂土壤上，植物根毛容积对吸 K^+ 速率的影响(Itoh 和 Barber，1983)

许多研究表明，有根毛的植物比无根毛的植物吸磷量显著增加。细而长的根毛为土壤磷提供了较大的扩散表面，大大提高了植物对磷的吸收速率。表 6-8 所列 6 种作物根毛的性状中，根毛长度与根毛比表面积系数对植物利用磷的影响最大。按照不同作物对土壤养分的吸收效率，作物可分为3类：第1类，蓟菜和番茄为高效型；第2类，小麦和莴苣为中效型；第3类，胡萝卜和洋葱为低效型。

表6-8　6种作物根系和根毛性状的比较*

作物种类	根半径/mm	根毛条数/cm^{-1}	根毛长度/μm	根毛直径/μm	根毛表面积/根表面积
小麦	0.108	560	290	5.7	0.7
莴苣	0.124	1 270	300	4.8	1.6
蓟菜	0.056	890	600	3.9	3.8
番茄	0.107	1 650	430	4.3	2.5
洋葱	0.225	1 180	40	11.0	0.2
胡萝卜	0.107	1 810	40	4.0	0.3

* 引自Itoh和Barber 1983。

根毛的另一作用是加强共质体的养分运输。据研究发现，在根毛周围的皮层细胞或细胞壁中，胞间连丝分布的密度明显大于其他部位的细胞，这就表明根毛能增强植物根部营养物质在细胞间的短距离运输。

(三)根系分布深度与底层土壤养分的生物有效性

根系分布深度关系着植物从土壤剖面中获取养分的深度和有效空间。通常农作物的根深是50～100 cm。但是，植物种类的差异与环境因素对根系分布深度有很大的影响。多年生植物较一年生植物的根深。一年生植物通常在开花期根即停止生长，由于时间不长，大部分根都集中于0～30 cm的土层中，表土层以下根的密度随土层深度增加而减少。即使土壤条件适宜，一年生植物的根系也很少超过2 m；多年生植物的根系可达2 m以上，多年生牧草根系甚至可达3 m以上。不过，根总体积的2/3仍然分布于表层0～30 cm的土壤中。

植物根系的分布深度说明植物不仅从表土而且也可从底土中吸收养分。表6-9说明春小麦不同生育期从不同土层中吸收磷的相对百分率是有差异的。春小麦孕穗期从表层土中吸收的磷占83.3%，其余17%的磷是从30 cm以下的底层土中吸收的。开花期从底层土中吸收的磷增加到40%，灌浆期大约33%的磷来自于底层土。这表明底层土对植物吸收养分有一定的贡献。

表6-9　春小麦不同生育期不同土层的相对吸磷率　%

生育期	吸磷总量/($kg \cdot hm^{-2} \cdot d^{-1}$)	土层深度/cm			
		0～30	31～50	51～75	76～90
孕穗期	0.345	83.3	8.1	5.9	2.7
开花期	0.265	58.8	17.8	16.3	7.1
灌浆期	0.145	67.4	15.5	12.0	5.1

(四)根系密度与养分空间有效性

根系密度是指单位土壤体积中的根的总长度。它表示有多大比例的土壤体积向根供应养分。根系密度大,说明供应养分的有效空间就大。表 6-10 表明在不同土层中,根系密度与土体中供应养分的相对体积之间的关系。

表 6-10 不同根系密度下土体向根供应磷、钾的相对有效体积

土层深度/cm	根系密度/($cm \cdot cm^{-3}$)	养分供应的相对有效体积/%	
		磷	钾
0~10	>72	20	50
>10	<2	5	12

在根系密度相同条件下,土体供应钾和磷的有效体积有较大的差异,主要原因是钾在土壤中的移动性大于磷。在一定的根的密度范围内,根系密度与养分吸收速率成正比。然而,当根达到一定密度后,由于植物之间存在着养分的竞争吸收,吸收速率就不会再增加。

二、影响根系生长的环境因素

(一)土壤物理因素

增加土壤容重意味着紧实度变大,大孔隙减少,根的伸长速度降低,平均直径减少。当容重达 1.3~1.4 $g \cdot cm^{-3}$ 干土时,主根伸长受到阻碍从而激发侧根的发展。由于侧根较细,可能形成一个密集的表层根系(图 6-8),根形态的这种改变并不一定降低总根表面积,而有可能影响养分的吸收。尤其是对于根密集层,养分和水分不太充足的情况下影响大。因此,紧实土壤上生长的植株对干旱更为敏感,而且需要表层土壤含有更多的可溶性养分,才能保证植物良好地生长。紧实土壤对根扩展的抑制作用,不仅仅是增加了根的阻力,还与水分产生互作效应。例如,在湿土上由于通气减少,植物毒素积累,而影响根的扩展并导致植物生长量下降。

根的生长还受温度的影响,土壤温度过低或过高都可能抑制根系的生长。不同植物种类所需的最适温度也不相同。相对而言,根生长的最适温度一般低于地上部生长的最适温度。通常的范围在 20~25℃,最低温度的范围介于 8~15℃。高温对根生长是不利的,主要是蛋白质变性,根迅速老化,根分生组织得不到碳水化合物的充足供应。当土温过低时,根的生长受到抑制,直接影响到植物对有效养分(如磷)的吸收,低温还降低了土壤养分的供应,使地上部生长减慢。因此,土温低时,一方面需要保持单位土体内有更高浓度的有效养分,才能使地上部得到与土

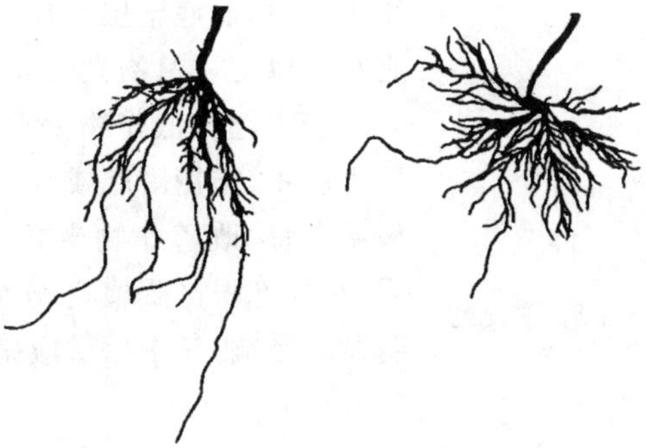

图 6-8 在不同容重土壤上大麦幼苗根系状况

左：1.35 g·cm^{-3} 右：1.50 g·cm^{-3}

温高时同样数量的养分，以维持正常生长；另一方面，土温低时根向地上部输送的根源激素（如 CYT）大为降低。例如，葡萄幼苗根系在 12℃时木质部液滴中 CYT 的浓度比 20℃时降低约 1.5 倍，这也影响了地上部的生长。图 6-9 说明不同土温对马铃薯幼苗根与地上部生长的影响。

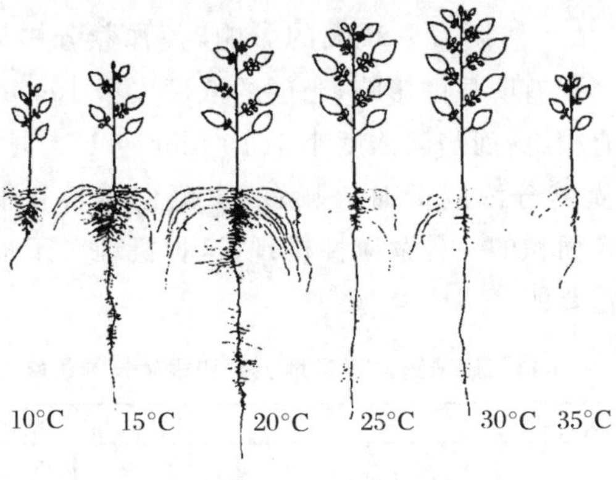

图 6-9 根区温度对马铃薯幼苗根形态和地上部生长的影响（引自 B. Sattelmacher）

（二）土壤养分状况

增加养分供应通常能促进根系的生长，也可以改变根的形态。一般来讲，根系有趋肥性，喜欢生长在养分浓度较高的地方，尤其是氮对根的影响最为明显。在氮素浓度较高的区域，生根密度可以成倍地增加。因此，应把肥料施到一定的深度，促进根系下扎和对下层土壤水分和养分的吸收。特别是在干旱条件下，当表层土

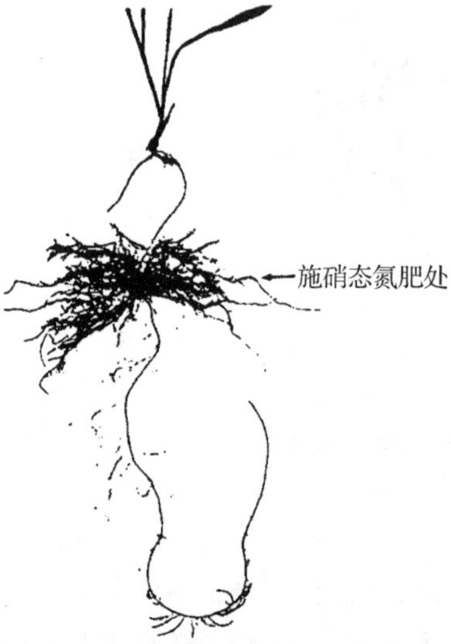

图 6-10 大麦根局部供应硝酸态氮肥时侧根生长的差异

壤水分少，而底土层有较充足的有效水时，深施肥料可以促进植物生长并可能获得高产。

当土温较低作物处于幼苗生长时期，在根区土层中，施用磷肥或结合施用氮磷肥，是促进根系发育、改善作物生长的有效措施。试验表明，在局部根区提高养分浓度对根系形态也有明显的影响，其中以供应硝酸盐最为突出，如图 6-10 所示。

当养分处于不同程度的过剩或缺乏时，根系的生长也有不同的变化。例如，土壤中氮和钾处于较缺或缺乏时，通常会加速作物主根的伸展而延缓侧根的形成。养分状况使根系伸展产生变化的程度受温度的影响。例如，温度升高加重了因土壤氮素浓度过高而对根系生长的抑制。

矿质养分的供应对根毛的长度和密度也有很大的影响，各种养分中以氮、磷的作用最显著。土壤磷对根毛形成有明显的影响，当磷的浓度大于 100 $\mu mol \cdot L^{-1}$ 时，油菜、菠菜和番茄几乎没有根毛，而当磷浓度小于 10 $\mu mol \cdot L^{-1}$ 时，这些作物的根毛变得密而长。在磷或氮养分浓度低时，根系的主侧根增长和根毛增密加长（表 6-11），这是扩大吸收表面积的一种适应性机理，这种机理对于根系获取由扩散作用迁移的养分是极为重要的。

表 6-11 磷胁迫对玉米地上部和根生长的影响*

无磷天数	地上部（盆）		根　系（盆）		
	干重/g	P/%	干重/g	长度/m	半径/cm
1	2.10	0.95	0.27	4.64	2.27×10^{2}
2	2.34	0.65	0.31	5.77	2.23×10^{2}
4	1.93	0.32	0.40	7.57	1.99×10^{2}
6	1.63	0.27	0.43	9.08	1.84×10^{2}

* 引自 Agnghinoni 和 Barber，1980。

（三）土壤 pH 值及钙、铝等阳离子的浓度

根系生长对钙的需要量因作物种类而异，也与环境的 pH 值和 Al^{3+} 的浓度有关。在 pH 值为 5.6 时，棉花培养液中有 1 μmol 的 Ca^{2+} 就可以满足根系最适生长

的需要，而当 pH 值下降到 4.5 时，培养液中 Ca^{2+} 浓度必须在 50 μmol 才能满足需要。为了形成最大根量，土壤溶液中钙和阳离子总量的摩尔比，平均为 0.15。在酸性土中，当这一比例<0.15 时，根系生长便受到抑制(图 6-11)。在酸性土壤中施用石灰可以激发根的生长和增加根毛的长度。由于根系对钙的吸收只能在根尖部分，因此，施用石灰，不能只限于表层，而应有一定的深度。

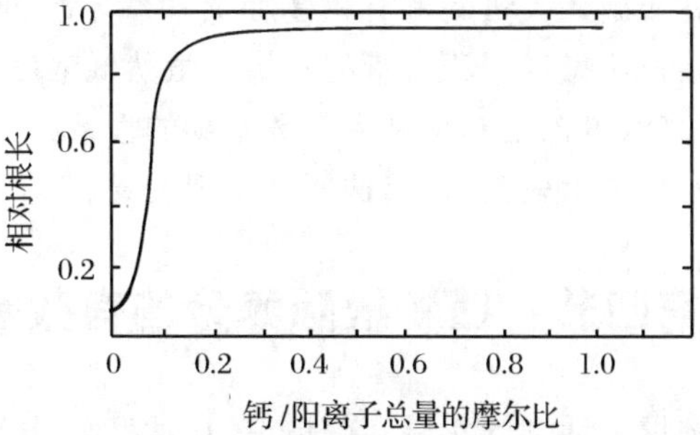

图 6-11　土壤溶液中钙/阳离子总量摩尔比对棉苗生长的影响(引自 Adams，1966)

在酸性土壤上重金属元素及其有机配合物对根系也有抑制作用，不同元素的毒害程度顺序如下：Cu>Ni>Cd>Zn>Al>Fe。棉花对重金属元素的毒害比较敏感，在土壤酸性、Al^{3+}/Ca^{2+} 的摩尔比大于 0.02 时，根的生长就受到严重抑制。这时施用钙肥或石灰，可以促进根系的生长与发育。在盐渍土上，钙/阳离子总量比对根系的生长也很重要。pH 值升高也直接抑制根系的生长，原因之一是在高 pH 值条件下，铵的毒害作用。因此，在石灰性土壤上，多施或集中施用尿素很容易出现根系生长受抑制的现象。

(四)有机物

可溶性有机物可能以各种方式影响根的生长。低浓度的富里酸可以促进发根和根的伸长。较高浓度的酚类和短链脂肪酸类等低分子化合物可以抑制根的生长。当在通气不良或淹水土壤中，施入的秸秆、绿肥等有机物分解时，常常会累积上述物质，尤其是那些含有大量木质素的有机物(如成熟的秸秆)在分解过程中，产生的对羟基苯丙烯酸和对羟基苯甲酸等酚类植物毒素，当浓度达到 1～10 $mg \cdot L^{-1}$ 时，就会严重抑制黑麦和小麦等敏感作物根系的伸长。对于一些耐性作物，只有当浓度达到 100 $mg \cdot L^{-1}$ 时，根系才严重受抑。相反，低浓度的酚类物质，可以增进侧根的原初形成，但严重抑制根的进一步扩展。其原因可能是 IAA 氧化酶活性受到激发或抑制。

在淹水条件下,乙酸和其他挥发性短链脂肪酸积累到一定浓度时,对于根系的生长不利并抑制地上部的生长。它们的毒性随着脂肪酸链的长度而加大,也随根系生长介质的 pH 值降低而增加。这是由于低 pH 值与未解离酸类能高速渗入根细胞的原生质膜。秸秆等有机物的分解产物对根的抑制作用,不仅取决于酚类和挥发性脂肪酸的浓度,还决定于根系生长介质的酸度。

在有机质含量高或施入大量新鲜有机物而又通气不良的土壤上,由于根系和微生物活动可能会在根际微区累积大量的乙烯。虽然低浓度乙烯可以激发根的生长和侧根的发育,但高浓度乙烯却抑制大多数植物的根系扩展。例如,人们发现葡萄园中土壤紧实且乙烯浓度较高时,植株便会出现失绿。

第四节　植物根际养分的有效性

根际是指受植物根系活动的影响,在物理、化学和生物学性质上不同于土体的那部分微域土区。根际的范围很小,一般指离根轴表面数毫米之内。植物对根际的影响不仅存在于根系表面到土体土壤的径向方向上,而且也存在于根基部到根尖的纵向方向上。其范围因植物种类和土壤性质不同而有差异。根际的许多化学条件和生物化学过程不同于土体土壤。其中最明显的就是根际 pH 值、氧化还原电位和微生物活性的变化等。由于根系分泌物的作用,根际微生物群落的种类与数量也有所不同。这些变化对根际微域内营养物质的转化,土壤养分的有效性以及作物生长发育和抗逆性等都有明显的影响。

一、根际养分

根系吸收养分要求根际养分既有一定的供应强度又能持续供应。根际土壤溶液中养分浓度的分布与土体土壤有明显的差异。它主要受控于根吸收速率与养分迁移速率的综合影响。与此同时,根际养分的供应强度又直接影响植物的营养状况。

(一)根际养分浓度

由土体到根际,土壤溶液中养分浓度的分布是不均匀的。由于植物的吸收速率和养分在土壤中的迁移速率不同,根际养分浓度的分布与土体比较会出现累积、亏缺或持平 3 种不同的状况(图 6-12)。

1. 养分累积　当土壤溶液养分浓度高,植物蒸腾量大,养分供应方式以质流为主时,根对水分的吸收速率高于养分的吸收速率,这时根际的养分浓度高于土体的养分浓度,根际出现养分累积区(图 6-12①)。根际养分累积的现象在现实中是

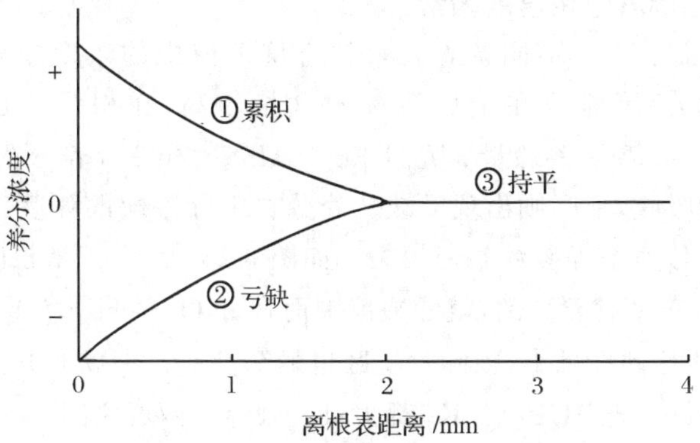

图 6-12　不同条件下根际养分浓度变化模式图

常见的。例如，在石灰性土壤中，碳酸钙含量很高，当植物蒸腾量大，质流作用强而吸收作用弱时，植物根系出现碳酸钙的累积与沉淀。又如在盐渍土壤中可溶性盐的浓度高，蒸腾强度大时，质流作用使根际出现相应的盐分累积区（表 6-12）。

表 6-12　玉米的水分吸收与根际钠、氯累积的关系

水分吸收/蒸腾 /($mL \cdot cm^{-1}$)	氯(Cl^-)/($mg \cdot kg^{-1}$)			钠(Na^+)/($mg \cdot kg^{-1}$)			根表电导率 /($mmhos \cdot cm^{-1}$)
	土体	根际	根表	土体	根际	根表	
0.038	310	410	580	220	340	410	1.38
0.046	360	430	650	280	330	450	2.28
0.082	430	660	970	360	490	680	3.79
0.095	440	640	1 280	380	570	900	5.02

* 摘自 Sinha 和 Singh，1974。

从表 6-12 可见，从土体到根表存在着氯和钠的浓度梯度。植物蒸腾率增加，梯度变陡，根表电导率增加，植物萎蔫点提高，土壤水分的有效性降低。这在盐渍土是一个十分突出的问题。

2. 养分亏缺　在土壤溶液中养分浓度低，植物蒸腾强度小，根系吸收土壤溶液中养分的速率大于吸收水分的速率时，根际即出现养分亏缺区（图 6-12②）。养分亏缺区的出现，一方面导致土体养分向根表的扩散作用，另一方面能促使根际微域中各种形态养分（包括交换态、吸附态、缓效态）的释放。

3. 养分持平　在一定的条件下，当水分的蒸腾速率和养分的吸收速率相等时，根际不会出现浓度梯度（图 6-12③），根际与土体之间养分浓度均匀，出现平稳状态，但是这种情况很少出现。

(二)影响根际养分浓度的因素

1. 营养元素种类　不同营养元素在土壤溶液中的浓度差异很大,如 Ca^{2+}、NO_3^-、SO_4^{2-}、Mg^{2+} 等养分在土壤溶液中含量较高,在根际一般有累积;相反,$H_2PO_4^-$、NH_4^+、K^+ 和一些微量养元素 Fe^{2+}、Mn^{2+}、Zn^{2+} 等养分在土壤溶液中的浓度低,由于植物吸收,根际则出现亏缺。养分在根际亏缺的强度、范围与该种养分的扩散系数、迁移速率等参数紧密相关。如图 6-13 所示,玉米根际 NO_3^-、$H_2PO_4^-$ 和 K^+ 的浓度分布是有差异的,就亏缺范围而言,$NO_3^- > K^+ > H_2PO_4^-$。比较迁移速率,$H_2PO_4^-$ 的移动性最小,根际亏缺区也最窄;NO_3^- 一般不被土壤胶粒吸附,移动性最大,其亏缺区比 $H_2PO_4^-$、K^+ 都大;K^+ 则介于两者之间。

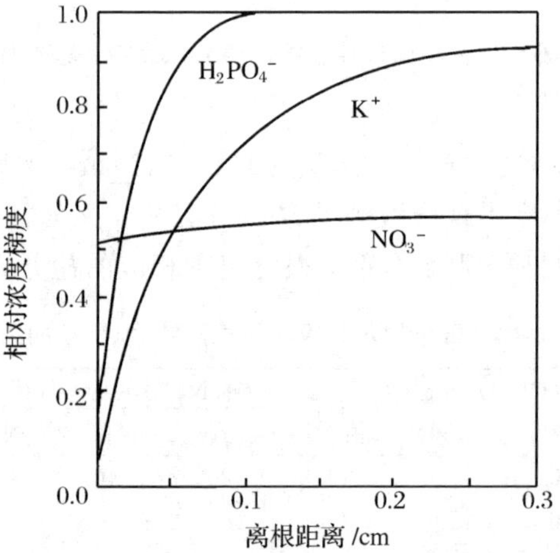

图 6-13　玉米根际主要养分的浓度分布状况

2. 土壤缓冲性能　根际养分的分布与土壤黏粒含量和缓冲能力有关。黏粒含量少的土壤,对养分的吸附力弱,离子的迁移速率快,养分亏缺范围大(图 6-14);相反,黏粒含量多的土壤,缓冲能力强,对养分吸附强,土壤溶液中养分浓度低,迁移速率小,耗竭区则窄。

3. 植物营养特性　根系吸收养分能力的强弱能影响根际养分浓度的分布。不同植物之间在根系容积,养分吸收速率,最低吸收浓度,蒸腾强度等方面都有差异。因此,同一养分在不同种类植物的根际,其浓度分布是不同的。例如根际的 K^+ 一般呈亏缺状态,但是,棉花蒸腾率大于小麦和箭舌豌豆,因而棉花根际 K^+ 的亏缺强度则小于小麦和箭舌豌豆。主要原因是棉花从质流中获得的养分多。可见,植物种类不同会影响根际养分的分布和有效性。还有根毛的形态、密度和长度对移动性弱的养分(如磷)有重要影响。一般是根毛密而长的植物吸磷能力强,例如,玉米根毛平均长度为0.7 mm,油菜为1.3 mm,它们根际磷的亏缺区宽度与各自根毛长度相一致,表明油菜根系吸磷空间的有效半径约为玉米的2倍。因而,油菜利用土壤磷的能力相对强于玉米。

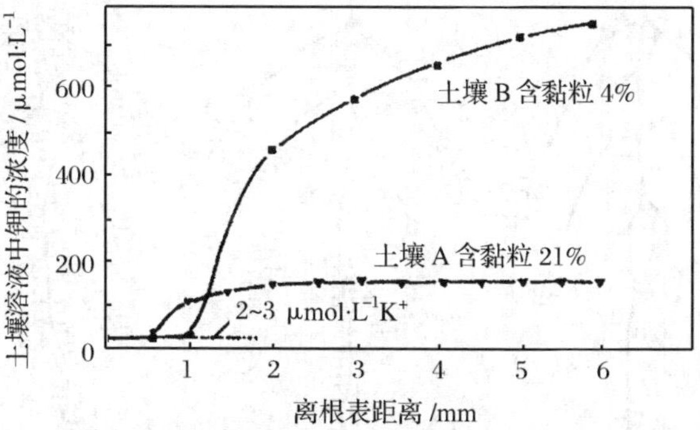

图 6-14　土壤不同黏粒含量与玉米根际 K^+ 的浓度分布的关系(Adams, 1966)

禾本科植物与豆科植物相比,不仅根量大而且根毛多,因而在混合种植情况下,禾本科植物对土壤中移动性小的养分竞争能力大于豆科植物。在自然生态条件下,这种竞争的结果有利于禾本科植物的生长。

二、根际 pH 值

pH 值是影响土壤养分有效性的重要因素。植物根系的活动对根际土壤的酸碱性产生显著的影响。因此,根际 pH 值状况往往会出现升高或降低,与土体土壤相比,其差异有时可高出1个 pH 值单位。pH 值的变化是根际微生态系统中一个最为活跃的因素,从多方面影响着土壤养分的有效性。

(一)根际 pH 值变化的原因

根际 pH 值变化的原因是十分复杂的。例如,根系呼吸作用和根际微生物的呼吸作用释放的 CO_2;根尖细胞伸长过程中分泌的质子和有机酸,根系吸收阴阳离子的不平衡等。其中尤其是根系吸收阴阳离子的比率不同,通过体内生理调节机理向根外释放 H^+ 或 OH^-,从而达到生理性酸碱平衡。这些都是根际土壤 pH 值变化的主要原因。

(二)影响根际 pH 值变化的因素

1. 氮素形态　由于植物吸收氮素的形态不同,根际 pH 值会发生不同的变化。施用铵态氮肥时，由于总吸收量中阳离子量大于阴离子量，为了维持体内电荷平衡和满足正常生长对细胞 pH 值的要求，根系向外释放 H^+，使根际 pH 值下降；相反，施用硝态氮肥，根系释放 OH^- 或 HCO_3^-，使根际 pH 值上升(图 6-15)。

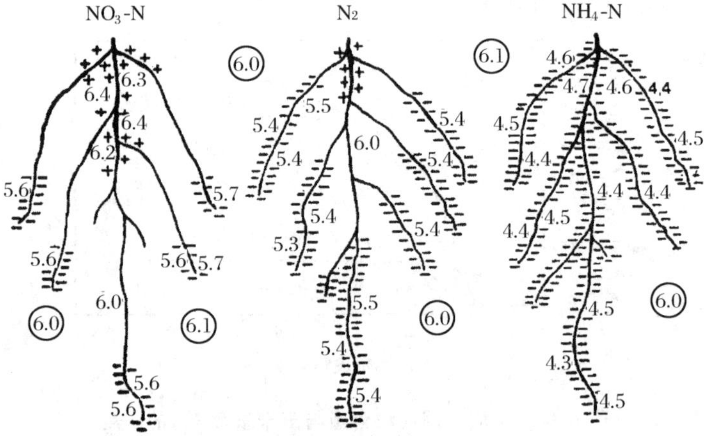

图 6-15 不同形态氮肥对根系不同部位 pH 值的影响

⊙ 土体的 pH 值

氮素是植物必需的大量营养元素。植物对氮素的吸收量在阴阳离子总吸收量的比例中起着决定性的作用。不同氮素形态对根际 pH 值变化的幅度不同，NO_3^--N 使根际 pH 值上升的幅度一般低于 NH_4^+-N 使 pH 值下降的幅度，而且不同种类植物之间根际 pH 值上升的程度有明显的差异。这主要与硝酸盐进入体内后的还原位置有关。有些作物吸收硝态氮后，主要在根部进行硝酸还原，在还原过程中 H^+ 被消耗，产生 OH^-，其中少部分 OH^- 参与代谢，大部分排出体外，因此，根际 pH 值上升的幅度较大；而另一些植物根系所吸收的硝态氮，大部分运输到叶部进行还原。产生的 OH^- 转化成有机酸阴离子，以有机酸的形式进行电荷补偿，达到生理平衡。因此根部释放的 OH^- 就少，根际 pH 值上升的幅度也就小。

2. 共生固氮作用　一些豆科植物在固定空气中的 N_2 时，也会降低根际的 pH 值。固氮时植物对阳离子/阴离子的吸收比率与施用 NH_4^+-N 的情况相似。由于根瘤菌在还原条件下，将 N_2 还原成 NH_4^+-N 为植物吸收，因此根际 pH 值也降低(图 6-15)。

3. 养分胁迫　当某些元素的养分缺乏时，有些植物具有调节功能，主动改变根际 pH 值，以提高该养分的有效性。如双子叶植物和一些耐低铁的非禾本科单子叶植物在缺铁胁迫时，根系主动分泌还原性物质，根在释放电子的同时也释放质子，使根际环境酸化（图 6-16）从而提高了铁的有效性。

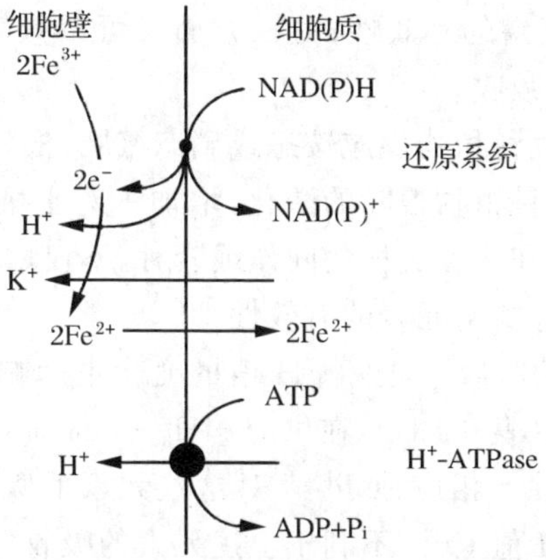

图 6-16 缺铁引起根系原生质膜分泌质子模式图

某些植物在缺磷时，也具有改变根际 pH 值的适应性能力，如石灰性土壤上，白羽扇豆缺磷时，可形成大量的丛生侧根，称为排根（proteiod root）。排根主动向体外分泌大量的柠檬酸，一方面使根际酸化，另一方面柠檬酸与土壤中的钙、铁、铝等螯合，以减少磷的固定作用，从而提高其有效性。

4. 植物的遗传特性 不同种类植物在选择吸收、体内酸碱平衡的生理调节等方面均有差异，从而使根际 pH 值的变化方向与幅度有所不同。禾本科植物根际 pH 值对不同形态氮肥的反应较敏感，符合一般变化规律。而豆科植物则有所不同。例如，大豆与绿豆等不论吸收 NH_4^+-N，还是 NO_3^--N，根际 pH 值都下降，荞麦在吸收 NO_3^--N 时，先是根际 pH 值上升，到一定程度后又迅速下降，似乎体内有一种自动调节的机制，以便保持最适宜的根际 pH 值条件，上述现象可能是遗传特性的反映。

5. 根际微生物 微生物既可通过呼吸作用释放 CO_2，又可合成并分泌某些有机酸而引起根际 pH 值的改变。此外，感染 VA 菌根的三叶草在供应 NH_4^+-N 时，寄主植物的根系与菌丝际微域均会出现 pH 值下降的现象。

（三）根际 pH 值的变化与养分的有效性

根际 pH 值的变化直接影响着微区养分的形态、含量与转化，因而也影响养分有效性。

1. 增加磷的活化作用　从不同性质的土壤来看，石灰性土壤上，施用铵态氮肥（在抑制硝化作用的条件下）根际 pH 值降低，有利于 Ca-P 的转化和溶解，提高磷的有效性。在酸性土壤上，植物吸收 NO_3^--N 后，根际 pH 值升高。一方面可以活化 Fe-P 和 Al-P，提高磷的有效性；另一方面又可以减轻酸对根系的毒害，有利于根系的生长与养分的吸收。

从植物种类看，对豆科植物供应铵态或硝态氮肥，根际 pH 值将有不同程度的降低。石灰性土壤上豆科植物根际的酸化，增加了对土壤与肥料中难溶性磷的溶解。因而安排豆科植物和禾谷类植物间作或套种，不仅增加土壤耕层的氮素，也可提高土壤中磷和铁、锌等微量元素的有效性。

2. 增加微量元素的吸收　根际 pH 值的变化也影响到各种微量元素的有效性与植物对它们的吸收（表 6-13）。在供应 NH_4^+-N 时，由于根际 pH 值下降，提高了铁、锰、锌、铜的有效性。相应地，小麦对这些元素的吸收与含量有所增加。反之，供应 NO_3^--N 时，pH 值上升，不利于上述元素的吸收。

表 6-13　不同形态氮肥对小麦微量元素吸收的影响*（田间测试）

氮肥种类	植株含量/（mg·kg^{-1} 干重）			
	Fe	Mn	Zn	Cu
$Ca(NO_3)_2$	55	23	18	2.6
$(NH_4)_2SO_4$	68	45	24	2.9

*引自 Schmug F. 和 Finck A.，1981。

3. 其他元素　根际 pH 值的降低，可增加有益元素硅的溶解，使硅的有效性增加，间接地提高了根系对病害的抵抗能力。例如，施用铵态氮肥或含氯肥料可以有效地降低小麦全蚀病的发病率，这是根际 pH 值变化的间接效应。

三、根际氧化还原电位

氧化还原电位的改变影响土壤中有机与无机物质反应的方向与速率，进而改变土壤中多种养分元素（如铁、锰、锌、磷等）的有效性。

根际微区的另一特点是有机物（尤其是可溶性有机物丰富）、酶和微生物。因而生物活性很强。这使得根际的氧化还原状况不同于土体。对于旱作土壤来说，根际的 Eh 值都低于土体，一般可降低 50～100 mV。根际 Eh 的变化因植物而异。小麦、玉米等禾谷类植物根际 Eh 植下降的幅度大，豆科植物根际 Eh 值变化不明显，而荞麦根际 Eh 则有升高的趋势。又如水稻生长于渍水条件下，总的情况是处于还原状况，但由于水稻根系具有输氧的特性，体内存在着由叶片向根部的输氧组织，并有部分氧排出根外，使根际的氧化还原电位高于土体（图 6-17）。因而可使水稻根际还原性的有毒物质减少(Fe^{2+}，Mn^{2+}，H_2S 等)，在水稻旺盛生长时，根系氧化力强，根际 Eh 增高，Fe^{2+} 氧化成 Fe^{3+}，淀积于水稻根表呈现褐色；而当根系氧化力降低后，根际 Eh 下降，Fe^{2+} 和 H_2S 的浓度增高，对根造成毒害，根表出现黑褐色。

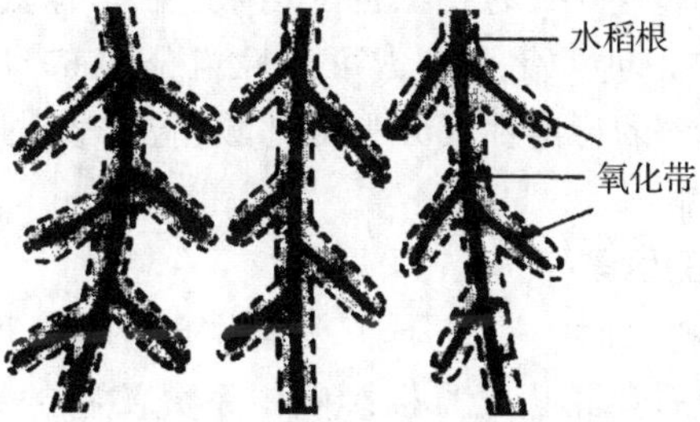

图 6-17　水稻根际氧化带示意图

植物养分胁迫对根际 Eh 也有影响，在缺乏氮、磷、钾养分时，根际 Eh 下降，尤其是钾供应不足时，影响更为显著。

总之，根际的氧化还原状况对土壤养分的有效性影响十分明显。根际 Eh 的改变，影响到氮素的反硝化和变价金属(包括养分元素和某些有害元素)的溶解度和有效性(或毒性)。豆科植物根际的氧化还原状况还直接影响其共生固氮作用。

四、根分泌物

植物在生长过程中，根系除释放质子和其他无机离子以外，还可不断地向土壤中释放大量的有机化合物。以根系脱落物或分泌物的形式进入根际微区的有机物一般占总同化碳量的 5%～25%。通常所谓的“根分泌物”就是指植物生长过程中，根向生长基质中释放的有机物质的总称。根系分泌物不仅数量可观，而且作用很大。它是保持根际微生态系统活力的关键因素，也是根际物质循环的重要组分。近年来有关根系特定分泌物的研究已成为本学科的热点之一。由于根系分泌物极大地改变了根-土界面物理、化学和生物学性状，因而对土壤中各种养分的生物有效性有着重要的影响。

(一)根分泌物的组成

一般包括以下 4 类物质：

渗出物：是由根细胞被动扩散出的一类低分子化合物。

分泌物：是在根代谢过程中细胞主动释放的，包括低分子量或高分子量的化合物。

黏胶质:是根冠细胞、表皮细胞和根毛分泌的胶状物。

分解物与脱落物:包括脱落的根冠细胞、根毛与细胞碎片。

从化学组成看,根系分泌物有2部分:一是分子量大的化合物,主要有多糖、糠醛酸和蛋白质等,二是分子量小、易扩散的化合物,主要有氨基酸、寡糖和有机酸等。据报道,根系分泌物中糖类化合物占可溶性组分的65%,各种有机酸占可溶性组分的33% ,其他2% 的可溶性成分为氨基酸、脂肪酸、维生素、植物激素和酶以及微生物刺激剂或抑制剂等。

(二)影响根系分泌的因素

根系分泌作用是植物代谢的一部分,它受植物自身因素和各种环境的影响。

1. 养分胁迫　植物的营养状况直接影响根系分泌物的组成与含量。一般来讲磷、钾、铁、锌、铜、锰等营养元素缺乏时,一方面植物体内某些代谢过程受阻,低分子有机化合物积累,根分泌物增多;另一方面受细胞膜透性的影响也增加了有机物向外溢泌。

2. 根际微生物　根际微生物的作用有两方面,一是刺激根系分泌更多的有机物,另一方面是参与利用根际分解的有机物,使水溶性有机物的实际浓度下降,起到竞争根际有机碳的作用。

3. 植物种类　植物种类间的根分泌物是不同的。豆科植物的根分泌物中以可溶性含氮化合物为主,而禾本科植物中则以碳水化合物为主。小麦、大麦和水稻等作物的根分泌物中可分离出7～8种不同的有机酸。而莴苣根分泌物中,分离不出任何有机酸。至于一些特定基因型植物有规律地释放某种专一性分泌物的性状,已经成为研究的热点。

(三)根分泌物对土壤养分有效性的影响

根分泌物通过直接或间接的方式影响土壤养分的有效性。根分泌物对根际土壤理化性质有明显的影响。

1. 增加土粒与根系的接触程度　土壤与根表的接触程度对养分向根表迁移有直接的影响。根系溢泌的黏胶物质包裹根表面后,加强了与不规则土粒表面的联结,从而促进了根表面-黏胶-土壤胶粒之间的水分和离子交换。分泌物通过填充土壤空隙,降低了养分迁移过程的曲折度,减少了迁移阻力,有利于植物根系对土壤养分的吸收。在土壤中高价离子过多的情况下(如酸性土的铝毒胁迫),根分泌的黏胶层具有保护根尖免遭毒害的重要作用。此外,由于黏胶物质的持水能力较强,可以保证在轻度干旱条件下,根-土间的接触不因脱水而割断。

2. 对难溶性养分的活化作用

(1)还原作用。土壤中存在着许多变价金属元素如铁、锰、铜等。在通气良好的土壤中，这些元素主要以高价氧化态存在，溶解度较低，植物难以吸收利用。而根的分泌物，含有许多还原性物质，通过还原作用，可提高这些元素的有效性。根分泌的有机酸如柠檬酸、苹果酸等，可将土壤中的高价锰还原为根系可以吸收利用的二价锰。此外，在铁胁迫时，双子叶植物和非禾本科单子叶植物可分泌有机酸和酚类化合物等还原性物质，可使根际、根表和根自由空间的氧化态铁还原，从而易于植物的吸收和利用。

(2)螯溶作用。植物分泌的大量有机酸、氨基酸和酚类化合物，与根际各种金属元素（铁、锌、铜、锰等）形成螯合物。这一方面能直接增加这些微量元素的有效性；另一方面可以活化为金属氧化物所固持的营养元素（如磷、钼等），提高根际养分的有效性。

如热带作物木豆的根系在磷胁迫时，主动分泌出一种番石榴酸（有机酸），它对铁、铝磷酸盐有很强的螯合能力，从而明显地促进了木豆对土壤磷的吸收。更有趣的是，缺磷的白羽扇豆根系形成异常的排根。在排根段分泌大量的柠檬酸，数量高达植株总干重的0.3%。这些柠檬酸不仅有利于根际酸化，而且可以与土壤中Fe^{3+}、Al^{3+}、PO_4^{3-}等结合形成柠檬酸盐多聚体[Fe(Al)/O/OH/PO_4]，并迁移到根表，供植物吸收。在石灰性旱地土壤上，铁、锌元素的化学溶解度极低，根系分泌中的有机酸、氨基酸和酚类化合物通过螯合与还原作用可提高它们的溶解度，增加其有效性。近年来最引人注目的麦根酸类物质就是禾谷类植物根系在铁胁迫条件下分泌出的专一性分泌物，结构如图6-18所示。麦根酸属于非蛋白的氨基酸，由

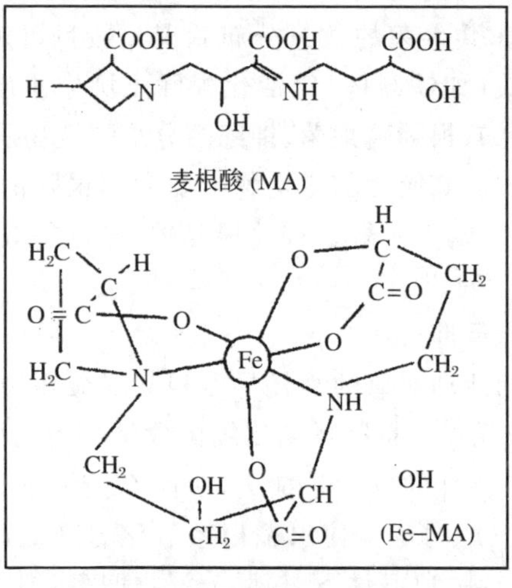

图 6-18　麦根酸的结构图

于其生理功能与微生物分泌的铁载体相似，故又称为植物铁载体（phytodiderophore）。在石灰性土壤上植物铁载体具有螯溶无定形氢氧化铁和磷酸铁的能力，使它们变成植物可以吸收的形态。植物铁载体对土壤中锌、锰和铜等元素也有较强的活化能力。

3. 增加土壤团聚体结构的稳定性，改善根际养分的缓冲性能。

此外，植物根表的酸性磷酸酶既可以活化根际有机态磷，促进有机态磷被有效吸收，又可以解吸土粒所吸附的一些无机态磷，提高无机态磷的有效性。

五、根际微生物

"根际"一词的原初定义就是由于微生物在根际分布的特殊性而划分的。由于根系向根际土壤中释放大量的有机物，大大促进了微生物的活动，使其数量远高于非根际，为非根际土壤的10～100倍。这些微生物与根系所组成的特殊生态体系是根际微生态系统中的重要组成部分，对根际土壤养分的有效性及其养分循环起着重要作用。根际微生物对土壤养分有效性的影响是多方面的，也是比较复杂的。

（一）改变根系形态，增加养分吸收面积

许多根际微生物并不仅仅附着或寄生在寄主植物的根系上，还可以分泌特定的物质改变根的形态和结构，进而影响植物根系对养分的吸收。例如，固氮螺菌能使总根长度增加1倍，侧根分枝数和根毛密度都有所增加，无疑可以促进养分的吸收。

（二）活化与竞争根际养分

由于根际微生物的数量远比非根际多，其数量随根表距离增加而减少。图6-19表示根际范围的非共生菌的数量分布状况。数目可观的微生物一方面通过分泌有机酸、酶、氨基酸（如铁载体）等活化根际土壤中难溶性无机态或有机态养分，提高其有效性。例如，根际磷细菌、钾细菌分泌酸性物质对土壤难溶性磷、钾的溶解就是证明。另一方面高密度的微生物又要利用根际的养分，与植物竞争有效养分，并可导致养分的耗竭与亏缺。有关根际碳、氮竞争效应的研究，已经日趋受到关注。

（三）改变氧化还原条件

根际大量微生物的活动对氧的消耗导致根际氧分压降低。据测定，根际细菌的数目与O_2的含量成反比。根际反硝化细菌数量高于土体，微生物与根系对O_2的竞争会增加根际NO_3^--N的反硝化损失，从而降低了氮素的有效性。在淹水土壤上，微生物与根系对O_2的竞争使水稻根系氧化力降低，导致还原性铁、锰的奢侈吸收，尤其在磷、钾、钙胁迫条件下，根际分泌物增多，细菌数目增加，使含O_2量下降，Fe^{2+}过多，而导致水稻中毒。

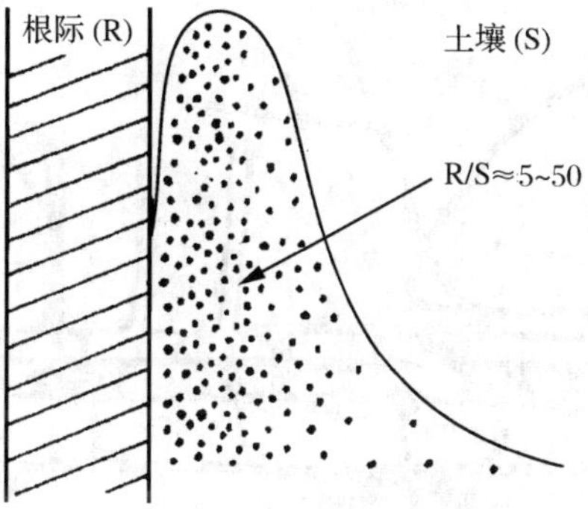

图 6-19 根际微生物分布示意图

(H. Marshner,1982)

(四)菌根与土壤养分有效性

菌根是高等植物根系与真菌形成的共生体,分布很广。菌根可分为外生菌根与内生菌根两大类。

外生菌根主要分布于温带森林树种或干旱地区灌木。外生菌根菌的菌丝穿入根外皮层细胞间隙(或自由空间)形成真菌菌丝网,相互缠绕覆盖,在根外成为鞘状菌根。其菌丝伸向鞘外穿透土壤,菌根呈现短而多的分枝。

内生菌根真菌生长在皮层细胞内与细胞间隙中,菌丝可延伸到土壤中。内生菌根有几类,对农作物来说,最广泛存在的是泡囊——丛枝菌根(viscular-arbuscular myccorhizae),简称 VA 菌根,如图 6-20 所示。在自然条件下,80%以上的植物种都可形成 VA 菌根。只有十字花科和藜科等少数几种植物不感染 VA 真菌。

菌根与植物营养的关系日益引人注目,近年来的研究表明,菌根的形成能显著增加寄主植物对矿质养分和水分的吸收。外生菌根可以提高树苗对土壤中 K^+ 和 NH_4^+ 的吸收;VA 菌根可以增加土壤中一些移动性差的营养元素如磷、锌、铜等养分的吸收。菌根在促进植物对土壤磷的吸收和改善植物的磷营养方面具有突出的效果已被证实。特别是在含磷量低的土壤上,作物形成菌根以后,能明显增加吸磷量,并可提高植物对锌和铜的吸收与含量。从而提高产量和改善品质。

在干旱条件下,菌根的作用能缓解植物水分胁迫,增强植物的抗旱性。而且菌根对一些重金属如镉、镍等有较强的结合能力,尤其是外生菌根的菌丝壳对寄主植物忍耐重金属和抗污染方面有重要的意义。近年来将菌根技术应用于污染土壤的生物修复方面,已经日趋发展。

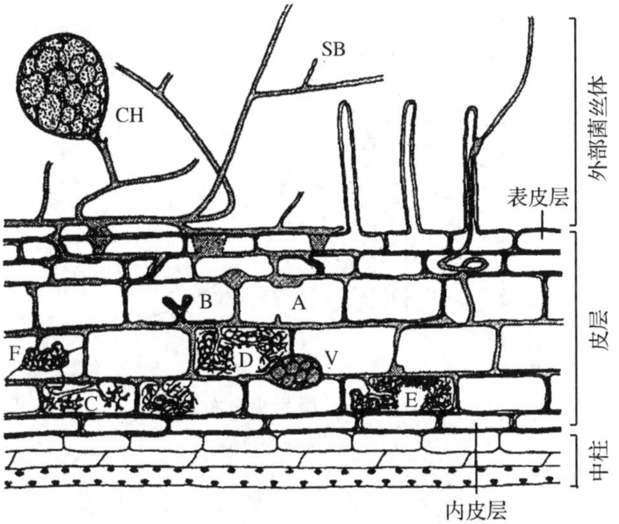

图 6-20 VA 菌根真菌与植物根结合的图解

（F. E. Sanders）

复习思考题

1. 土壤生物有效养分的含义是什么？

2. 为什么说化学有效养分测定值只有相对的意义？

3. 缓冲能力不同的土壤，其养分强度因素和养分容量因素有何特点？并说明与合理施肥有何关系？

4. 说明根际概念及其范围和特点。

5. 根际微生物对养分有效性有何贡献和影响？

6. 根系分泌物对土壤养分有效性的影响是什么？

7. VA 菌根为什么能改善植物生长的状况？

第七章　养分的吸收

根系是植物吸收养分和水分的主要器官，也是养分和水分在植物体内运输的重要部位，它在土壤中能固定植物，保证植物正常受光和生长，并能作为养分的储藏库。在有些植物根细胞内还进行着许多复杂的生物化学过程，如还原大量的 NO_3^- 和 SO_4^{2-}，或是合成某些植物激素和生物碱等。根系也有抵御外来损伤(如化学物质毒害等)的功能。本章只讨论根系吸收养分的机理及其影响因素。

第一节　养分进入根细胞的机理

一、根细胞对养分离子积累的特点

一般说来，虽然土壤或营养液中矿质养分的浓度与植物对其实际需要量之间存在着很大的差异，但植物却能在这些介质中正常生长，其主要原因是植物对养分离子的吸收具有选择性。例如，生长在池水中的丽藻(*Nitella*)细胞的液泡中 K^+、Na^+、Ca^{2+} 和 Cl^- 的浓度远高于池水中相应离子的浓度，而生长在含盐量较高海水中的法囊藻(*Valonia*)则相反，其细胞液中只富集大量的 K^+ 和 Cl^-，而 Na^+ 和 Ca^{2+} 的浓度却比海水中相应离子的浓度低很多(表 7-1)。

表 7-1　基质中离子浓度与丽藻(*Nitella*)和法囊藻(*Valonia*)细胞液中离子浓度的关系

离子	浓度/(mmol·L^{-1})					
	丽　藻			法囊藻		
	池水(A)	细胞液(B)	B/A	海水(A)	细胞液(B)	B/A
K^+	0.05	54	1 080	12	500	42
Na^+	0.22	10	45	498	90	0.18
Ca^{2+}	0.78	10	13	12	2	0.17
Cl^-	0.93	91	98	580	597	1

高等植物根细胞对离子态养分选择性吸收的特点是非常明显的。当植物在一

定体积的营养液中生长时,营养溶液的浓度在几天内就会发生明显的变化(表7-2)。

表 7-2 营养液及玉米、蚕豆根汁液中离子浓度的变化 $mmol \cdot L^{-1}$

离子	外部浓度			根汁液中浓度	
	初始浓度	4 d后*		4 d后	
		玉米	蚕豆	玉米	蚕豆
K^+	2.00	0.14	0.67	160	84
Ca^{2+}	1.00	0.94	0.59	3	10
Na^+	0.32	0.51	0.58	0.6	6
$H_2PO_4^-$	0.25	0.06	0.09	6	12
NO_3^-	2.00	0.13	0.07	38	35
SO_4^{2-}	0.67	0.61	0.81	14	6

* 未补充蒸腾损失的水分。

从表中可以看出,K^+、$H_2PO_4^-$ 和 NO_3^- 的浓度明显降低,而 Na^+ 和 SO_4^{2-} 的浓度不但没有降低,甚至略有提高。这表明植物吸收水分的速度比吸收这两种离子快。玉米和蚕豆对养分的吸收率也不同,特别是对 K^+ 和 Ca^{2+} 的吸收差异很大。根汁液中的离子浓度一般高于外界营养液,对 K^+、NO_3^- 和 $H_2PO_4^-$ 来说,差异尤为明显。

矿质营养元素首先经根质外体到达根细胞原生质膜吸收部位,然后通过主动吸收或被动吸收跨膜进入细胞质,再经胞间连丝进行共质体运输,或通过质外体运输到达内皮层凯氏带处,再跨膜转运到细胞质中进行共质体运输。

二、根质外体中养分离子的移动

质外体是指植物体内共质体以外的所有空间,包括细胞壁、细胞间隙和木质部空腔等。它普遍存在于植物的根、茎、叶等器官中。质外体并不像过去认为的那样,只是无生命活动的空间,而是可以进行物质储藏与转化、养分累积与利用、植物与微生物互作及信号传导,对环境胁迫做出适应性反应的具有重要生理功能的生命空间。

矿质养分可通过沿浓度梯度的扩散作用或蒸腾流引起的质流作用进入质外体空间。^{86}Rb 离子进入根质外体空间的速度很快,在几分钟内离子浓度就可同介质溶液达成平衡。离子在质外体空间中的运移也可以用动力学方法加以描述。例如在含有 ^{42}K 的溶液中培养大麦,试验一开始 ^{42}K 就迅速进入根组织,几分钟后这种累积势头迅速减弱，而出现一个慢速累积过程，这一过程可以持续数小时。如果加入代谢抑制剂(KCN)，最初的快速累积过程依然存在，而慢速累积过程则不复存在(图 7-1)。由此可见，快速累积阶段是一个不受代谢控制的被动过程，也就是离子进入根质外体空间的过程。

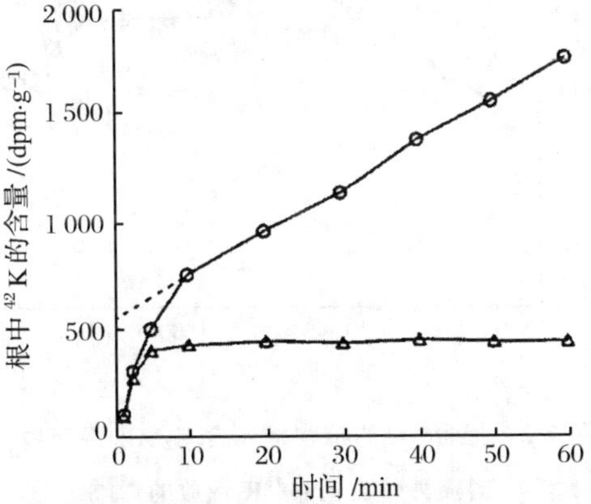

图 7-1　在 ^{42}K 营养液中的大麦根系吸收 ^{42}K 的动态

(○-○：在营养液中加 KCl；△-△：在营养液中加 KCN)

应用核素技术可以准确了解离子在质外体空间中的运移规律。例如，研究放射性元素溢泌规律的试验证明，在根系吸收放射性营养元素几小时之后，再把它移入无放射性的相同元素溶液中，可出现 3 个不同的溢泌阶段。对大麦根来说，这 3 个溢泌阶段分别为 1～2 min、10 min 和 30 h。这 3 个不同时间测得的放射性强度的动力学变化正好表明了大麦根质外体空间、细胞质和液泡中放射性离子的交换动力学特征。

如果把已在放射性 ^{42}K 溶液中培养过的植物移栽于去离子水中，则会出现 ^{42}K 有外泌现象，这一过程虽然很短，但外泌量却很明显；如果把这一植物再移栽于含 K_2SO_4 的溶液中，将会出现 ^{42}K 外泌量继续增加的现象，即根中 ^{42}K 的含量进一步下降(图 7-2)。

由此可见，根质外体空间中离子行为是有差别的。离子存在的方式至少有 2 种：一种是可以自由扩散出入根质外体空间的离子(即在去离子水中可外泌的部分)；而另一种则是受细胞壁上多种电荷束缚的离子(即随后可被 K_2SO_4 交换出来的部分)。这就是过去常指的“水分自由空间”(WFS)和杜南自由空间(DFS)，前者主要是在根细胞壁的大孔隙中，离子可随水分移动而移动；后者则处于细胞壁和质

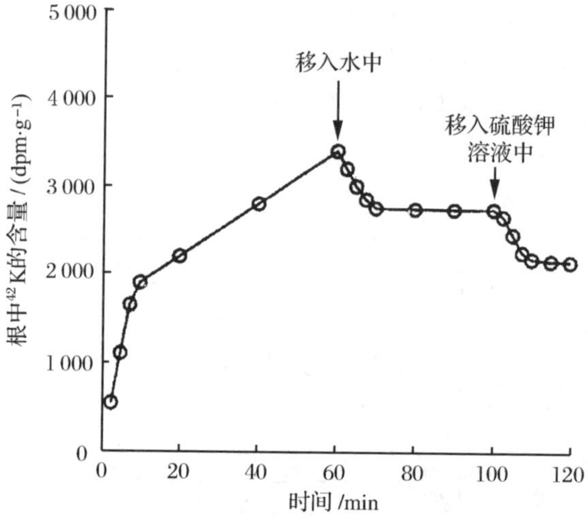

图 7-2 把含 ^{42}K 的植物移入含 K_2SO_4 溶液后对质外体空间中 ^{42}K 释放的影响

膜中果胶物质的羧基解离而带有非扩散负电荷的空间，进入这一空间中的各种离子以杜南扩散和交换吸附的方式被固定，不能自由扩散，这一空间即杜南自由空间(DFS)。根自由空间实际上就是现在所说的根质外体空间(图 7-3)。

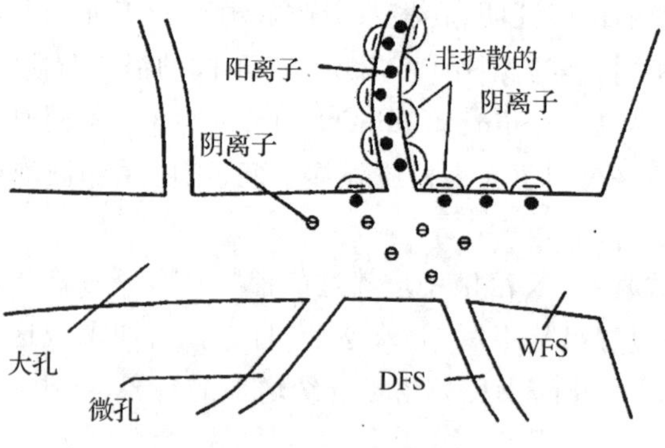

图 7-3 质外体空间微孔体系示意图

根质外体空间中阳离子交换位点的数目决定着各类植物根系阳离子交换量(CEC)的大小。通常，双子叶植物的 CEC 比单子叶植物要大得多(表 7-3)。

表 7-3　作物根的阳离子交换量　$cmol \cdot kg^{-1}$ 干重

双子叶植物	阳离子交换量	单子叶植物	阳离子交换量
大豆	65.1	春小麦	22.8
苜蓿	48.0	玉　米	17.0
花生	36.5	大　麦	12.3
棉花	36.1	冬小麦	9.0
油菜	33.2	水　稻	8.4

根质外体空间中矿质养分的累积和运移过程直接影响根系对养分的吸收。例如,它能使二价和多价阳离子在根质外体内和原生质膜上的含量增加,间接促进吸收。各类植物的 Ca^{2+}/K^{+} 含量比与其 CEC 呈正相关。用同一种植物和不同形态的二价阳离子(如 $ZnSO_4$ 和 ZnEDTA)进行的试验也表明,阳离子在质外体空间中的累积对其吸收以及随后向地上部运输都具有重要意义(表 7-4)。在供应无机态锌时,不但根部,而且地上部的含锌量都比供应螯合态锌(ZnEDTA)时高许多倍,因为螯合态锌分子量大,质外体空间限制了它的透过。

表 7-4　大麦对锌的吸收和运输

锌的供应形态*	吸收及运输量(Zn)/($\mu g \cdot g^{-1}$ 干重 $\cdot$ 24 h^{-1})	
	根	地上部
$ZnSO_4$	4 598	305
ZnEDTA	45	35

* 营养液中锌的浓度:1 $mg \cdot L^{-1}$。

重金属离子在质外体空间中的结合是相当专一的。以铜为例,它在细胞壁内以非离子形态结合(配位结合)在胞外酶(如磷酸酯酶或过氧化物酶)的蛋白质或糖蛋白的含氮基团上。这种在质外体的结合形式可使相应的阳离子在根部总含量中所占比重加大。由此可见,如果不扣除根质外体中可交换态 Zn^{2+} 的数量,那么,在与螯合态相比较时,表 7-4 中的数据并不能说明根部真正的含锌量,更不能作为是根组织的细胞质或液泡内因固定作用而抑制 Zn^{2+} 向地上部迁移的证据。

三、离子的跨膜运输

(一)细胞膜的性质与结构

生物膜是离子进入细胞的主要屏障,了解生物膜的结构与性质,将有利于深刻理解离子吸收的机理。

在真核细胞内存在着各种细胞器,如线粒体、液泡、内质网等,它们都是有膜包围构成的复杂细胞系统。所有这些膜统称为生物膜,其厚度一般为 7～10 nm。生物膜可以调节各种分子态和离子态养分的进入或排出,尤其是具有明显的选择透性。

细胞膜的化学成分主要是类脂和蛋白质,两者含量大致相等。其脂类主要是磷脂,如磷脂酰胆碱、磷脂酰乙醇铵、磷脂甘油以及磷脂酰肌醇等。磷脂大分子有一个极性的头,一般带负电,具有亲水性,有 10～11 个水分子凝固吸附于极性头部;磷脂还有一个非极性的尾,一般不带电,具有疏水性,为长链多聚不饱和脂肪酸。质膜上有代表性的 3 种极性类脂是磷脂、糖脂和脑硫脂,其组分见下图。

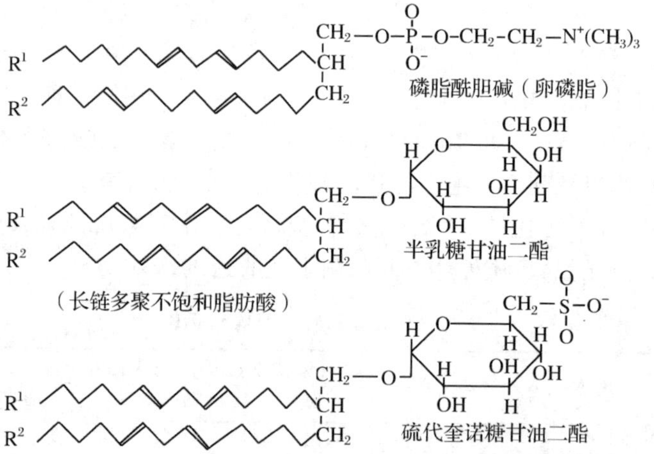

从示意图可以看出,磷脂既有在非极性溶剂中易于溶解的疏水“长尾巴”(脂肪酸侧链或碳氢链),同时又有由磷脂构成的亲水“头”, 所以磷脂为双亲性的化合物。磷脂是膜的骨架,对膜的透性有着重要的意义。

多年来,人们对生物膜的结构研究很多,提出许多种不同的模型来描述生物膜的组成、结构和功能。其中以流动镶嵌模型最有代表性。

流动镶嵌模型是 20 世纪 70 年代提出的。它认为,蛋白质并不都在磷脂的外面,有些蛋白质在外面,与膜的外表面相连接(即外在蛋白),而有些蛋白质则镶嵌在磷脂之间,甚至可以穿透膜的内外表面(即内在蛋白)。由于膜上分布的蛋白质不均匀,所以膜的结构是不对称的。脂质的双分子层大部分为液晶状,可以自由流动,因此也称为流动镶嵌模型(图 7-4)。膜上有一些蛋白质也能起酶的作用(称为膜酶),从而对离子运输或分子的穿透起透过酶的作用。

细胞膜上的蛋白质对离子运输具有专一性,可以转运同一类物质。例如,原生质膜上能转运 K^+ 的运输体,同样也能运载性质相似的 Rb^+ 和 Na^+,但 K^+ 却优先被运载。

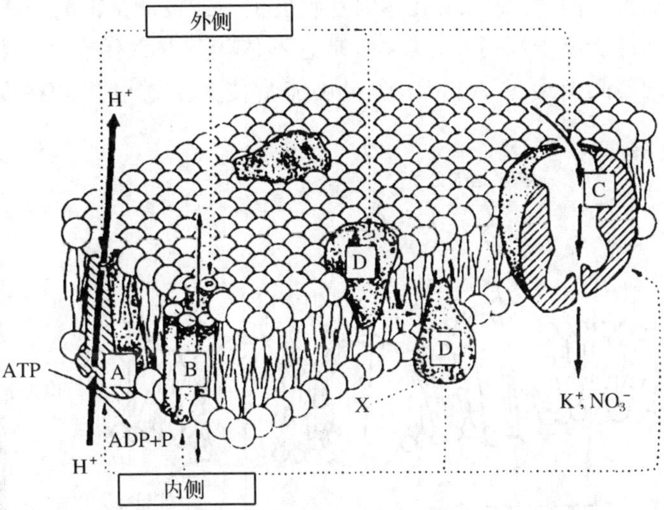

图 7-4 离子传递与信息传导机理在流动镶嵌膜中的示意图

A. 离子泵 B. 离子通道 C. 载体 D. 信息传导的耦合蛋白

(二)矿质养分跨膜进入根细胞的机理

离子的跨膜运输区分为被动与主动两种(图 7-5)。被动运输是离子顺电化学势梯度进行的扩散运动,这一过程不需要能量;而主动运输是在消耗能量的条件下,离子逆电化学势梯度的运转。

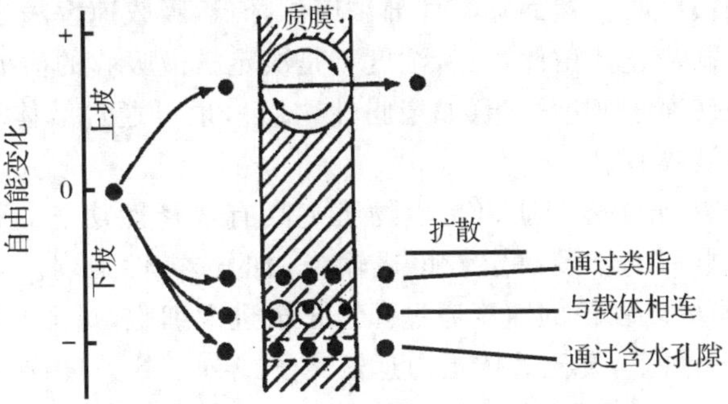

图 7-5 离子跨膜的主动("上坡")和被动("下坡")运输示意图

矿质养分离子跨膜进入根细胞的方式有四种:即简单扩散、离子通道、离子载体和离子泵运输(图 7-6)。一般来说,扩散是由离子浓度差造成的;离子通道是膜上被动运输离子的通道蛋白；载体则是膜上主动或被动携带离子通过膜的蛋白质，载体运输不同于离子泵运输，其关键是它不依赖于与载体有关的物质的水解；离子泵是在细胞膜上通过 ATP 水解提供能量使离子逆电化学梯度主动运输的蛋白质。

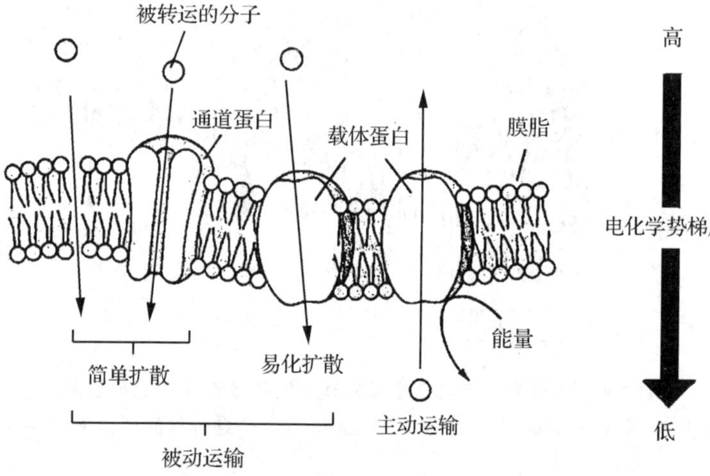

图 7-6 细胞膜上的离子运输方式

1. 简单扩散　溶液中的离子存在浓度差时，将导致离子由浓度高的地方向浓度低的地方扩散，这称为简单扩散。当外部溶液浓度大于细胞内部浓度时，离子可以通过扩散作用被吸收。然而随着外部浓度的降低，吸收速率随之减小，直至细胞内外浓度达到平衡为止。由此可见，浓度差是决定扩散吸收的前提。

简单扩散可使离子通过类脂(如亲脂性物质)，也可通过载体和膜上含水孔隙(如亲水性物质)被吸收。

2. 离子通道运输　离子通道是生物膜上具有选择性功能的孔道蛋白。孔道的大小及其表面电荷的密度决定着该运输蛋白的选择性强弱。只要孔道是开放的，分子或离子均可以较快的速度通过孔道扩散进入细胞，每个通道蛋白的运输速度每秒可达 10^8 个离子，要比载体蛋白运输离子或分子的速度快 1 000 倍。然而，孔道并非总是开着的，其开闭受外界信号的调控(图 7-7)。

从图 7-7 可以看出，钾离子通道本身是由有选择性滤口和电压门的亚单位主体以及调控亚单位组成。电压门序列是由一组能提供正电荷的基本氨基酸组成。由于膜电位的变化，电压门就会开启或关闭离子通道。

离子通道运输是个被动的过程，由于运输的专一性取决于孔道大小和蛋白表

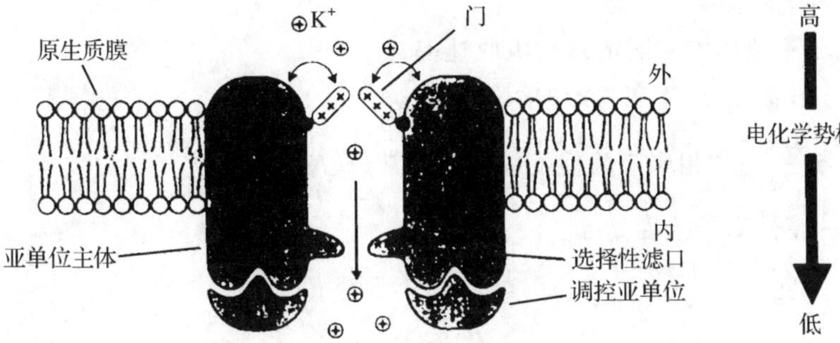

图 7-7 植物体内电压门控钾离子通道模型图

面电荷的密度，而不取决于该蛋白的选择性结合，因此通道蛋白主要是运输离子和水分。

3. 载体运输 一般认为，载体是生物膜上能携带离子穿过膜的蛋白质或其他物质。当无机离子跨膜运输时，离子首先要结合在膜蛋白(即载体)上，这一结合过程与底物和酶的结合原理相同。尽管对载体的真正性质及类型认识很少，但大多数人认为载体是类脂分子，它可以透过生物膜、在膜内扩散能力强，可能是磷脂的衍生物或是具有脂类特性的肽。有些资料认为，载体可能是质膜上存在的某些蛋白质，也可能是酶。它能与某些特定的蛋白质分子相结合，透过膜运送离子。或者是一些在膜内经常发生构型变化蛋白质分子，在它改变其形状及位置时，使离子运输过膜。

载体学说是以酶的动力学为其理论依据的。根据酶动力学原理，酶与底物的关系为：

$$S + E \underset{k_2}{\xrightarrow{k_1}} ES \xrightarrow{k_3} E + P$$

底物　酶　　酶-底物　　　酶　底物

离子与载体的关系也同样为：

$$S + C \underset{k_2}{\xrightarrow{k_1}} CS \xrightarrow{k_3} S' + C$$

离子(外)　载体　　离子-载体　离子(内)　载体

应用 Michaelis-Menten 方程可以求出：

$$V=\frac{V_{max} \cdot c}{K_m + c}$$

式中：V——吸收速率；

V_{max}——载体饱和时的最大吸收速率；

K_m——离子-载体在膜内的解离常数；

$K_m=\frac{k_2+k_3}{k_1}$，相当于酶促反应的米氏常数(K_m)；

c——膜外离子浓度。

上式中，当 $V=\frac{1}{2}V_{max}$ 时，$K_m=c$

因此，根据根系吸收离子的培养试验，用图解法可求得 K_m 值(图 7-8)。

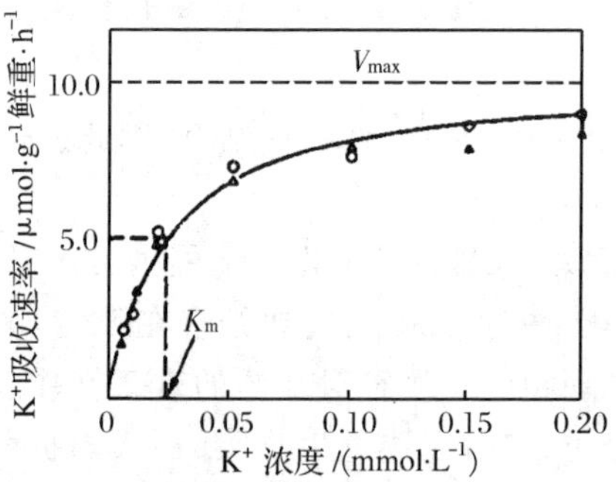

图 7-8　外界 KCl(○)或 K_2SO_4(▲)浓度对 K^+ 吸收速率(V)的影响

由于 K_m 与 k_1 成反比，因此，K_m 值愈小，载体对离子的亲和力就愈大，吸收离子的速率也愈快。K_m 值是载体对离子亲和力的倒数。K_m 值的大小决定于各种载体的特性，而与载体结合位置的总浓度 c 无关。在一定离子浓度范围内，V_{max} 值的大小决定于载体的浓度(全部载体的负载能力)。载体的浓度因作物种类不同而异。

如果外界离子浓度太低，那么在离子被完全消耗之前，其净吸收就停止了。这时的外界浓度称为最小浓度，以 c_{min} 表示。Barber 对上述方程进行了修正，提出目前广泛使用的离子吸收动力学方程。离子流入量(In)的计算公式如下：

$$In=\frac{V_{max}(c-c_{min})}{K_m+(c-c_{min})}$$

c_{min} 因离子种类不同而异，Barber(1979)发现玉米钾的 c_{min} 为 2 μmol・L^{-1}，磷为 0.2 μmol・L^{-1}。而相应元素的大麦 c_{min} 值分别是 1 μmol・L^{-1} 和 0.1 μmol

$\cdot L^{-1}$。c_{min} 是植物从土壤中吸收离子的重要因素。因为它是根从土壤溶液中摄取离子的最低浓度，所以，它决定着离子在根际的扩散梯度。

许多学者根据酶动力学原理，测定了在不同浓度溶液中许多作物对几种离子吸收的动力学参数(表 7-5)。

表 7-5 各种作物对不同离子吸收的动力学参数

作 物	离子	$I_{max}/(10^{-10}\,mol \cdot g^{-1} \cdot s^{-1})$	$K_m/(mmol \cdot L^{-1})$
玉米	NH_4^+	30	0.170
	NO_3^-	25	0.110
水稻*	NH_4^+	2	0.020
	NO_3^-	1.5	0.600
洋葱(6 d)	NO_3^-	20	0.025
洋葱(21 d)	NO_3	15	0.053
油菜(6 d)	NO_3^-	94	0.030
油菜(21 d)	NO_3^-	40	0.200
油菜(5～10 d)	$H_2PO_4^-$	7.5	0.030
油菜(10～15 d)	$H_2PO_4^-$	4.8	0.044
洋葱(8～16 d)	$H_2PO_4^-$	2	0.007
洋葱(16～32 d)	$H_2PO_4^-$	1.5	0.010
三叶草	$H_2PO_4^-$	1.2	0.001
羽扇豆	$H_2PO_4^-$	2.6	0.006

* 为离体根，其他为完整的活体根。

从表 7-5 中可以看出，玉米根对 NO_3^- 的亲和力略大于 NH_4^+，当 2 种离子同时存在时，优先选择吸收 NO_3^-；而水稻则相反，对 NH_4^+ 的亲和力远远大于 NO_3^-，因而当 2 种离子同时存在时，优先选择吸收 NH_4^+。在同一株作物上，幼根对 NO_3^- 和 $H_2PO_4^-$ 的选择吸收能力比老根强。V_{max} 值愈大，载体运输离子的速度愈快。

载体学说能够比较圆满地从理论上解释了关于离子吸收中的 3 个基本问题，即：

①离子的选择性吸收；

②离子通过质膜以及在质膜上的转移；

③离子吸收与代谢的关系。

4. 离子泵运输　离子泵是存在于细胞膜上的蛋白质，它在有能量供应时可使离子在细胞膜上逆电化学势梯度主动地吸收。离子泵能够在离子浓度非常低的介质中,吸收和富集离子,致使细胞内离子的浓度与外界环境中相差很大。

由 Hoagland(1944)提出的离子泵概念,对植物细胞许多生理过程的研究是非常重要的。这种泵在质膜上可向外运送钠,而同时向内输入钾。在细胞内钠(Na^+)的浓度比钾(K^+)低,因而可以设想,在细胞膜上可能有不断地将 Na^+ 由细胞内输出,同时可将 K^+ 输入的装置,该装置能够逆电势梯度运送离子,起着“泵”的作用,所以叫离子泵。

通过细胞化学技术和电子显微镜技术证实,在植物原生质膜上存在着 ATP 酶,它不均匀的分布在细胞膜、内质网和线粒体膜系统上。在菜豆、大麦、玉米和燕麦细胞原生质上都有发现。

ATP 酶可被 K^+、Rb^+、Na^+、NH_4^+、Cs^+ 等阳离子活化,促进其水解。即:

$$ATP \xrightarrow[K^+、Na^+]{ATP酶} ADP^- + [\ O{=}P(OH)_2\ ]^+$$

生成的磷酰基团很不稳定,易水解产生 H^+ 离子,如下式所示:

$$[\ O{=}P(OH)_2\ ]^+ + H_2O \longrightarrow H_3PO_4 + H^+$$

产生的质子(H^+)则被泵出膜外,使膜内外产生 pH 梯度,形成跨质膜的电位差。

通常,对高等植物细胞膜产生负电位的质子(H^+)泵有时也称为电致泵,这些泵主要是结合在质膜上的 ATP 酶,它们的水解能产生大量质子并将其泵出细胞质。与此同时,阳离子可以反向运入细胞质,这种运输方式称之为逆向运输。在逆向运输过程中,泵出的 H^+ 和阳离子的进入量并非 1∶1 的关系,也可能远小于 1。在这一运输过程中,质子泵维持的电位梯度为阳离子跨原生质膜的运输提供了驱动力,而原生质膜上的载体则控制着阳离子运输的速率和选择性。质子泵所引起的质子浓度梯度,同时也为质子与阴离子的协同跨膜运输提供了驱动力。

对阴离子来说,电位梯度意味着需要有按热力学含意的主动运输(上坡),但它也能与质子协同运输,从自由空间进入细胞质。在原生质膜上质子-阴离子的协同运输现象已得到证实。例如,大麦根中氯化物以及浮萍属中磷酸盐的运输就是如此。测定吸收过程中 pH 和电位变化的结果表明,在协同运输中可能 1 个或 2 个质子与 1 个 $H_2PO_4^-$ 一起运输。还可能 3 个质子与 1 个 2 价的硫酸根阴离子一起运输。

关于阴离子通过原生质膜运输的机理还有其他不同的解释。根据 Lin(1979)的资料,OH^-/磷酸盐(Pi)的逆向运输,对玉米根吸收磷酸根离子有调控作用,在这一逆向运输中,OH^- 从高电化学势(高 pH 及强负电荷)的细胞质中运送到质外体空间(下坡),与阴离子进入细胞质的逆向运输相偶联(参看图 7-5)。

目前,人们对液泡膜上的运输过程了解较少,但已明确知道,在液泡膜上还存在着另一个 ATP 驱动的质子泵(H^+-ATP 酶)。这种质子泵可能与阴离子向液泡内的运输相偶联。按照化学方法计算,每水解 1 个 ATP 分子可运送两个质子,质子/阴离子协同运输比为 1∶1。阳离子进入液泡可能是靠逆向运输传递,而从液泡跨膜进入细胞质的质子电化学梯度则驱动着此逆向运输(图 7-9)。

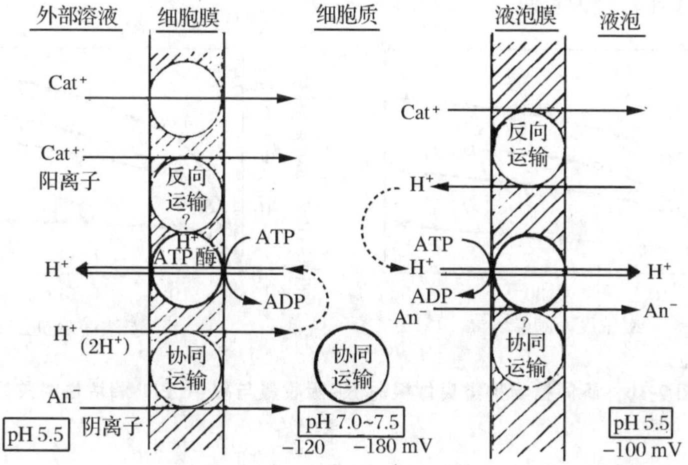

图 7-9 植物细胞内电致质子泵(H^+-ATP 酶)的位置及作用模式

两类 ATP 驱动的质子泵不仅所在位置不同(原生质膜与液泡膜),而且对阴、阳离子的敏感程度也不同。原生质膜上的 H^+-ATP 酶能被一价阳离子激活,其激活力顺序为:$K^+ > NH_4^+ > Na^+$,对阴离子较不敏感;也能被生长素或一种真菌毒素——壳梭孢(菌)素所激活。两种物质都能使质外体空间酸化,提高膜负电位,并相应地增强了对阳离子如 K^+ 的吸收。

液泡膜 H^+-ATP 酶对一价阳离子很不敏感,但大多数阴离子,尤其是氯化物对它有激活作用。硫酸盐的激活作用比氯化物小,而硝酸盐却能强烈地抑制液泡膜上 H^+-ATP 酶的活性。这种对阴离子敏感程度的差异可能对阴、阳离子在根内共质体中横向运输的速率及其向木质部的释放都会产生重要的影响。

根据现有了解,一切有液泡的细胞中都存在这两类质子泵。叶组织中原生质膜上 H^+-ATP 酶是依赖光的,它可能存在叶片组织对钾的光促吸收。具有景天(科)酸代谢的植物叶片有夜间累积苹果酸的特性,主要原因正是因为质子主动运输中两个质子必须伴随一个二价的苹果酸阴离子(—OOC—OH_2 · CHOH ·

COO—)一起进入液泡的协同作用所致。苹果酸盐对液泡膜上 H^+-ATP 酶的激活程度与氯化物相似。

总之,对物质的跨膜运输来说,一般的营养物质,尤其是离子,运输的主要驱动力是引起跨膜电位梯度的 H^+-ATP 酶。离子吸收与 ATP 酶活性之间有很好的相关性(图 7-10)。阴、阳离子的运输是一种梯度依赖型的或偶联式的运输。阴、阳离子的运输速率不仅取决于电位和化学位的梯度,也取决于离子的理化性质及其对质膜上载体的亲和性。

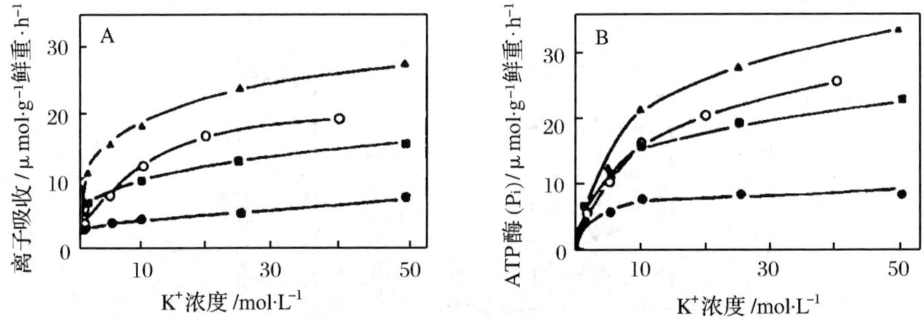

图 7-10 不同植物种类离体根的 K^+ 吸收量与根中 ATP 酶活性的关系

第二节 影响养分吸收的因素

植物主要通过根系从土壤中吸收矿质养分。因此,除了植物本身的遗传特性外,土壤和其他环境因子对养分的吸收以及向地上部分的运移都有显著的影响。例如,植物利用 NO_3^--N 形成氨基酸和合成蛋白质的速率远比根系吸收 NO_3^--N 来得快;当 NO_3^--N 供应不足时,植物对 NO_3^- 的同化是限制其代谢速率的主要因素;而当 NO_3^--N 供应充足时,根系对 NO_3^- 的吸收速率则成为限制其代谢速率的关键所在。养分吸收速率主要取决于植物生长速率等内在因素和温度和光照等许多环境因素。为了进一步阐明根系吸收养分的实质,必须研究各种生理过程与环境因素的相互关系。

影响养分吸收的因素主要包括介质中的养分浓度、温度、光照强度、土壤水分、通气状况、土壤 pH 值、养分离子的理化性质、根的代谢活性、苗龄和生育时期植物体内养分状况等。

一、介质中养分的浓度

Van den Honert (1937)首先提出了甘蔗在外界供磷浓度较低时，其吸收率随外界供磷浓度提高而增加的吸收模型。这一模型适用于描述在介质中养分浓度较低时浓度与吸收率的关系。在以后的研究中，许多学者，特别是 Epstein 及其同事们，利用浓度效应曲线(即吸收等温曲线)研究了养分吸收过程的实质。研究表明，在低浓度范围内，离子的吸收速率随介质中养分浓度的提高而上升，但上升速度较慢，在高浓度范围内(如＞1 mmol · L^{-1})，离子吸收的选择性较低，对代谢抑制剂不很敏感，而陪伴离子及蒸腾速率对离子的吸收速率则影响较大。

各种矿质养分都有其浓度与吸收速率的特定关系。图 7-11 是 KCl 和 NaCl 浓度对大麦根系吸收 K^+ 和 Na^+ 速率的影响结果。根据养分吸收的动力学原理，这种差异反映了根细胞原生质膜上结合位点对 K^+ 和 Na^+ 亲和力的差异，即对 K^+ 亲和力大，K_m 值小；而对 Na^+ 的亲和力小，K_m 值大。磷的吸收等温线与 K^+ 相似，而 Ca^{2+} 和 Mg^{2+} 的吸收等温线则与 Na^+ 相似。

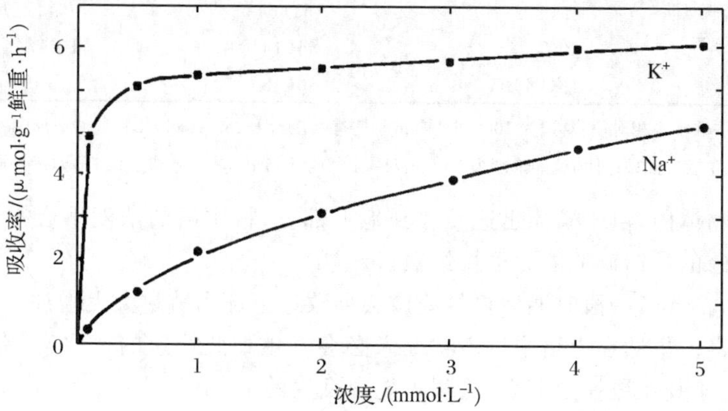

图 7-11 KCl 和 NaCl 浓度对离体大麦根吸收 K^+ 和 Na^+ 速率的影响

土壤溶液中 K^+ (＜1 mmol)和磷酸根离子(＜0.1 mmol)的浓度往往比较低；而 Ca^{2+} 和 Mg^{2+} 的浓度却比较高。为了满足植物对这些养分的不同需要量，植物根细胞原生质膜上有对各种矿质养分亲和力(K_m 值)不同的许多结合点位。在长期试验中，当养分浓度过高时会出现所谓的奢侈吸收。不过在田间条件下，前期的奢侈吸收，也可能为后期生长需要量大或根部供应受阻时准备了内在的库存。

(一)中断养分供应的影响

如果中断某一养分的供应,往往会促进植物对这一养分的吸收,因为植物对养分中断具有反馈能力。如表 7-6 所示,缺磷 7 d 的大麦在重新供磷后,其地上部、幼叶和根系的含磷量均明显增加。含磷量的增加正是由于吸磷速率增加所致。这也充分表明植物对养分供应状况的反馈调节能力。通常控制吸磷的反馈机理可在几小时内产生。研究表明,Cram(1983)提出对硫酸盐净吸收的反馈控制点位于液泡膜上。Lee 和 Ratcliffe(1982)认为,吸磷的反馈控制点也位于液泡膜上。豌豆根尖对磷的吸收速率与液泡中无机磷(P_i)的浓度密切相关,而和细胞质中磷的浓度无关。这说明液泡膜有可能是这一反馈调节控制点所处的位置。研究表明,离子的载体结合位点主要在原生质膜上,反馈控制点在液泡膜上,通常是原生质膜上的离子吸收和液泡膜上的反馈调节机理同时在起作用,很难区分各自的单独作用。

表 7-6 不同供磷状况对大麦各部位含磷量的影响

植物	含磷量/(μmol · g^{-1} 干重*)		
	8 d$-P^a$	(7 d$-$P)$+$(1 d$+P^b$)	(7 d$-P^b$)$+$(3 d$+P^c$)
地上部	49(20)	151(61)	412(176)
幼 叶	26(5)	684(141)	1 647(483)
根 系	43(24)	86(48)	169(94)

* 括号中数字为相对值;对照为 100,即整个试验期持续供给 P 150 μmol · L^{-1}。a:不加磷生长 8 d。b:不施磷生长 7 d 尔后补加磷(补加磷的浓度为 150 μmol · L^{-1})生长 1 d。c:不施磷生长 7 d 尔后补施磷生长 3 d。

在植物体内,由于磷能迅速转移到地上部分,根中磷的浓度不会很快提高,使得控制吸磷的反馈调节能力可持续数日。

因此,在缺磷一段时期后再供应磷会导致地上部含磷量大大增加,甚至还可能引起磷中毒。虽然在土培中供磷状况未必会发生如此快速的变化,但在营养液培养试验中,尤其在更换溶液后,是很可能会发生的。

(二)长期供应的影响

某一矿质养分的吸收速率与其外界浓度间的关系还取决于养分持续供应的状况。在长期试验中,当介质中磷的浓度约为 5 μmol · L^{-1}时,其吸收速率就趋于稳定;而在短期试验中,即使磷的外界浓度相当高,其吸收速率仍继续上升(图 7-12)。

这种矛盾现象主要是植物磷营养状况的差异所致。用离体根或完整的幼龄植物进行短期研究时,通常需要在很稀的营养液或 $CaSO_4$ 溶液中进行预培养(Epstein,1972),因此植株或根内的养分浓度都相当低。当供应养分以后,养分吸收速率会非常高,甚至在高浓度范围内吸收速率仍继续增高。这种现象至少持续几个小时或几天,当体内在养分浓度上升后,吸收速率就减慢了。

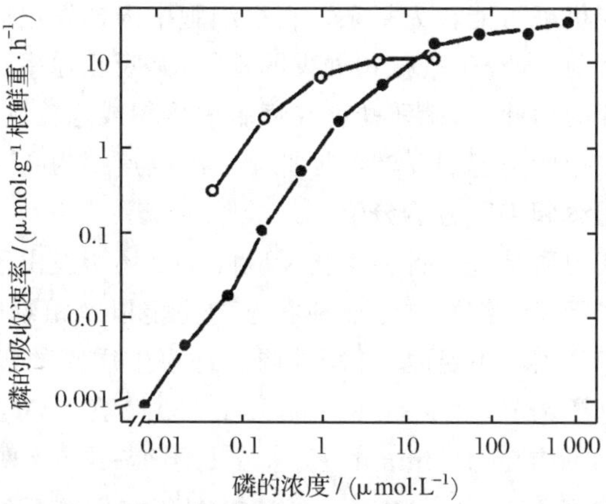

图 7-12　外界磷浓度对生长 4 周的 8 种植物以及生长 24 h 的大麦吸磷速率的影响

○—○生长 4 周　●—●生长 24 h

(三)养分吸收速率的调控机理

植物根系对养分的吸收不仅受植物预处理方式的影响,更重要的是受植物对养分需求量的主动控制。这种反馈调控机理可使植物体内某一离子的含量较高时,降低其吸收速率;反之,养分缺乏或养分含量较低时,能明显提高吸收速率。净吸收速率的降低包括流入量的降低和溢泌量的增加 2 个方面,其作用强度受特定组织和离子种类及其浓度范围的影响。例如,在养分浓度低时,植物生长速率较快,K^+、Cl^- 和 $H_2PO_4^-$ 的净吸收率受流入过程的调控。离子的溢泌量仍对吸收率影响较大,若随着组织中养分(如 K^+)浓度的增加,K^+ 流入量则降低,在稳态时,K^+ 流入量接近溢泌量,实质上净吸收率是降低的。

Cram(1983)的研究表明,SO_4^{2-} 的吸收率受液泡膜控制位点的调控,原生质膜的 SO_4^{2-} 流入量与植物组织中硫水平的反馈调控无关,而 SO_4^{2-} 在原生质膜上的流入量和溢泌量都有所增加,其结果使细胞质中 SO_4^{2-} 的数量基本保持不变,并运至液泡或木质部而还原为有机态硫。

Jackson 及其同事的许多研究表明,NO_3^- 的溢泌是决定组织中 NO_3^- 水平的最重要因素。例如,谷子在黑暗中溢泌的 NO_3^- 多于吸收的量,因此造成 NO_3^- 净外泌的现象。

由代谢物引起的反馈机理也可调控那些在细胞中进行代谢的矿质养分(如硫酸盐、硝酸盐)的吸收速率。含硫的半胱氨酸和蛋氨酸能强烈抑制硫酸盐的吸收。

硝酸盐的反馈调控机理可能较为复杂。在根细胞中未诱发出硝酸还原酶或原生质膜上硝酸盐载体之前,未经硝酸盐预处理的植物,其吸收速率在最初几小时内明显地低于经过预处理的。此后,硝酸盐就在细胞中累积或运输到地上部,直到由还原态氮或累积的硝酸盐所引起的反馈调控抑制了吸收速率为止。

(四)细胞质和液泡中养分的分配

植物细胞的细胞质是进行各种生化反应的主要场所。由于养分在各种生化反应中的重要作用在于保证细胞质组成和状态的稳定以及植物旺盛的代谢作用,因此,一般认为,当养分供应不足时,可通过调节跨原生质膜的吸收速率或对储存在液泡中的养分再分配调节。Lee 和 Ratcliffe(1983)报道,当外界磷浓度改变时,豌豆根细胞质中的 P_i 保持在 18 mmol · L^{-1} 左右不变;当组织中的全磷量下降时,细胞质中的 P_i 仍能保持稳定。Memon(1985)在研究细胞质和液泡中 K^+ 的动态时也得出相同的结论(表 7-7)。相反,当养分供应过量时,就会有大量的养分储存在液泡中。如果没有从液泡到液泡膜乃至原生质膜运载体的反馈调控信息,上述调控过程是无法解释的。这一调控机理可用图 7-13 表示。

表 7-7 介质中 K^+ 浓度对大麦根细胞质和液泡中 K^+ 浓度的影响 mmol · L^{-1}

介质 K^+	细胞质 K^+	液泡 K^+
0.01	133	21
0.1	140	61

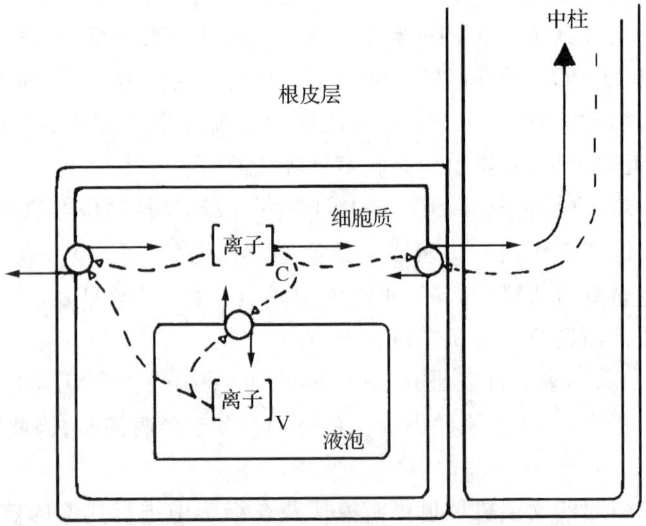

图 7-13 根部离子吸收的反馈调控模型

二、温度

由于根系对养分的吸收主要依赖于根系呼吸作用所提供的能量，而呼吸作用过程中一系列的酶促反应对温度又非常敏感，所以，温度对养分的吸收也有很大的影响。一般在6～38℃的范围内，养分吸收随温度升高而增加。温度过高（超过40℃）时，由于高温使体内酶钝化，从而减少了可结合养分离子载体的数量，同时高温使细胞膜透性增大，增加了矿质养分的被动溢泌。这是高温引起植物对矿质元素的吸收速率下降的主要原因。低温往往使植物的代谢活性降低，因而导致减少养分吸收量。

不同作物适应生长的温度范围不同，如水稻在30℃左右，而大麦在25℃左右。对示踪元素的研究表明，低温显著抑制燕麦和四季萝卜对钙、磷的吸收，而对葱、黄瓜、萝卜的影响较小。

三、光照

光照对根系吸收矿质养分一般没有直接的影响，但可通过影响植物叶片的光合强度而对某些酶的活性、气孔的开闭和蒸腾强度等产生间接影响，最终导致根系对矿质养分的吸收能力下降。

光照直接影响光合产物的数量，而植物的光合产物（如糖及碳水分合物）被运送到根部，能为矿质养分的吸收提供必需的能量及受体。有试验表明，在通气条件下，根部的糖分被消耗，K^+ 和 NO_3^- 的吸收量都较低；当从外部供给葡萄糖时，吸收能力明显增高。

高桥于1954年曾做过一个经典的试验，研究了水稻幼苗的光照强度与养分吸收的关系，发现光照不足时，各种养分的吸收减少，特别是对铵态氮、磷、钾及锰的吸收（表7-8）。

表7-8 光照对水稻吸收养分的影响（高桥，1954）

光照指数	养分含量/%						
	NH_4^+	$H_2PO_4^-$	K^+	Ca^{2+}	Mg^{2+}	Mn^{2+}	SiO_2
100	100	100	100	100	100	100	100
58	58	76	78	107	103	85	95
56	40	33	41	64	68	46	65
5	17	15	13	49	40	22	35

光与气孔的开闭关系密切，而气孔的开闭与蒸腾强度又紧密相关。在光照条

件下，植物的蒸腾强度大，养分随蒸腾流的运输速度快，光照促进了水分和养分的吸收。

四、水分

水是植物生命活动的重要因素。水分状况对植物的影响是多方面的。水分状况是影响土壤中离子扩散和质流迁移的重要因素，也是化肥溶解和有机肥料矿化的决定条件。水分对无机态离子植物吸收的影响却十分复杂。

首先，水分对植物生长，特别是对根系的生长有很大的影响，进而影响养分的吸收。许多研究表明，如果施用甘露醇等有机化合物降低营养液的水势，植物对 $H_2PO_4^-$、K^+ 和其他离子的吸收就会受到抑制。不同含水量土壤的吸收试验表明，玉米对 ^{86}Rb 的吸收量随土壤含水量由土壤湿度 10%增加到 28%而提高。缺水既可以降低养分在土壤中向根表的迁移速率，也可以减弱根系的吸收能力。对 K^+ 和 Cl^- 而言，这两个过程都会受到较大的影响，而对 $H_2PO_4^-$ 来说，减少根系的吸收能力则是主要的。

其次，由于植物的蒸腾作用使根系附近的水分状况发生较大变化，影响着土壤中离子的溶解度以及土壤的氧化还原状况，从而间接地影响了离子的吸收。

五、通气状况

土壤的通气状况主要从 3 个方面影响植物对养分的吸收：一是根系的呼吸作用，二是有毒物质的产生；三是土壤养分的形态和有效性。

通气良好的环境，能改善根部供氧状况，并能促使根系呼吸所产生的二氧化碳从根际散失。这一过程对根系正常发育、根的有氧代谢以及离子的吸收都具有十分重要的意义。

根部有氧呼吸所需要的氧气（O_2）主要是由根际土壤空气提供的。土壤空气中氧的含量取决于土壤的通气状况，如果土壤通气性良好，根际土壤中氧气的含量就高，能促进植物的有氧呼吸，并有利于植物对养分的吸收。

水稻本身有从茎叶向根部输送氧气的特殊功能，从而保证了根系进行正常的呼吸作用和养分的吸收。采用水稻与大豆两种植物的活体根及离体根进行培养试验时发现，水稻的活体根在有氧或缺氧的条件下，其呼吸强度大体相同；离体根在缺氧的条件下，呼吸强度在短时间内急剧减弱，而大豆不论其活体根还是离体根其呼吸强度均从缺氧培养开始就显著降低。Hoagland 的试验表明，在营养液培养中，通氧处理的大麦吸收 K^+ 的数量远远超过通氮气的处理。通氮气处理的大麦幼根，其细胞汁液中 K^+ 的含量明显低于营养液中 K^+ 的浓度。

六、土壤反应(pH 值)

土壤反应对植物根系吸收离子的影响很大。pH 值对离子吸收的影响主要是通过根表面，特别是细胞壁上的电荷变化及其与 K^+、Ca^{2+}、Mg^{2+} 等阳离子的竞争作用表现出来的。

pH 改变了介质中 H^+ 和 OH^- 的比例，并对植物的养分吸收有很显著的影响。表 7-9 说明了不同介质 pH 值对番茄吸收 NH_4^+-N 和 NO_3^--N 数量的影响。

表 7-9　不同 pH 值条件下对番茄吸收 NH_4^+-N 及 NO_3^--N 的影响

培养液的 pH 值变化	离子吸收量/(mg · kg⁻¹ 鲜重 · 6 h)		
	NH_4^+-N	NO_3^--N	总吸收量
4.0	34	48	82
5.0	42	59	101
6.0	46	41	87
7.6	66	30	96

表 7-9 说明，当外界溶液 pH 值较低时，抑制了植物对 NH_4^+-N 的吸收；而介质 pH 值较高时，则会抑制 NO_3^--N 的吸收，而吸收 NH_4^+-N 的数量有所增加。

Jacobson 等在研究介质溶液 pH 值对大麦根吸收钾的影响时发现(图 7-14)，在 pH 值<4，又没有钙供应的情况下，根系对 K^+ 的吸收表现为净溢泌现象；如果有钙存在，K^+ 的吸收速率随 pH 值的降低而急剧下降，这种 pH 值效应是 H^+ 和 K^+ 竞争原生质膜上的结合位点的结果。

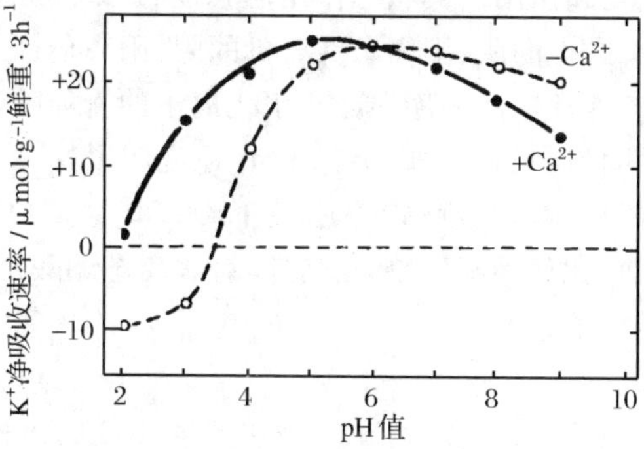

图 7-14　外部溶液的 pH 值及 Ca^{2+} 的供应对大麦根 K^+ 净吸收率的影响

在酸性土壤上，由于 H^+ 浓度高，抑制了植物对 Ca^{2+}、Mg^{2+} 等阳离子的吸收，从而会表现出典型的生理缺素症。

七、离子理化性状和根的代谢作用

离子的理化性状（离子半径和价数）不仅直接影响离子在根自由空间中的迁移速率，而且决定着离子跨膜运输的速率。

（一）离子半径

吸收同价离子的速率与离子半径之间的关系通常呈负相关。表 7-10 中列出了一价阳离子的半径与吸收速率的关系。由表 7-10 中可见，吸收速率与离子半径呈负相关关系，只有在 Li^+、Na^+ 和 K^+ 相比较时出现。虽然 Cs^+ 的直径较小，但它的吸收速率比 K^+ 低得多。这说明除离子半径外，还有其他影响离子吸收的因素，如载体对离子的亲和力等。

表 7-10 碱金属阳离子吸收与离子半径之间的关系*

阳离子	离子半径/nm	吸收速率/(μmol・g^{-1} 鲜重・3 h^{-1})
Li^+	0.38	2
Na^+	0.36	15
K^+	0.33	26
Cs^+	0.31	12

* 在 pH 为 6.0 时以 0.5 mmol・L^{-1} 的溴化盐溶液供给各种阳离子。

（二）离子价数

由于细胞膜组分中的磷脂、硫酸酯和蛋白质等都有带电荷的基团，因此，离子都能与这些基团相互起作用。其相互作用的强弱按以下顺序：不带电荷的分子＜一价的阴、阳离子＜二价的阴、阳离子＜三价的阴、阳离子。

相反，吸收速率常常依此顺序递减。水化离子的直径随化合价的增加而加大，这也是影响该顺序的另一因素。图 7-15 清楚地说明了这一规律。由图 7-15 可以看出，当 pH 值升高时，硼的吸收速率明显下降。其主要原因是随着 pH 值的升高，未解离的 H_3BO_3 比例明显下降，细胞膜对解离态硼酸根离子的吸收能力显著低于未解离态硼酸分子。

（三）代谢活性

由于离子和其他溶质在很多情况下是逆浓度梯度的累积，所以需要直接或间接地消耗能量。在不进行光合作用的细胞和组织中（包括根），能量的主要来源是呼吸作用。因此，所有影响呼吸作用的因子也都可能影响离子的累积。例如，去掉水稻茎基部叶片或采用遮荫的办法减少对根部碳水化合物的供应，都能降低根的

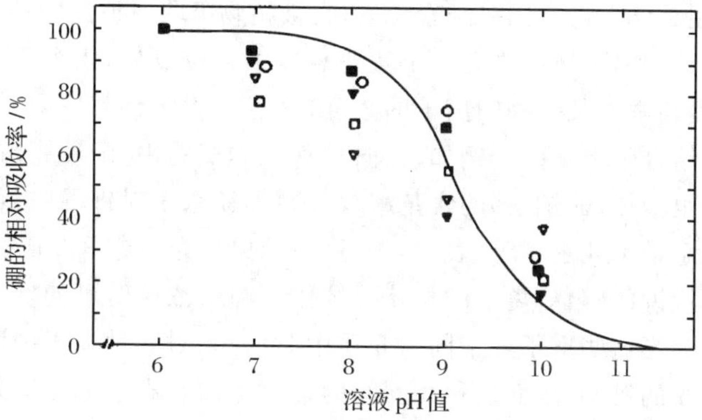

图 7-15　硼的相对吸收率与外部溶液 pH 值的关系

以 pH 值为 6 时各种供应浓度的吸收量为 100，其中实线：未解离 H_3BO_3 的百分数

△：10 $mg \cdot kg^{-1}$　□：2.5 $mg \cdot kg^{-1}$　○：5.0 $mg \cdot kg^{-1}$　▲：7.5 $mg \cdot kg^{-1}$　■：10.0 $mg \cdot kg^{-1}$

呼吸强度，使根系吸收 ^{32}P 的速率明显降低（表 7-11）。

表 7-11　遮荫和去基部叶片对水稻根呼吸作用和 ^{32}P 吸收率的影响

处　理	每株干重/g	根呼吸作用/（$\mu L \cdot g^{-1}$ 干重）	^{32}P 相对吸收速率/（$cpm \cdot g^{-1}$ 干重）
对照	2.46	0.174	100
去基部叶片	2.32	0.095	57
遮荫*	1.70	0.062	32

* 遮荫时间：6 d。

八、离子间的相互作用

（一）离子间的拮抗作用

所谓离子间的拮抗作用是指在溶液中某一离子存在能抑制另一离子吸收的现象。离子间的拮抗作用主要表现在对离子的选择性吸收上。一般认为，化学性质近似的离子在质膜上占有同一结合位点（即与载体的结合位点）。培养试验证明，在阳离子中，K^+、Rb^+ 与 Cs^+ 之间，Ca^{2+}、Sr^{2+} 与 Ba^{2+} 之间；在阴离子中，Cl^-、Br^- 与 I^- 之间，SO_4^{2-} 与 SeO_4^{2-} 之间，$H_2PO_4^-$ 与 SO_4^{2-} 之间，$H_2PO_4^-$ 与 Cl^- 之间，NO_3^- 与 Cl^- 之间，都有拮抗作用。上述各组离子具有相同的电荷或者近似的化学性质。Jenny 根据水合半径的大小把一价阳离子分为两类：第一类是 K^+（0.532 nm）、Rb^+（0.509 nm）、Cs^+（0.505 nm）、NH_4^+（0.537 nm），它们的离子水合半径近似，在载体上占有同一结合位点，在被植物吸收时彼此间都有一定的拮抗作用。第二类是阳离子彼此之间除了竞争载体结合位点外，还竞争电荷。许多试验证明，任意提高膜外某一种阳离子的浓度，必然会影响到其他阳离子的吸收，这种情况与竞争结合位点不同。例如，在向日葵培养试验中，随着镁浓度的增加，向日葵的含镁量也增加，而钠、钙的含量减少。增加镁浓度对钾的吸收基本无影响，阳离子的吸收总量也几乎相等(表 7-12)，这一现象称为非竞争性拮抗作用。

根据载体假说的解释，离子的相互拮抗作用在低浓度时可能发生在质膜的相同载体位置上。当这些离子处于同一介质中时，根系对一种离子的吸收就减少了对另一离子吸收的机会，因而这种相互间的拮抗作用与离子的电荷及水化半径有关。载体假说还认为：一价阳离子比离子水化半径相类似的二价或多价阳离子容易与载体结合而能较多地被吸收；离子水化半径小的离子又比水化半径大的离子更易于被吸收。离子间的这种拮抗作用，只适于低浓度的情况，当离子浓度增高时，离子进入根内的机理大多属于被动吸收的过程。

表 7-12 提高镁浓度对向日葵中各种阳离子含量的影响(干重) $cmol \cdot kg^{-1}$

处理	K^+	Na^+	Ca^{2+}	Mg^{2+}	阳离子总量
Mg_1	49	4	42	49	144
Mg_2	57	3	31	61	152
Mg_3	57	2	23	68	150

除阳离子外，在电价数相同的阴离子之间也有拮抗作用。在大麦试验中，当 Cl^- 的浓度固定不变而改变 K^+ 和 NO_3^- 的浓度时，随着溶液中 NO_3^- 浓度的增加，Cl^- 在茎和根中含量减少，而 K^+ 在茎秆中的含量则显著增加(表 7-13)。

表 7-13 NO_3^- 对大麦根和地上部分 K^+、Cl^- 累积的影响

离子浓度/($mmol \cdot L^{-1}$)			含量/($\mu mol \cdot g^{-1}$)			
			Cl^-		K^+	
NO_3^-	Cl^-	K^+	地上部	根	地上部	根
0	1	1.0	6.5	46	15	19
0.1	1	1.1	33	13	33	33
0.5	1	1.5	13	5	39	52
1.0	1	2.0	12	3	63	55
2.0	1	3.0	7	0	80	26
5.0	1	6.0	5	1	90	29

注：在 Hoagland 营养液中生长 7 d。

一般认为，NO_3^- 影响 Cl^- 的吸收是由于 NO_3^- 在作物体内能大量被用于合成有机化合物，而 Cl^- 通常以游离形态累积，作物体内一般不累积较多的无机态阴离子，所以影响了 Cl^- 的吸收。SO_4^{2-} 和 Cl^- 与 Br^- 的拮抗，一般认为是由于它们占有同一个结合位点；NO_3^- 和 $H_2PO_4^-$ 也存在拮抗，因此施用硝态氮肥时，应重视增施磷肥。

(二)离子间的协助作用

离子间的协助作用是指在溶液中某一离子的存在有利于根系对另一些离子的吸收。离子间的协助作用主要表现在阳离子与阴离子之间，以及阴离子与阴离子之间。Ca^{2+} 的存在能促进许多离子的吸收，如 NH_4^+、K^+ 和 Rb^+ 等的吸收。

阴离子对阳离子的吸收一般都具有协助作用。据研究，在大多数作物体内，每千克新鲜组织含有 50～100 mmol 的负电荷，这就必须吸收相应摩尔的阳离子来补偿电荷。有些阴离子，如 NO_3^-、SO_4^{2-} 和 $H_2PO_4^-$，在植物体内易通过代谢变为有机物而消失，并在体内产生糖醛酸、草酸和不挥发有机酸等有机阴离子来补偿负电荷，这就促进了植物对阳离子的吸收。

离子间产生协助作用的原因尚不完全清楚。Ca^{2+} 对多种离子有协助作用，一般认为是由于它具有稳定质膜结构的特殊功能，有助于质膜的选择性吸收。Ca^{2+} 的这种协助作用是维茨(Viets)1947 年首先发现的，因此，也称为“维茨效应”。Ca^{2+} 不仅能促进阳离子的吸收，也能促进阴离子的吸收。Ca^{2+} 的这种作用能明显改善盐渍土上植物的生长状况，其主要原因是它能提高 K^+/Na^+ 的吸收比值(表 7-14)。

表 7-14 Ca^{2+} 对根系选择性吸收 K^+/Na^+ 的影响

外部溶液 NaCl+KCl(各取 10 mmol·L^{-1})	吸收速率/(μmol·g^{-1} 鲜重·4 h^{-1})					
	玉 米			甜 菜		
	Na^+	K^+	$Na^+ + K^+$	Na^+	K^+	$Na^+ + K^+$
无 钙	9.0	11.0	20.0	18.8	8.3	27.1
有 钙	5.9	15.0	20.9	15.4	10.7	26.1

* 0.5 mmol·L^{-1} $CaCl_2$。

植物根细胞对 K^+/Na^+ 的选择性吸收主要依赖于原生质膜上的 K^+,Na^+-ATP 酶控制的 K^+ 流入和 Na^+ 流出。在有 Ca^{2+} 存在时，K^+ 的流入量增加，而 Na^+ 的流出量也增加，从而避免 Na^+ 的累积造成毒害；在缺 Ca^{2+} 情况下，K^+ 和 Na^+ 的流入流出比例失调，作物易受盐害。

九、苗龄和生育阶段

在各生育阶段，植物对营养元素的种类、数量和比例等都有不同的要求。一般生长初期吸收的数量少，吸收强度低。随着时间的推移，对营养物质的吸收逐渐增加，往往在性器官分化期达吸收高峰。到了成熟阶段，对营养元素的吸收又渐趋减少。但从单位根长来说，每天养分吸收速率总是幼龄期最高(表 7-15)。

在整个生育时期中，根据反应强弱和敏感性可以把植物对养分的反应分为营养临界期和最大效率期。所谓营养临界期是指植物生长发育的某一个时期，对某种养分要求的绝对数量不多但很迫切，并且当养分供应不足或元素间数量不平衡时将对植物生长发育造成难以弥补的损失，这个时期就叫做植物营养的临界期。各种作物对不同营养元素表现的临界期也不同。大多数作物磷的营养临界期在幼苗期，因种子中的磷消耗后，根系尚小，吸收力弱，若磷供应不足，幼苗生长严重受阻。氮的营养临界期，水稻为三叶期和幼穗分化期；棉花在现蕾初期；小麦、玉米为分蘖期和幼穗分化期。水稻钾的营养临界期在分蘖期和幼穗形成期。

表 7-15 玉米不同苗龄对养分吸收的影响

苗龄/d	吸收速率/(μ mol·m^{-1} 根长·d^{-1})				
	氮	磷	钾	钙	镁
20	227	11.3	53	144	13.8
30	32	0.90	12.4	5.2	1.6
40	19	0.86	8.0	0.56	0.90
50	11	0.66	4.8	0.37	0.78
60	5.7	0.37	1.6	0.20	0.56
100	4.2	0.23	0.2	0.80	0.29

在植物的生长阶段中所吸收的某种养分能发挥其最大效能的时期，叫作植物营养最大效率期。这一时期，作物生长迅速，吸收养分能力特别强，如能及时满足作物对养分的需要，增产效果将非常显著。据试验表明，玉米的氮素最大效率期在喇叭口期至抽雄期；油菜为花薹期；棉花的氮、磷最大效率期均在花铃期；对于甘薯来说，块茎膨大期是磷、钾肥料的最大效率期。

植物对养分吸收也具有日变化规律，甚至还有从几小时到数秒钟的脉冲式变化。这种周期性变化是植物内在节律的外在表现。如果环境条件符合上述节律性变化，将极大地促进植物生长。改变外在环境条件，适应这种节律性变化可以促进植物的生长。

第三节　叶片和地上部分其他器官对养分的吸收

植物除可从根部吸收养分外，还能通过叶片（或茎）吸收养分，这种营养方式称为植物的根外营养。

一、植物叶片的结构及组成

植物叶片是进行光合作用的主要场所，它是由表皮组织、叶肉组织及输导组织所组成，而叶片上的表皮组织含有大量表皮细胞，气孔就是表皮细胞分化出来的组织，并按一定的距离分布于叶表面上。气孔的数目依作物种类而异，高者每平方毫米可达 2 000 个，而一般植物只有 50～300 个。它的主要功能是与外界进行气体交换及蒸腾水分。

气孔具有开闭运动的特性，通过气孔运动与大气进行物质交换。早在 1856 年，Von Mohl 就已开始研究气孔运动的机理，从此引起了许多学者的兴趣，于是也提出了许多假说，如淀粉糖变化假说、乙醇代谢假说以及无机态离子吸收假说等。但因开闭运动的复杂变化，其机理至今尚未完全清楚。

无机态离子假说认为，叶片内各种无机态离子的吸收对气孔的开闭会产生一定的影响。在各种离子中，K^+ 担负着最重要的角色。例如，藤野在鸭跖草试验中观察到，在强光照的条件下，保卫细胞中的 K^+ 浓度高，气孔张开；黑暗条件下，保卫细胞中 K^+ 的浓度降低，气孔关闭。

试验证明，气孔的开闭与光照条件有关，即有光照时气孔张开，因而使 K^+ 在保卫细胞内累积。这一吸收过程是逆 K^+ 浓度梯度进行的，因此可以认为，保卫细胞内可能存在着调控受光活化的离子泵机构。它依靠代谢过程中产生的 ATP 做能源，不断地调控 K^+ 的吸收和排出，从而促进了细胞的开闭运动。

二、叶片对气态养分的吸收

要提高叶片营养的有效性，就必须使营养物质从叶表面能进入表皮细胞（或保卫细胞）的细胞质。

陆生植物还可通过气孔吸收气态养分，如二氧化碳（CO_2）、氧（O_2）以及二氧化硫（$^{35}SO_2$）等。Weig 等（1962）证实了地上部供给 SO_2 与根部施用硫酸铵 $(NH_4)_2SO_4$ 对植物生长速率的效果是大致相同的（表 7-16）。甚至叶部供 SO_2 的效果更好。

表 7-16 地上部供给 SO_2 或根系供给 SO_4^{2-} 每株烟草干物质产量及含硫量* mg

处理	干重		含硫量(S)	
	叶	根	叶	根
不供硫	0.8	0.4	1.5	1.9
叶片供 SO_2	2.0	0.6	11.4	1.9
根部供 SO_4^{2-}	2.0	0.6	7.4	4.9

试验证明，在夜间，牧草地上部分(从基部到草冠)大气层 NH_3 的浓度梯度大，而白天则相反，即大气层的 NH_3 浓度梯度降低，特别是草冠内 NH_3 浓度很低。这足以说明大量的气态 NH_3 已通过气孔被吸收。Cowling 等(1981)还对牧草日间吸 NH_3 量进行了计算，其结果为 100～450 g·hm^{-2} N。

在光合作用过程中，大气中的 CO_2 向叶内的叶绿体扩散，在叶片接受光照以后，使 CO_2 固定。此时，叶绿体内的 CO_2 浓度明显降低，从而形成叶绿体内与大气之间 CO_2 的浓度差，使得 CO_2 又可向叶绿体内扩散。

一般来说，叶片吸收气态养分有利于植物的生长发育，但在高度发展的工业区，由于废气的排出，空气污染相当严重，叶片也会因过量地吸收某些气体，如 SO_2、NO、N_2O 等而影响植物生长。例如，高浓度的 SO_2 气体能抑制 CO_2 在二磷酸戊酮糖羧化酶的活性中心的结合，使 CO_2 的固定受阻，严重地影响植物的光合作用。

三、叶片对矿质养分的吸收

研究证明，水生植物与陆生植物叶片对矿质元素的吸收能力大不相同。水生植物的叶片是吸收矿质养分的部位，而陆生植物因叶表皮细胞的外壁上覆盖有蜡质及角质层(图 7-16)，所以，对矿质元素的吸收明显受阻。角质层有微细孔道(甘蓝叶片角质层小孔的直径 6～7 nm)，也叫外质连丝，它是叶片吸收养分的通道。另有资料表明，蜡质类化合物的分子间隙可让水分子通过。因此，外部溶液中的溶质可通过这种空隙进入角质层，然后通过表皮细胞的细胞壁到达质膜。角质层的主要化学成分为半亲水性的 C_{18} 羟基脂肪酸化合物，并含有果胶角质及一些非脂化的角质多聚化合物，因而可产生一定的电荷。角质层的果胶物质等所产生的负电荷具有阳离子交换作用，并出现从外表面到细胞壁由低到高的电荷梯度，因此，有利于离子沿此梯度穿过角质层。

当溶液经过角质层孔道到达表皮细胞的细胞壁后，还要进一步经过细胞壁中的外质连丝到达表皮细胞的质膜。在电子显微镜下可以看到，外质连丝是表皮细胞细胞壁的通道，它从表皮细胞的内表面延伸到表皮细胞的质膜。

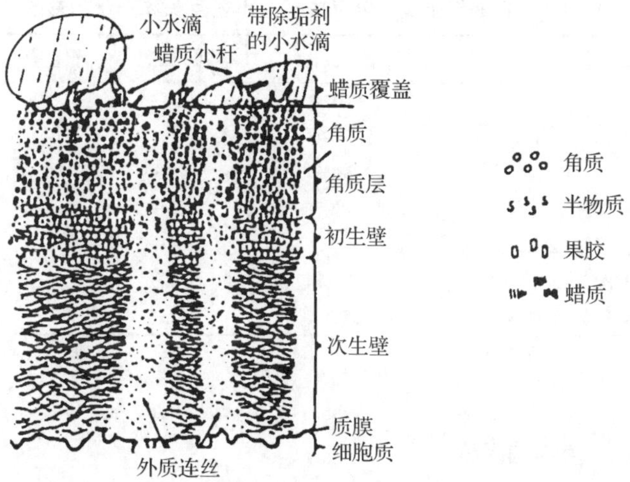

图 7-16　叶表皮细胞外壁的示意图

四、叶面营养的特点及应用

一般来讲，在植物的营养生长期间或是生殖生长的初期，叶片有吸收养分的能力，并且对某些矿质养分的吸收比根的吸收能力强。因此，在一定条件下，根外追肥是补充营养物质的有效途径，能明显提高作物的产量和改善品质。

与根供应养分相比，通过叶片直接提供营养物质是一种见效快、效率高的施肥方式。这种方式可防止养分在土壤中被固定，特别是锌、铜、铁、锰等微量元素。此外，还有一些生物活性物质如赤霉素等可与肥料同时进行叶面喷施。如作物生长期间缺乏某种元素，可进行叶面喷施，以弥补根系吸收的不足。

在干旱与半干旱地区，由于土壤有效水缺乏，不仅使土壤养分有效性降低，而且使施入土壤的肥料养分难以发挥作用，因此常因营养缺乏使作物生长发育受到影响。在这种情况下，叶面施肥能满足作物对营养的需求，达到矫正养分缺乏的目的。表 7-17 是澳大利亚半干旱地区田间小麦土壤施铜和叶面施铜效果的比较。

植物的叶面营养虽然有上述特点，但也有其局限性。如叶面施肥的效果虽然快，但往往效果短暂；而且每次喷施的养分总量比较有限；又易从疏水表面流失或被雨水淋洗；此外，有些养分元素（如钙）从叶片的吸收部位向植物的其他部位转移相当困难，喷施的效果不一定很好。这些都说明植物的根外营养不能完全代替根部营养，仅是一种辅助的施肥方式。因此，根外追肥只能用于解决一些特殊的植物营养问题，并且要根据土壤环境条件、植物的生育时期及其根系活力等合理地加以应用。

表 7-17 在缺铜土壤上叶面施铜对小麦生长和产量的影响

处 理	穗数/m^2	穗粒数	子粒重/($g\cdot m^{-2}$ 干重)
不施铜	37.0	0.14	0.03
土壤施铜 $CuSO_4$/($kg\cdot hm^{-2}$)			
2.5	28.8	2.3	1.0
10.0	58.5	2.9	2.3
叶面施铜 $CuSO_4$ 2%;2 $kg\cdot hm^{-2}$			
拔节期喷施 1 次	63.8	17.1	14.0
拔节及抽穗期各施 1 次	127.4	52.0	79.7

五、影响根外营养的因素

植物叶片吸收养分的效果,不仅取决于植物本身的代谢活动、叶片类型等内在因素,而且还与环境因素,如温度、矿质养分浓度、离子价数等关系密切。

(一)矿质养分的种类

植物叶片对不同种类矿质养分的吸收速率是不同的。叶片对钾的吸收速率依次为:氯化钾>硝酸钾>磷酸氢二钾;对氮的吸收速率为尿素>硝酸盐>铵盐。此外,在喷施时,适当地加入少量尿素可提高其吸收速率,并有防止叶片黄化的作用。

(二)矿质养分的浓度

一般认为,在一定的浓度范围内,矿质养分进入叶片的速率和数量随浓度的提高而增加。但如果浓度过高,使叶片组织中养分失去平衡,叶片受到损伤,就会出现灼伤症状。特别是高浓度的铵态氮肥对叶片的损伤尤为严重,如能添加少量蔗糖,可以抑制这种损伤作用。

(三)叶片对养分的吸附能力

叶片对养分的吸附量和吸附能力与溶液在叶片上附着的时间长短有关。特别是有些植物的叶片角质层较厚,很难吸附溶液;还有些植物虽然能够吸附溶液,但吸附得很不均匀,也会影响到叶片对养分的吸收效果。

试验证明,溶液在叶片上的保持时间在 30～60 min,叶片对养分的吸收数量就多。避免高温蒸发和气孔关闭时期对喷施效果的改善很有好处。因此,一般以下午施肥效果较好。如能加入表面活性物质的湿润剂,以降低表面张力,增大叶面对养分的吸附力,可明显提高肥效。

(四)植物的叶片类型及温度

双子叶植物叶面积大,叶片角质层较薄,溶液中的养分易被吸收;而单子叶植物如水稻、谷子、麦类等植物，叶面积小，角质层厚，溶液中养分不易被吸收。因此，对单子叶植物应适当加大浓度或增加喷施次数，以保证溶液能很好地被吸附在叶面上，提高叶片对养分的吸收效率。

温度对营养元素进入叶片有间接影响。采用^{32}P进行的试验证明，温度在30℃下时，叶片吸收^{32}P的相对速率为100％；而20℃及10℃时叶片吸^{32}P的相对速率则为53％和26％。温度下降，叶片吸收养分即减慢。由于叶片只能吸收液体，温度较高时，液体易蒸发，这也会影响叶片对矿质养分的吸收。

复习思考题

1. 什么是养分吸收动力学曲线？其参数的生理意义是什么？
2. ATP酶可由哪些离子活化？
3. 哪些因素会影响养分的吸收？举例说明。
4. 哪些离子间易发生拮抗作用？
5. 以一种作物为例说明什么是养分临界期和养分最大效率期。
6. 叶面营养有什么特点？生产上如何应用？

第八章　养分的运输和分配

植物根系从介质中吸收的矿质养分，一部分在根细胞中被同化和利用；另一部分经皮层组织进入木质部输导系统向地上部输送，供应地上部生长发育所需要的养分。同时，植物地上部绿色组织合成的光合产物及部分矿质养分则可通过韧皮部系统运输到根部，构成植物体内的物质循环系统，调节着养分在体内的分配。

根外介质中的养分从根表皮细胞进入根内再经皮层组织到达中柱的迁移过程叫养分的横向运输。由于其迁移距离短，又称为短距离运输。养分从根经木质部或韧皮部到达地上部的运输以及养分从地上部经韧皮部向根的运输过程，称为养分的纵向运输。由于养分迁移距离较长，又称为长距离运输。

第一节　养分的短距离运输

一、运输途径

养分在根中的横向运输有 2 条途径：即质外体途径和共质体途径(图 8-1)。质外体是由细胞壁和细胞间隙所组成的连续体。它与外部介质相通，是水分和养分可以自由出入的地方，养分迁移速率较快。共质体是由细胞的原生质(不包括液泡)组成的，穿过细胞壁的胞间连丝把细胞与细胞连成一个整体，这些相互联系起来的原生质整体称为共质体。共质体通道是靠胞间连丝把养分从一个细胞转运到相邻的细胞中，借助原生质的环流，带动养分的运输，最后向中柱转运。在共质体运输中，胞间连丝起着沟通相邻细胞间养分运输的桥梁作用。因此，细胞内胞间连丝的数目和直径的大小对养分的运输都具有重要意义。

在质外体途径中，养分从表皮迁移到达内皮层后，由于凯氏带的阻隔，不能直接进入中柱，而必须首先穿过内皮层细胞原生质膜转入共质体途径，才能进入中柱。

养分在横向运输过程中是途经质外体还是共质体，主要取决于养分种类、养分浓度，根毛密度，胞间连丝的数量，表皮细胞木栓化程度等多种因素。

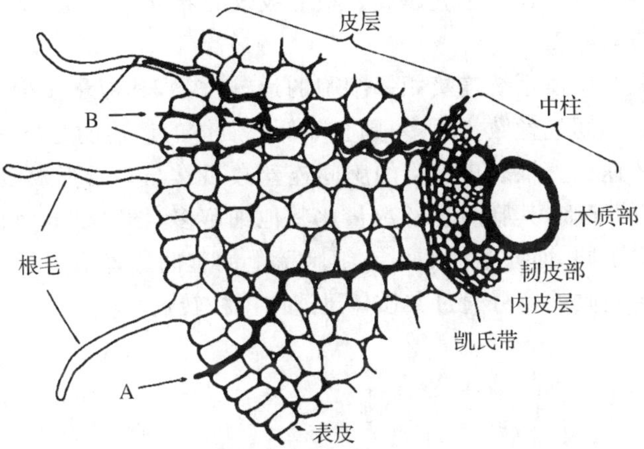

图 8-1 根中离子横向运输的质外体(A)及共质体(B)途径示意图

(Marschner,1986)

(一)养分种类

由于养分的特性不同,进行横向运输的途径也不同。一般来讲,以主动跨膜运输为主的养分,如 K^+、$H_2PO_4^-$,其横向运输以共质体途径为主;而以被动跨膜运输为主的养分,如 Ca^{2+},则以质外体途径为主。此外,以分子态被吸收的养分,如 H_3BO_3、H_4SiO_4 等也常以质外体途径运输为主。

(二)外界养分浓度

根表皮细胞吸收养分的速率是有一定限度的。当介质中养分的浓度较低、向根的供应速率小于根表皮细胞的吸收速率时,养分主要是直接被表皮细胞所吸收,通过共质体途径进入细胞。通常土壤溶液中磷和钾的浓度都很低,根系的吸收速率大于土壤的供应速率,根际呈亏缺状况。因此,这两种养分的横向运输主要是通过共质体途径。相反,如果介质中养分浓度较高,根表皮细胞已达到了最大吸收速率,尚有过剩的养分有机会进入自由空间,则可通过质外体途径运输到中柱。例如,石灰性土壤中钙、镁的有效性都很高,根细胞的吸收能力又很有限,土壤的供应速率远高于根表皮细胞的吸收速率,所以这些养分主要通过质外体向中柱迁移。应该指出,在施用大量磷、钾肥后,在局部土壤中,磷、钾的浓度明显提高的情况下,也会有一部分磷和钾养分是通过质外体进入细胞的。

(三)根毛密度

根毛对多种养分的吸收有十分重要的作用,尤其对土壤中移动性小的养分如磷和钾更是如此。根毛密度越大,它和土壤的接触面积也就越大,根毛吸收的养分数量占根系吸收总量的比例也就越高。根毛吸收的养分可直接进入共质体途径。

(四)胞间连丝数量

胞间连丝是共质体系统连接相邻细胞的运输桥梁,其数量多少决定着共质体的运输潜力。若胞间连丝数量不多,则会降低共质体的运输能力,从而迫使更多的养分转入质外体途径。根表皮细胞的胞间连丝数目常与是否形成根毛有关,一般来说,形成根毛的细胞,其胞间连丝数量比其他细胞多(图 8-2),而且不同位置细胞壁上的数目也不同,面向中柱的根毛细胞壁上的胞间连丝数目最多。这种分布方式有利于根毛吸收的养分通过共质体迅速向中柱转运。

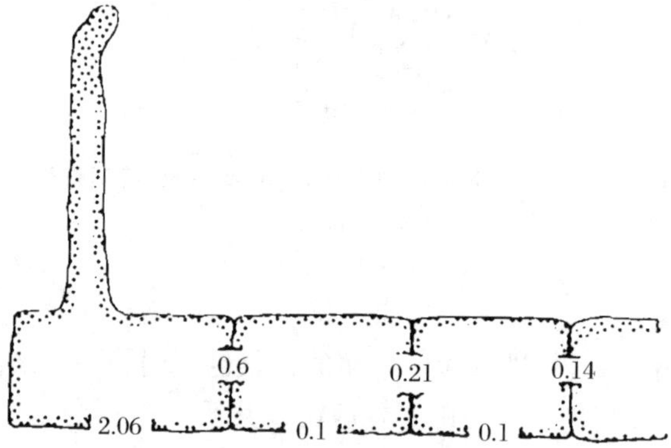

图 8-2 Trianea bogotensis 根表皮细胞胞间连丝数目与根毛的关系

单位:个/μm^2(Vakhmistrov 和 Kurkova, 1979)

(五)菌根侵染

菌根真菌侵染程度影响着养分在两条运输途径中的分配。菌根菌丝侵入皮层细胞内,根外菌丝从土壤中吸收的养分通过菌丝直接运输到皮层细胞,而不需要经过质外体空间。因此,菌根的侵染率越高,则有更多的养分可直接进入皮层组织细胞内,相应地,质外体运输养分的比例也就越小,菌根对磷、锌、铜等养分的吸收最为重要,因而对这些养分的横向运输途径的影响也最明显。

二、运输部位

由于根的不同部位其解剖学和生理学特征不同,因而从根尖至基部各部位吸收养分的能力存在很大的差异,表现在横向运输方面也有不同的特点。根尖部生理活动旺盛,细胞吸收养分的能力较强,但由于该部位的输导系统尚未形成,不能将养分及时输出。因此,养分的横向运输量很低。伸长区及稍后的区域输导系统初步形成，同时内皮层尚未形成完整的凯氏带，养分可以通过质外体直接进入木质部导管。这个区域是质外体运输养分的主要吸收区，如钙和硅，这些养分在该根区的横向运输量最大(图 8-3)。在根毛区，内皮层形成了凯氏带，阻止质外体中的养分直接进入中柱木质部。而从共质体途径运输的养分则受影响不大，如磷、钾以及氮等。因此，根毛区养分的运输主要是以共质体形式进行的。根毛区以后是根的较老部分，这部分根的外周木栓化程度较高，水分和养分都难以进入，显然对养分的横向运输也是极其微弱的。

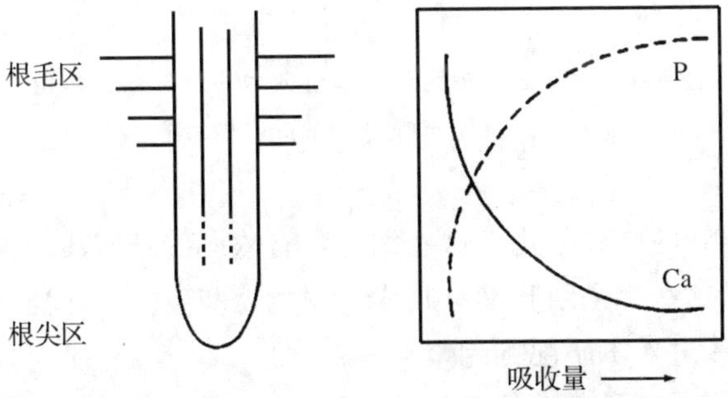

图 8-3　不同根区 P 和 Ca 的吸收量示意图

(Hauessling，1989)

三、养分进入木质部

(一)养分进入机理

介质中的养分经质外体或共质体到达内皮层后，都并入共质体途径，进而进入中柱。除尚未分化完全的木质部导管含有细胞质外，其余导管都不含细胞质，形成中空的质外体空间。养分从中柱薄壁细胞向木质部导管的转移过程，实际上是离子自共质体向质外体的过渡过程。离子以“双泵模型”的形式进入木质部，如图 8-4 所示，离子进入木质部导管需经两次泵的作用，第一次是将离子由介质或自由空间主动泵入细胞膜内，进入共质体；第二次是将离子由木质部薄壁细胞主动泵入木质部导管。根据代谢抑制剂能很快抑制离子向木质部的运输过程的现象，表明离子进入木质部与代谢活动相耦联。利用电子探针分析技术，原位测定根横截面 K^+ 的浓度分布后发现，大麦根的木质部 K^+ 的浓度最高。这表明，离子进入木质部是逆浓度梯度进行的主动吸收过程。

离子进入木质部的过程中，薄壁细胞起着重要的作用，它们紧靠木质部导管外

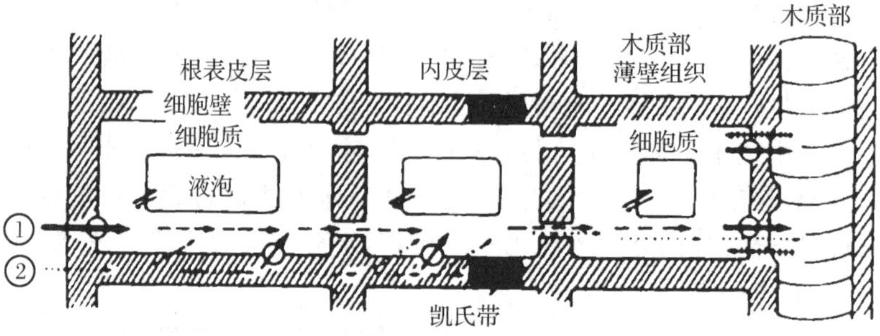

图 8-4 根部离子短距离运输进入木质部的双泵模型

①共质体 ②质外体(改自 Lauchli 的资料,1976a)

围,是离子进入导管的必经之路。这些细胞含有浓厚的细胞质和发达的膜系统,还有大量的线粒体,这些都是细胞具有旺盛代谢能力和离子转运能力的特征。

(二)影响离子进入木质部的因素

引起根木质部中离子移动的动力是根压和蒸腾作用。植物根细胞膜对水的透性比离子大得多。当离子进入木质部导管后,增加了导管汁液的浓度,使水势下降,引起导管周围的水分在水势差的作用下扩散进入导管,从而产生一种使导管汁液向上移动的压力,即"根压"。由于根压的作用使水分和离子在导管中向地上部移动,因此在植物叶尖或叶缘泌出水珠,即吐水现象。若把幼苗茎基部切断,可以收集到木质部汁液,即伤流液。根压是离子在木质部长距离运输的动力之一,而蒸腾作用则是木质部汁液向上移动的另一个动力。木质部汁液的离子浓度与体积的乘积就是离子进入木质部导管的总量,其数量大小决定于外部环境条件、养分特性以及植物代谢活性等诸多因素。

1. 外界离子浓度　外界离子浓度从两方面影响着离子进入木质部的数量。它不仅影响木质部汁液的浓度,而且影响木质部汁液的体积。当介质离子浓度增加时,进入木质部的离子增加,浓度也随着提高。渗透压提高,增加吸水能力,从而木质部汁液体积增大;但是,如果外部介质离子浓度过高,水势太低时,则会出现水分难以进入,而导致木质部汁液体积下降。由此可见,只有外部介质离子浓度适中时,进入木质部的离子总量才会最大(表 8-1)。

表 8-1　介质浓度对向日葵伤流液中 K^+ 含量的影响

介质 K^+ 浓度/($mmol \cdot L^{-1}$)	伤流液 K^+ 浓度/($mmol \cdot L^{-1}$)	伤流液体积/mL	总 K^+ 量/μg
0.1	7.3	4.0	29.2
1.0	10.0	4.5	45
10	16.6	1.6	26.6

Marschner，1986。

2. 温度　介质温度影响着木质部汁液的体积和离子浓度，其中对体积的影响大于浓度(表 8-2)。随着温度的升高，水分的黏滞度降低，因而更易于扩散进入木质部，使木质部汁液的体积增加。对于离子浓度的影响则比较复杂。离子种类不同，其影响也不同。例如，随温度上升，K^+ 浓度上升，而 Ca^{2+} 的浓度则下降。这是由于根质膜的选择性随温度的提高而增加，从而使钾容易被吸收，但对钙不利。

表 8-2　温度对玉米伤流液数量及其对 K^+、Ca^{2+} 浓度的影响*

温度/℃	溢出量/($mL \cdot 4\ h^{-1}$)	分泌物浓度/($mmol \cdot L^{-1}$)		K^+/Ca^{2+}
		K^+	Ca^{2+}	
8	5.3	13.4	1.5	8.9
18	21.9	15.2	1.0	15.2
28	31.7	19.6	0.8	24.5

3. 呼吸作用　离子释放进入木质部的速率与根的呼吸有密切相关。缺氧使伤流液体积大大减少，但并不影响其中的 K^+、Ca^{2+} 浓度。与温度效应相反，当呼吸作用受抑制时，K^+ 和 Ca^{2+} 的运输量减少，但不改变 K^+/Ca^{2+} 的比值。

第二节　养分的长距离运输

一、木质部运输

(一)动力和方向

木质部中养分移动的驱动力是根压和蒸腾作用。它们在养分运输中所起作用的大小取决于诸多因素。一般在蒸腾作用强的条件下，蒸腾起主导作用；由于根压力量较小，所以作用微弱；而在蒸腾作用微弱的条件下，根压则上升为主导作用。

由于根压和蒸腾作用只能使木质部汁液向上运动，而不可能向相反方向运动，因此，木质部中养分的移动是单向的，即自根部向地上部的运输。

(二)运输机理

木质部中养分的移动是在死细胞的导管中进行的,移动的方式以质流为主。但木质部汁液在运输的过程中,还与导管壁以及导管周围薄壁细胞之间有重要的相互作用,表现在阳离子与导管壁的交换吸附,薄壁细胞对离子的再吸收,以及导管周围的活细胞(木质部薄壁细胞和韧皮部)向导管释放有机化合物等。

1. 交换吸附　木质部导管壁上有很多带负电荷的阴离子基团,它们与导管汁液中的阳离子结合,将其吸附在管壁上,所吸附的离子又可被其他阳离子交换下来,继续随汁液向上移动,这种吸附称为交换吸附。交换吸附能降低离子的运输速率,甚至出现滞留作用。导管周围组织带负电荷的细胞壁也参与吸引滞留在导管中的阳离子的作用。

交换吸附作用的强弱取决于离子种类、浓度、活度、竞争离子、导管电荷密度等因素。

(1)离子种类。由于木质部导管壁上有带负电荷阴离子的基团,因此只有阳离子才具有交换吸附的作用,阳离子中价数越高,静电引力越大,吸附就越牢固。例如,导管壁对 Ca^{2+} 的吸附力就比 K^+ 大,因而导致向上运输过程中 Ca^{2+} 移动的阻力比 K^+ 大。

(2)离子浓度。提高离子浓度可减少被导管壁吸附的离子相对数量,因此有更多的离子能向上运输;相反,浓度降低,则被吸附的离子比例增加,运输到地上部的养分相应减少。

(3)离子活度。离子是否被吸附不仅与浓度有关,还受其活度的影响。离子活度降低,不易被管壁吸附,而移动性增加。很多有机化合物都能螯合或配合金属阳离子,尤其是高价阳离子。在植物导管中这些有机化合物的存在有利于阳离子向上运输。表 8-3 的结果说明,加入含有有机螯合物的根分泌物,能显著增加 Ca^{2+} 在木质部中的移动性,可使更多的钙运向植株顶端。

表 8-3　竞争阳离子与根分泌物对离体菜豆茎中 ^{45}Ca 长距离运输的影响*

植物测定部位	处理		
	$^{45}CaCl_2$	$^{45}CaCl_2+Ca^{2+}$,Mg^{2+},K^+ 和 Na^+	$^{45}CaCl_2$+根分泌物
初生叶	0.04	4.7	1.8
茎 12～18 cm	7	19	11
8～12 cm	28	56	40
4～8 cm	84	57	61
0～4 cm	159	81	81

* ^{45}Ca 转移的数量以 $\mu mol \cdot g^{-1}$ 干重表示。Jeaeoby (1967)。

(4)竞争离子。木质部汁液中各种竞争性阳离子会争夺管壁上的负电荷位点，并将吸附的离子交换下来，促进其向上运输。因此，竞争性离子的浓度越高，则离子的吸附阻力就越小，向地上运输的数量就越多。

(5)导管壁电荷密度。木质部组织含有非扩散性负电荷，因而对阳离子有交换吸附作用。其负电荷密度越高，则吸附阳离子的能力越强，离子运输的阻力也就越大。双子叶与单子叶植物之间在木质部导管负电荷密度方面存在显著差异。一般双子叶植物高于单子叶植物，因为双子叶植物细胞壁中所含负电荷的成分(如果胶酸等)比单子叶植物多。基于电荷密度的不同，使离子在双子叶植物木质部中离子的交换吸附量大于单子叶植物，从而向上运输比较困难。

2. 再吸收　溶质在木质部导管运输的过程中，部分离子可被导管周围薄壁细胞吸收，从而减少了溶质到达茎叶的数量，这种现象称为再吸收。再吸收使得木质部汁液中的离子浓度从下向上的运输路途上呈递减趋势。其递减梯度取决于植物生物学特性和离子性质等因素。例如，杂交三叶草根系对木质部 Na^+ 运输过程的再吸收作用很强，致使大部分 Na^+ 留在根中，运向地上部的数量很少；反之，黑麦草对 Na^+ 再吸收作用弱，根系吸收的 Na^+ 大部分运往地上部(表 8-4)。由于多种牧草 Na^+ 分布情况不同，而动物需 Na^+ 较多，因此在种植牧草时，应考虑选用根系对 Na^+ 再吸收能力较弱的牧草品种。

表 8-4　供钠后不同牧草中 Na^+ 的含量

植物种类	含 Na^+ 量/%干重	
	根	地上部
黑麦草	0.05	1.16
梯牧草	0.28	0.38
三叶草属	0.77	1.99
杂交三叶草	0.77	0.22

Saalbach 和 Aigner，1970。

木质部运输中离子再吸收的作用，对指导施肥有重要意义。例如，钼在番茄植株不同部位分布较均匀，而在菜豆植株中钼则多集中于根部(表 8-5)，因此，要使菜豆生长得更好，应适当多施钼肥，而番茄中的钼较易向上运输，则可酌情少施或暂时不施钼肥。

3. 释放　木质部运输过程中导管周围的薄壁细胞不仅具有再吸收作用，而且还能将离子再释放到导管中。因此，对木质部汁液的成分起到调节作用。例如，当植物根部养分供应充足时，木质部汁液养分浓度高，再吸收作用强，部分养分储存在导管的周围细胞中；当根部养分供应不足时，导管中的养分浓度下降，此时，储存在薄壁细胞中的养分又可释放到导管中，以维持木质部汁液中养分浓度的稳定性。对于某些养分来说，再吸收与释放作用不仅可调节导管中养分的浓度，而且还能改变某些养分形态（如氮素）。向非豆科植物供给硝态氮时，随着运输路途的加长，木质部汁液中硝酸盐的浓度随之下降，而有机态氮尤其是谷氨酰胺的浓度则相应增加。这表明，导管中的氮素一方面以硝酸盐形态不断地被再吸收；另一方面导管周围细胞又可以将氮素以谷氨酰胺等有机形态不断地再释放进入导管。

表 8-5 番茄和菜豆植株中钼的含量

植株部位	含钼量/($mg \cdot kg^{-1}$ 干重)	
	番茄	菜豆
叶片	325	85
茎	123	210
根	470	1 030

Hecht-Buchholz，1973。

（三）蒸腾与木质部运输

木质部汁液的移动是根压和蒸腾作用驱动的共同结果，但两种力量的强度并不相同。从力量上，蒸腾拉力远大于根压压力。从作用的时间上，蒸腾作用在一天内有阶段性，而根压具有连续性。蒸腾对木质部养分运输作用的大小取决于植物生育阶段、昼夜变化、养分种类和离子浓度等因素。

1. 植物生育阶段　植物生育阶段不同，叶面积差异很大，蒸腾强度也会相差悬殊，因而对木质部的养分运输有不同影响。在幼苗期，植物叶面积小，蒸腾作用弱，养分运输主要靠根压作用；在植物生长旺盛期，蒸腾强度大，木质部养分的运输主要靠蒸腾拉力。

2. 昼夜变化　叶片总蒸腾量中90%以上是通过气孔进行的。白天气孔张开，气温较高，蒸腾作用旺盛；晚间气孔关闭，温度低，蒸腾减弱，甚至几乎停止。因此，白天木质部运输主要靠蒸腾作用，驱动力较强，且养分运输量大；夜间主要靠根压，其动力弱，养分运输量小。

3. 养分种类　在其他条件相同的情况下，蒸腾作用对养分运输的影响程度与养分种类有密切关系。一般以质外体运输为主的养分受蒸腾作用影响较大，而以共质体运输为主的养分则受影响较小。表 8-6 的资料表明，高蒸腾强度对 K^+ 的木质部运输速率影响不大，但能大幅度提高 Na^+ 的运输速率。因为 K^+ 是从主动过程进入细胞内和转入木质部的，跨膜运输是其限制的主要因素。而 Na^+ 主要是通过被动过程扩散进入木质部的，蒸腾拉力决定的木质部汁液流速是其运输量的限制因子。

表 8-6 蒸腾强度对甜菜木质部运输 K^+ 和 Na^+ 的影响 μmol·株$^{-1}$·4 h^{-1}

介质浓度/mmol·L^{-1}	K^+		Na^+	
	低蒸腾	高蒸腾	低蒸腾	高蒸腾
$1K^+ + 1Na^+$	2.9	3.0	2.0	3.9
$10K^+ + 10Na^+$	6.5	7.0	3.4	8.1

Marschner 和 Schafarczyk,1967。

植物体内以分子态运输的养分,其木质部运输也受蒸腾作用的强烈影响,最为典型的是硅和硼。通常,它们都以分子的形式被吸收和运输。燕麦体内硅的吸收量与蒸腾量呈高度正相关。根据蒸腾量计算应进入其体内的含硅量往往与植物吸收硅量的实测值高度吻合(表 8-7)。因此,有人用田间生长的小麦植株吸硅总量来计算小麦整个生育期的耗水量。钙的木质部运输与蒸腾作用也有密切关系。

表 8-7 燕麦植株蒸腾(耗水)与硅吸收的计算值和实测值间的关系

收获前的天数/d	蒸腾作用/mL	实测值/mg	计算值/mg
44	67	3.4	3.6
58	175	9.4	9.4
82	910	50.0	49.1
109	2 785	156.0	150.0

土壤溶液中硅的浓度为 54 mg·L^{-1},Jones 和 Hadreek,1965。

4. 养分浓度 介质中的养分浓度明显影响进入木质部离子的数量。在一定范围内,当介质中养分浓度升高时,不仅吸收的数量增加,而且木质部运输的数量也相应提高。植物体内的养分浓度和植物的营养状况也能影响蒸腾作用对木质部养分运输的作用程度。体内养分浓度越高,养分被动吸收的比例越大,蒸腾作用的影响也就越强。

5. 植物器官 植物各器官的蒸腾强度不同,在木质部运输的养分数量上也有差异。因而,造成某些养分在各器官间的不同分布模式。养分的积累量取决于蒸腾速率和蒸腾持续的时间。因此,蒸腾强度越大和生长时间越长的植物器官,经木质部运入的养分就越多。图 8-5 说明在不同供硼水平下,油菜地上部各器官硼的分布情况。从图中曲线可以看出,施硼量对油菜各器官中硼的含量有明显影响。叶片蒸腾量大,硼的含量就高,而且施硼量对含量的影响十分明显;荚果蒸腾量小,硼的含量较低,受施硼量的影响较小;油菜的子粒几乎没有蒸腾作用,所以含硼量几乎没有变化,也不受施硼量的影响。

当供硼水平较高时,甚至在同一个叶片上也会因蒸腾量的局部差异而造成含硼量的明显变化。一般地,叶尖蒸腾量最大,硼的含量最高;叶柄蒸腾量最小,相应

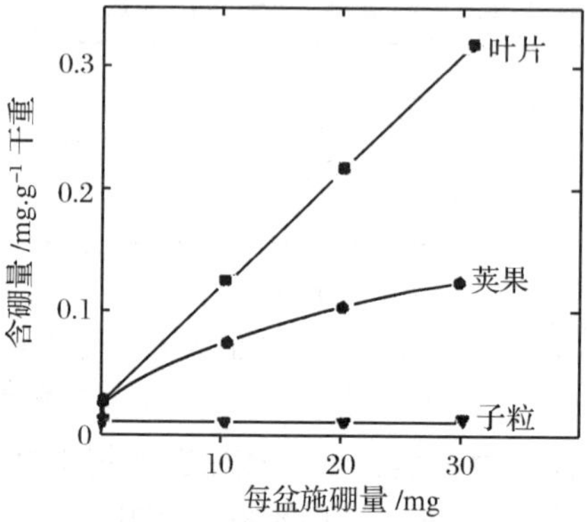

图 8-5 土壤施硼对油菜地上部各器官中硼分配的影响(Gerath 等,1975)

地含硼量也最低;叶片中部蒸腾量中等,硼的含量也居于二者之间。所以,当介质中硼过高时,植物硼毒害的症状首先出现在叶尖和叶缘。盐碱土上生长的植物其叶片含氯量也有类似的分布特点。

钙是只能在木质部运输的元素,它在植物各器官间的分布也与蒸腾作用有密切关系。例如,红辣椒植株的叶片由于其蒸腾量大,木质部运入的钙也多,叶片含钙量高(3%～5%),而辣椒的果实由于蒸腾量小,因此含钙量低得多(<0.1%)。由此可见,改变某一器官的蒸腾量,即可显著影响钙的运输量,例如将红辣椒果实的相对蒸腾率从100%降至35%,则果实的含钙量减少了近一半(表 8-8)。在生产实践中,茄果类的番茄在结果期若遇较长时间的低温或阴雨天,蒸腾强度低,常会发生果实生理性缺钙,而出现脐腐病。设施栽培生产中,由于棚内湿度大,作物蒸腾受到抑制,导致生理性缺钙的现象也相当普遍。北京、天津等地的大白菜干烧心病,也是由于菜心蒸腾量小,木质部钙供应不足,而引起的生理缺钙现象。

表 8-8 红辣椒结果期地上部蒸腾率对其果实中矿质元素含量的影响

相对蒸腾率/%	矿质元素含量/(mg·g⁻¹ 干重)			果实干重/(g·个⁻¹)
	钾	镁	钙	
100	91.0	3.0	2.75	0.62
35	88.0	2.4	1.45	0.69

Mix and Marschner,1976b。

钾和镁与钙不同,当其木质部运输量不足时,还能通过韧皮部给予补充,所以受蒸腾作用的影响较小。

应该指出的是,虽然蒸腾作用是影响养分吸收和分配的重要因素,但并非是唯一的因素,例如蒸腾作用很小的果实或种子仍能累积大量的养分恰恰说明了这一点。因为根压和植物自身的主动调节能力也起着相当重要的作用。

二、韧皮部运输

韧皮部运输的特点是养分在活细胞内进行的,而且具有两个方向运输的功能。一般来说,韧皮部运输养分以下行为主,养分在韧皮部中的运输受蒸腾作用的影响很小。

(一)韧皮部的结构

韧皮部由筛管、伴胞和薄壁细胞组成(图 8-6)。筛管是由一些管状活细胞纵向连接而成的,组成该筛管的每一个细胞称为筛管分子。筛管分子最重要的特征是端壁上有一些小孔,叫作筛孔;具有筛孔的端壁称为筛板,纵向相临的筛管分子通过筛板连接起来,筛孔是溶质的运输通道。成熟的筛管分子中一薄层细胞质紧贴于细胞膜上。筛管行使运输功能时,筛孔张开,一旦筛管遭受损伤,大量黏胶状的韧皮部蛋白(称为 P 蛋白)沉积在筛板上,堵塞了筛孔,从而阻止韧皮部内溶质流失。

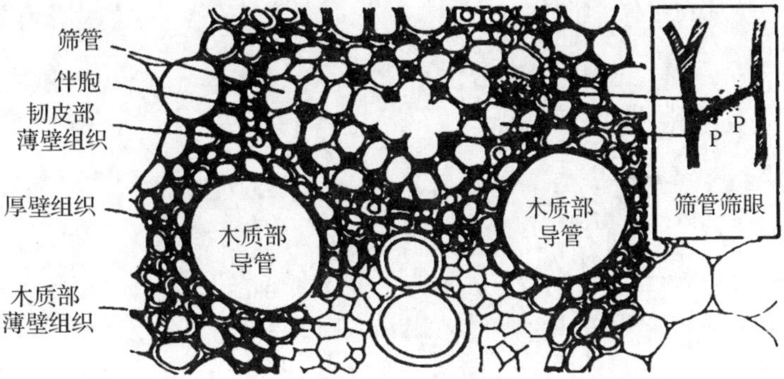

图 8-6　玉米茎维管束的横切面

(Eschrich,1976)

伴胞和筛管分子相伴而生,两者均由同一母细胞分裂而来,但伴胞不像筛管分子那样高度分化。伴胞具有细胞核和细胞质,细胞质中含有丰富的细胞器。伴胞与筛管毗邻的侧壁之间,有许多胞间连丝,以保证两者之间的密切联系。研究表明,伴胞在韧皮部装载中起着重要作用。

(二)韧皮部汁液的组成

韧皮部汁液的组成与木质部比较，不论在酸碱性和组成成分还是养分浓度方面都有显著的差异(表 8-9)。与木质部相比，韧皮部汁液的组成有以下特点：第一，韧皮部汁液的 pH 值高于木质部，前者偏碱性而后者偏酸性。韧皮部偏碱性可能是因其含有 HCO_3^- 和大量 K^+ 等阳离子所引起的。第二，韧皮部汁液中的干物质和有机化合物远高于木质部，而木质部中基本不含同化产物。第三，某些矿质元素，如钙和硼在韧皮部汁液中的含量远小于木质部；其他矿质元素的浓度一般都高于木质部，其中钾离子的浓度最高。对于具有不同形态的养分，其在韧皮部和木质部中的形态种类可能不同。例如在地上部还原 NO_3^- 的植物，其木质部汁液中含有高浓度的 NO_3^--N，而韧皮部中 NO_3^--N 的浓度却经常很低，氮的形态主要是有机态氮，如酰胺和氨基酸等。此外，由于光合作用形成的含碳化合物是通过韧皮部运输的，因此，韧皮部汁液中的 C/N 比值比木质部汁液宽。

表 8-9　白烟草韧皮部与木质部汁液组成的比较　　$\mu g \cdot mL^{-1}$

溶质	韧皮部汁液(茎切) pH 7.8～8.0	木质部汁液(导管) pH 5.6～6.9	韧皮部/木质部浓度比
干物质	170～196a	1.1～1.2a	155～163
蔗糖	155～168a	ND	—
还原糖	没有	NA	—
氨基化合物	10 808.0	283.0	38.2
硝酸盐	ND	NA	—
铵	45.3	9.7	4.7
钾	3 673.0	204.3	18.0
磷	434.6	68.1	6.4
氯	486.4	63.8	7.6
硫	138.9	43.3	3.2
钙	83.3	189.2	0.44
镁	104.3	33.8	3.1
钠	116.3	46.2	2.5
铁	9.4	0.60	15.7
锌	15.9	1.47	10.8
锰	0.87	0.23	3.8
铜	1.20	0.11	10.9

注：ND：未检测到；NA：未测定；汁液浓度：mg/mL。

(三)韧皮部中养分的移动性

不同营养元素在韧皮部中的移动性不同。根据众多的研究结果，可将营养元素按其在韧皮部中移动的难易程度分为移动性大的、移动性小的和难移动的 3 组

(表 8-10)。在大量元素中,氮、磷、钾和镁的移动性大,微量元素中铁、锰、铜、锌和钼的移动性较小,而钙和硼是很难在韧皮部中运输的。韧皮部中养分移动性的大小与它们在韧皮部汁液中的浓度大小基本吻合。虽然韧皮部汁液中含有一定数量的钙,但它却很难移动。同位素标记试验证实,当把放射性同位素钙标记在某一叶片上,植物的其他部位并不能检测到它的存在。钙在韧皮部中难以移动可能一方面是由于钙向韧皮部筛管装载时受到限制,使钙难以进入韧皮部中;另一方面,即使有少量钙进入了韧皮部,也很快被韧皮部汁液中高浓度的磷酸盐所沉淀而不能移动。硼是另一个在韧皮部难以移动的营养元素,其原因尚不清楚。有人认为筛管原生质膜对硼的透性高,因此硼即使进入筛管中,也会很快渗漏出来。此外,硼酸易于与含有羟基的有机大分子形成酯键,从而降低硼的移动性。

很多养分在韧皮部的运输在很大程度上取决于养分进入筛管的难易。离子养分进入筛管是跨膜的主动过程,因此,凡是影响能量供应的因素都可能对离子进入筛管产生影响。

表 8-10　韧皮部中矿质元素的移动性比较

移动性大	移动性小	难移动
氮	铁	硼
磷	锰	钙
钾	锌	
镁	铜	

(四)木质部与韧皮部之间养分的转移

木质部与韧皮部在养分运输方面有不同的特点,但两者之间相距很近,只隔几个细胞的距离。在两个运输系统间也存在养分的相互交换,这种交换对于协调植物体内各个部位的矿质营养非常重要。在养分的浓度方面,韧皮部高于木质部,因而养分从韧皮部向木质部的转移为顺浓度梯度,可以通过筛管原生质膜的渗漏作用来实现。相反,养分从木质部向韧皮部的转移是逆浓度梯度、需要能量的主动运输过程。这种转移主要需由转移细胞完成的。木质部首先把养分运送到转移细胞中,然后由转移细胞运转到韧皮部(图 8-7)。木质部向韧皮部养分的转移对调节植物体内养分分配,满足各部位的矿质营养起着重要的作用。因为木质部虽然能把养分运送到植株顶端或蒸腾量最大的部位,但蒸腾量最大的部位往往不是最需要养分的部位。茎是养分从木质部向韧皮部转移的主要器官,而在禾本科植物的茎秆中,节则是矿质养分(如钾)从木质部向韧皮部转移最集中的部位。这种不一致只有靠转移细胞来进行调节。

由图 8-7 可以看到,养分通过木质部向上运输,经转移细胞进入韧皮部；养分在韧皮部中既可以继续向上运输到需要养分的器官或部位,也可以向下再回到根部。这就形成了植物体内部分养分的循环。

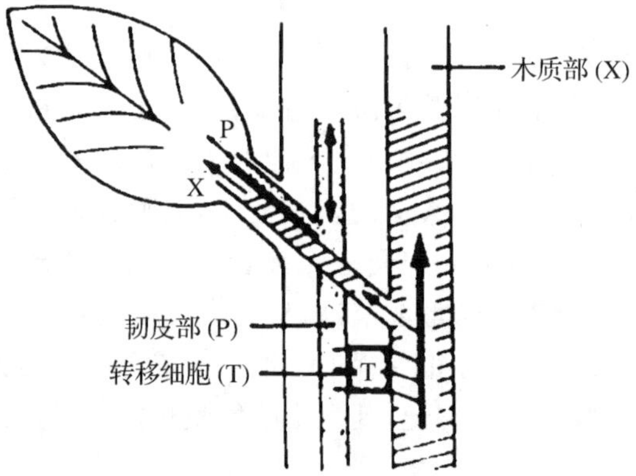

图 8-7 木质部与韧皮部之间养分转移示意图

(Marschner，1986)

韧皮部中的养分也能向木质部转移。例如,小麦开花以后旗叶中的磷、镁和氮经叶片韧皮部进入茎秆的韧皮部,经转移细胞转入木质部,最后进入麦穗中。

第三节 植物体内养分的循环

在韧皮部中移动性较强的矿质养分,从根的木质部中运输到地上部后,又有一部分通过韧皮部再运回到根中,尔后再转入木质部继续向上运输,从而形成养分自根至地上部之间的循环流动。体内养分的循环是植物正常生长所必不可少的一种生命活动。氮和钾的循环最为典型。

当植物根吸收的氮源为硝态氮时,运输到地上部的硝态氮经还原后其中大部分又经韧皮部返回到根中。Simpson 等在小麦试验中发现，经木质部运输到茎叶的氮素,其中 79%以还原态的形式再由韧皮部运回根中,其中的 21%被根系所利用,其余部分再由木质部运向地上部。植物体内氮的循环模式如图 8-8 所示。植物从土壤中吸收的硝态氮,一部分在根中还原成氨,进一步形成氨基酸并合成蛋白质;另一部分 NO_3^- 和氨基酸等有机态氮,进入木质部向地上部运输,在地上部尤其是叶片中,NO_3^- 进行还原,进而与酮酸反应形成氨基酸,它可以继续合成蛋白质，也可以通过韧皮部再运回根中。植物体内发生氮素的大规模循环，可能是由于根部硝态氮的还原能力有限，而必须经地上部还原后再运回根系，满足其合成蛋白质等代谢活动的需要。

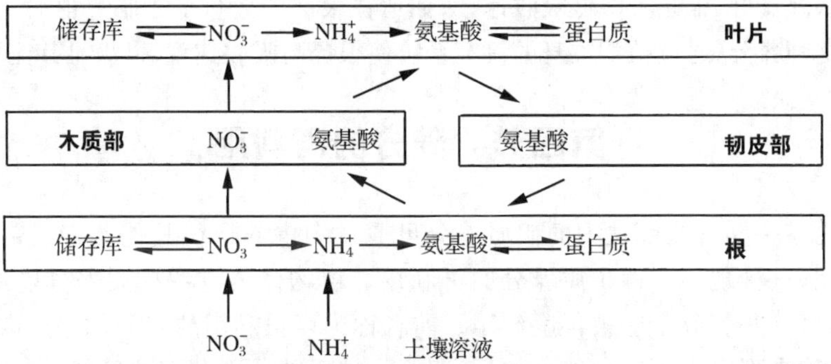

图 8-8　植物体内氮的循环模式

钾也是植物体内循环量最大的元素之一。它的循环对体内电性的平衡和节省能量起着重要的作用。图 8-9 为植物体内钾的循环模式。根吸收的 K^+ 在木质部中作为 NO_3^- 的陪伴离子向地上部运输，到达地上部后 NO_3^- 还原成 NH_3，为维持电性平衡，地上部必须合成有机酸（主要是苹果酸），以便与 K^+ 形成有机酸盐，使阴阳离子达到平衡。苹果酸钾可在韧皮部中运往根部，在根中苹果酸可作为碳源构成根的结构物质，或转化成 HCO_3^- 分泌到根外。根中的 K^+ 又可再次陪伴所吸收的 NO_3^- 向上运输。如此循环往复。有研究表明，参加体内往复循环的钾可占到地上部总钾量的 20％以上。

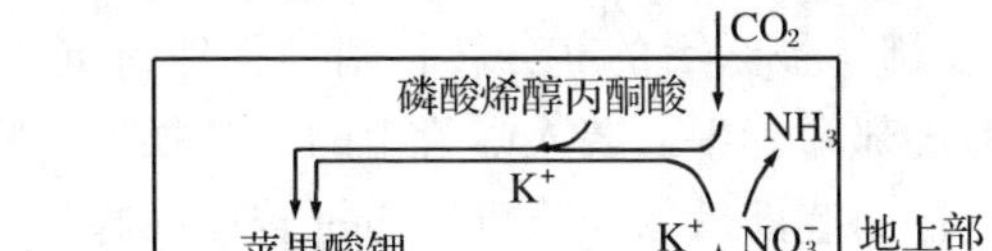

图 8-9　硝酸根与苹果酸的运输与地上、地下部之间钾循环模式

（引自 Ben-Zioni 等，1971；Kirkby 和 Knight，1977）

植物体内养分的循环还对根吸收养分的速率具有调控作用。植物根对多种养分的吸收受植物体内营养状况的影响，地上部养分在韧皮部中运到根部的数量是反映地上部营养状况的一种信号。当运往根部的数量高于某一临界值时，表明植物的营养状况良好，根系可降低吸收速率；如运往根部的数量低于临界值时，则表明植物缺乏这种养分，通过植物本身的调节系统使根提高吸收速率，以满足其需要。

第四节 养分的再利用

植物某一器官或部位中的矿质养分可通过韧皮部运往其他器官或部位，而被再度利用，这种现象叫做矿质养分的再利用。植物体内有些矿质养分能够被再度利用，而另一些养分不能被再度利用。前者称为可再利用的养分，如氮、磷、钾和镁等，后者称为不可再利用的养分如钙、硼等。矿质养分再利用的程度取决于养分在韧皮部中移动性的大小，韧皮部中移动性大的养分元素，其再利用程度也高。

一、养分再利用的过程

养分从原来所在部位转移到被再度利用的新部位，其间要经历很多步骤。

第一步，养分的激活　养分离子在细胞中被转化为可运输的形态，例如氮在转移前先由不能移动的大分子有机含氮化合物分解为可移动的小分子含氮化合物；磷由有机含磷化合物分解为无机态磷。这一过程是由来自需要养分的新器官（或部位）发出的“养分饥饿”信号引起的，该信号传递到老器官（或部位）后，引起该部位细胞中的某种运输系统激活而启动，将细胞内的养分转移到细胞外，准备进行长距离运输。养分的激活可能是通过第二信使来实现的。

第二步，进入韧皮部　被激活的养分转移到细胞外的质外体后，再通过原生质膜的主动运输进入韧皮部筛管中。装入筛管中的养分根据植物的需要而进行韧皮部的长距离运输。运输到茎部后的养分可以通过转移细胞进入木质部向上运输。

第三步，进入新器官　养分通过韧皮部或木质部先运至靠近新器官的部位，再经过跨质膜的主动运输过程卸入需要养分的新器官细胞内。

养分再利用的过程是漫长的，需经历共质体（老器官细胞内激活）→质外体（装入韧皮部之前）→共质体（韧皮部）→质外体（卸入新器官之前）→共质体（新器官细胞内）等诸多步骤和途径。因此，只有移动能力强的养分元素才能被再度利用。

二、养分再利用与缺素部位

在植物的营养生长阶段，生长介质的养分供应常出现持久性或暂时性的不足，造成植物营养不良。为维持植物的生长，使养分从老器官向新生器官的转移是十分必要的。然而植物体内不同养分的再利用程度并不相同，再利用程度大的元素，养分的缺乏症状首先出现在老的部位；而不能再利用的养分，在缺乏时由于不能从老部位运向新部位，而使缺素症状首先表现在幼嫩器官。表 8-11 总结了不同营养元素缺素症部位与再利用程度的关系。氮、磷、钾和镁 4 种养分在体内的移动性大，因而，再利用程度高，当这些养分供应不足时，可从植株基部或老叶中迅速及时地转移到新器官，以保证幼嫩器官的正常生长。表 8-12 说明，植株缺钾程度越重，老叶中的钾向幼叶转移的比例越高。老叶中含钾量越低，缺钾症状越严重。植株含钾量顺序为：幼叶＞中部叶＞老叶。随着施钾量的增加，幼叶钾营养得到改善，老叶中的钾向幼叶中的转移也随之减弱，表现出叶片 K^+ 浓度顺序为老叶＞中部叶＞幼叶。

表 8-11 缺素症状表现部位与养分再利用程度之间的特征性差异

矿质养分种类	缺素症出现的主要部位	再利用程度
氮、磷、钾、镁	老叶	高
硫	新叶	较低
铁、锌、铜、钼	新叶	低
硼和钙	新叶顶端分生组织	很低

表 8-12 钾营养状况对番茄钾分配的影响

	施钾水平/(mmol·L^{-1})			
	0.1	1.0	10	25
鲜重/(g·$叶^{-1}$)	12	21	34	47
钾含量				
老叶	8	16	34	47
中部叶	12	20	33	43
幼叶	15	17	22	23

铁、锰、铜和锌等养分是韧皮部中移动性较弱的营养元素，再利用程度一般较低。因此，其缺素症状首先出现在幼嫩器官。老叶中的这些微量元素通过韧皮部向新叶转移的比例及数量还取决于体内可溶性有机化合物的水平。当能够螯合金属微量元素的有机成分含量增高时，这些微量元素的移动性随之增大，因而老叶中微量元素向幼叶的转移量随之增加。例如，将成熟菜豆叶片进行遮光处理，使叶片中蛋白质加速分解，转化成具有螯合能力的小分子氨基酸，结果使铜的再利用率提高 1 倍多。

三、养分再利用与生殖生长

植物生长进入生殖生长阶段后，同化产物主要供应生殖器官发育所需，因此运输到根部同化产物的数量急剧下降，从而根的活力减弱，养分吸收功能衰退。这时植物体内养分总量往往增加不多，各器官中养分含量主要靠体内再分配进行调节。营养器官将养分不断地运往生殖器官，随着时间的延长，养分在营养器官和生殖器官中的比例不断发生变化，即营养器官中的养分，所占比例逐渐减少。对于禾谷类作物来说，营养器官中的矿质养分到成熟期时，其总量中的 50%可转移到子粒中（图 8-10）。在农业生产中养分的再利用程度是影响经济产量和养分利用效率的重要因素，通过各种措施提高植物体内养分的再利用效率，就能使有限的养分物质发挥其更大的增产作用。

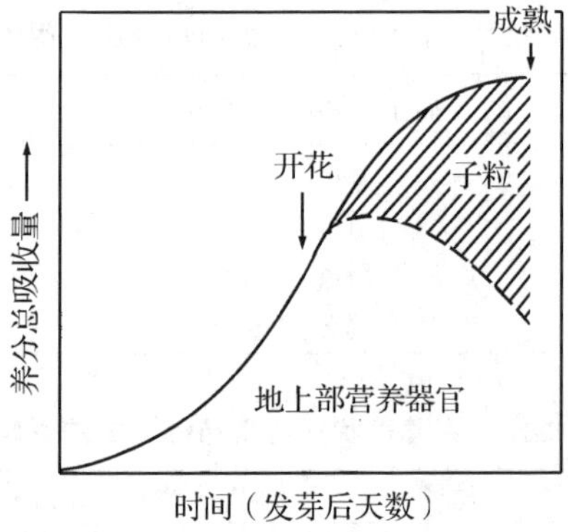

图 8-10　禾谷类作物个体发育期间矿质养分分配的典型图解

（Marschner，1986）

复习思考题

1. 什么是养分的短距离运输和长距离运输？
2. 比较蒸腾作用和根压在木质部运输中的作用和特点。
3. 植物缺氮时症状首先出现在老叶，而缺铁时症状首先出现在新叶，说明其原因是什么？
4. 石灰性土壤中有效性钙丰富，但仍会出现大白菜烧心、番茄脐腐病、苹果苦痘病等缺钙症状，请解释其原因。
5. 植物体内养分的再利用对其生长和农业生产有何意义？

第九章 矿质营养与植物生长、产量和品质的关系

第一节 矿质养分与植物生长

一、养分效应曲线

矿质养分供应状况对植物的生长发育和产量形成有重要的调节作用。这种作用可用养分效应曲线来做一般性描述(图 9-1)。在第一区段内,养分供应不足,生长率随养分供应的增加而上升,称之为养分缺乏区。在第二区段内,养分供应充足,生长率最大,再增加养分供应对植物生长量并无影响,称之为养分适宜区。在第三区段内,养分供应过剩,生长率随养分供应量的增加而明显下降,称为养分中毒区。

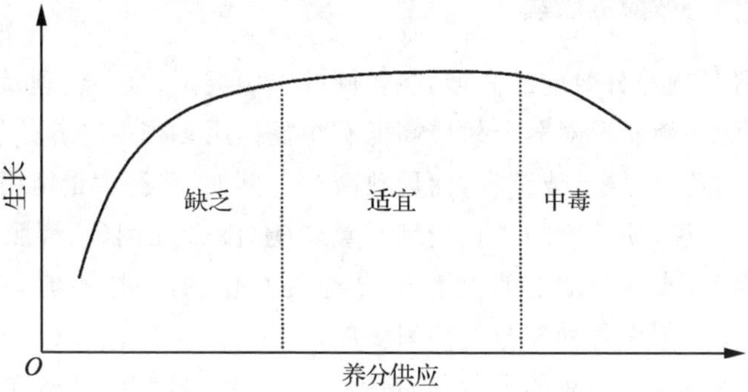

图 9-1 养分供应与植物生长的关系

在达到最高产量之前,随着矿质养分供应量的增加,作物的生长率和产量以报酬递减的形式增加。Mitscherlich 最早在燕麦磷肥砂培试验中发现,增加养分供应量会相应地提高作物产量;养分施用量越大,单位养分的增产量却越小。他用数学公式表达了产量与矿质营养供应量之间的这种关系,并提出了著名的 Mitscherlich 学说。根据这一学说,单一矿质养分的效应曲线为渐近线,当一种矿质养分的

供应量增加到超过植物生长的最大需要量时，其他矿质养分就可能变成限制因子。图 9-2 是氮、磷和微量元素营养的典型效应曲线。由图可以看出，3 条效应曲线的斜率各不相同。它反映了植物对各种矿质养分的不同要求。

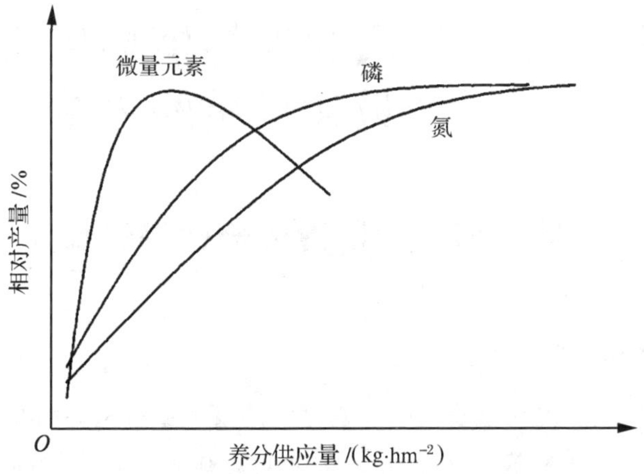

图 9-2 氮、磷和微量元素的产量效应曲线

二、影响养分效应的因素

很多因素影响养分效应的高低，在相同的土壤类型、水分管理及其他栽培措施条件下，养分的平衡状况对养分效应高低有明显作用。当一种养分供应过量时，可能会造成其他养分的缺乏或毒害，而导致减产。例如，单纯大量施用氮肥会破坏植物体内激素的平衡，使植物的生长受到严重影响，配合施用磷、钾肥则使植物生长得到改善。因此，在养分缺乏的土壤上，要想提高作物产量，不能只考虑一种养分的供应情况，而应考虑各种养分的平衡供应。

对多数作物来说，产品的数量和质量同等重要。最好的品质和最好的产量所要求的最适养分供应量不一定同步。从图 9-3 中可见，最好的品质常常是在达到最高产量之前（曲线①）或之后（曲线②）获得的，只有当二者同步时（曲线③）要求的养分供应量才能一样。曲线①描述了菠菜中的硝酸盐和糖用甜菜中的蔗糖随施氮量增加的累积过程。曲线②反映了谷类作物或饲料作物的蛋白质含量随施氮量增加的变化，以及饲料作物中某些矿物质元素（如镁和钠）的含量随施肥量增加的变化趋势。

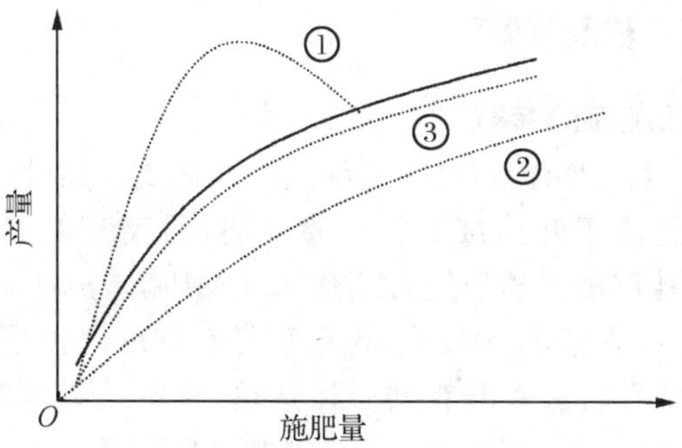

图 9-3　收获物产量和品质效应曲线示意图

——产量(每公顷干物质重量)

------品质(糖、蛋白质和矿物质含量)

第二节　源-库关系与产量

作物产量的形成可通过"源-库关系"理论来分析。通常,植物体内进行光合作用或能合成有机物质为其他器官提供营养的部位称之为源(如成熟的绿色叶片),而消耗或储存部位称为库(如根、茎、顶端、种子和果实等)(图 9-4)。光合产物和矿质养分从源到库的长距离运输可分为 3 个阶段,即这些物质在韧皮部装载、运输及其在库器官韧皮部卸载。了解这些过程的调节机理,对于分析植物生长和产量形成过程的控制机制至关重要。

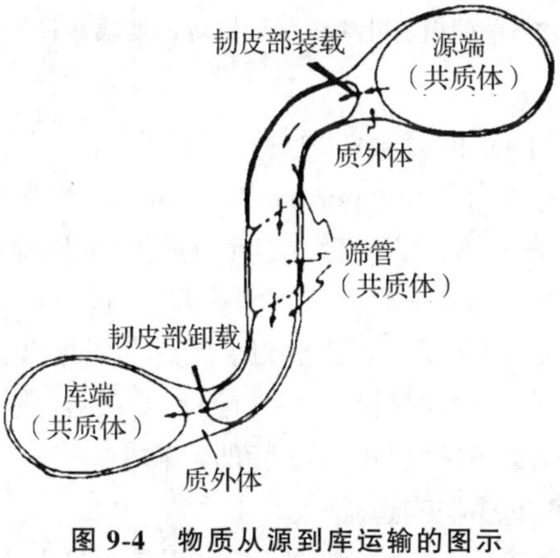

图 9-4　物质从源到库运输的图示

一、同化产物的运输及其调节

(一)同化产物在源端的装载

装载是指光合产物(蔗糖等)由叶肉细胞进入韧皮部筛管的过程。源叶筛管和伴胞中的糖分浓度远高于叶肉细胞。试验证明,甜菜叶肉细胞的渗透压大约为1.3 MPa,而筛管和伴胞的渗透压则可高达3.0 MPa,造成两者渗透压差距的主要原因是糖分(最主要的是蔗糖)浓度高,说明蔗糖在韧皮部中是逆浓度梯度的装载。蔗糖从叶肉细胞到筛管的过程既有共质体运输,也有质外体运输(图9-5)。韧皮部装载既具有专一性,也具有选择性,只有糖类才能经主动装载进入韧皮部,而有机酸和植物激素则不能。

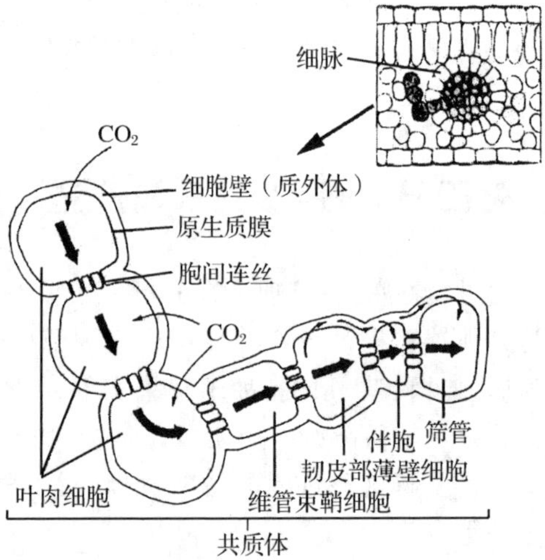

图9-5 蔗糖从叶肉细胞到叶脉的运输途径图示

韧皮部装载的选择性是由膜载体的选择性决定的。业已发现在筛管细胞膜上存在 H^+-蔗糖协同转运蛋白(H^+-sucrose symporter)。在蔗糖运输过程中,筛管细胞膜上的 H^+-ATP 酶水解 ATP 产生能量,将 H^+ 泵出筛管细胞,从而引起跨质膜电化学势梯度加大,沿着这一梯度,蔗糖与 H^+ 一起从质外体进入筛管细胞(图9-6)。在这一过程中,K^+ 能激活 ATP 酶,因而促进蔗糖装载过程。另外,在供钾充足的植物叶片中,蔗糖合成的关键酶——蔗糖-磷酸-合成酶的活性高,这有助于增加蔗糖在质外体的浓度,间接促进向筛管的运输。

(二)同化产物在韧皮部中的运输

有关同化物在韧皮部中运输的机理假说很多。目前公认的依然是1930年

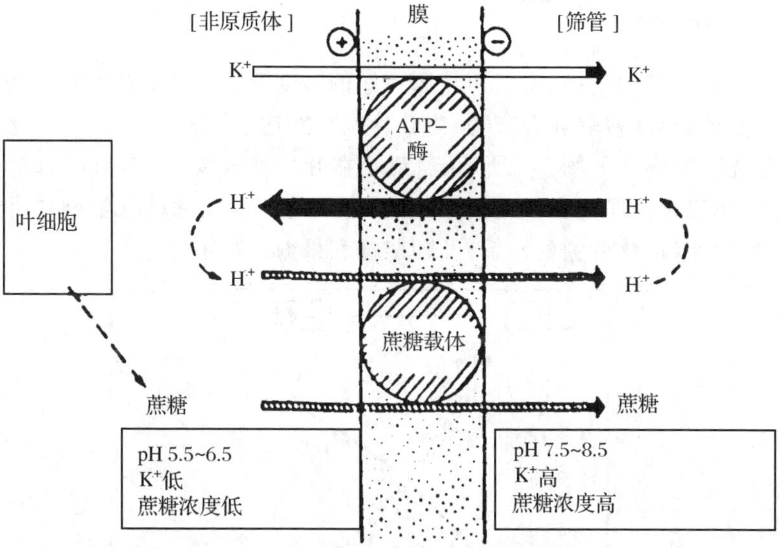

图 9-6　韧皮部蔗糖装载系统

Münch 提出的压力流假说。根据这一理论，同化物在韧皮部中沿静水压梯度流动。在源中，由于糖分浓度高、筛管中水势低，导致水分从周围细胞进入筛管，从而提高了静水压；在库中，由于糖分被消耗，水势升高，导致静水压下降。因此，形成了筛管两端从源到库的静水压梯度。

(三)同化物在库端的卸载

卸载是指同化物从库组织筛管中输出的过程。对根和幼叶等正在生长的营养库来说，同化物向受体细胞的卸载和运输常常通过共质体途径进行，而其他的库器官则通过质外体途径进行。在储存库器官(如甜菜块根和甘蔗茎秆)中，蔗糖进入库共质体之前须先卸在质外体；在生殖库(如正在发育的种子)中，成熟组织和胚组织间没有共质体连接(即无胞间连丝)，也必须经历质外体运输。

如果卸载经共质体途径，运输的同化物可经胞间连丝进入受体细胞，它们在受体细胞中转化或储存于液泡中。如果卸载经质外体途径，部分同化物可在质外体内转化。例如，在甘蔗茎秆和玉米子粒中，在质外体中卸载蔗糖首先被转化酶分解成葡萄糖和果糖，然后被吸收。而在甜菜块根和大豆种子中，蔗糖在质外体中并不被分解或转化，而是直接被运入受体细胞。

对于那些需要经质外体途径的卸载过程来说，同化物要经过两次跨膜，即筛管或伴胞膜和受体细胞膜，这些跨膜运输都需要转运蛋白的参与。

二、源-库的转化

每一叶片在其一生中，要经历从源到库的转变过程。对于双子叶植物，叶片开始发育时是库，单纯接受光合产物；当叶片展开度达40%～50%时则转化成源，净向外提供光合产物。如图9-7所示，甜菜叶在叶扩展度为40%～50%时即完成这种转变，具体表现为净光合作用增加，蔗糖合成酶活性及蔗糖含量增加，同化物输入、蔗糖转化酶(催化蔗糖的水解)及葡萄糖和果糖含量下降。

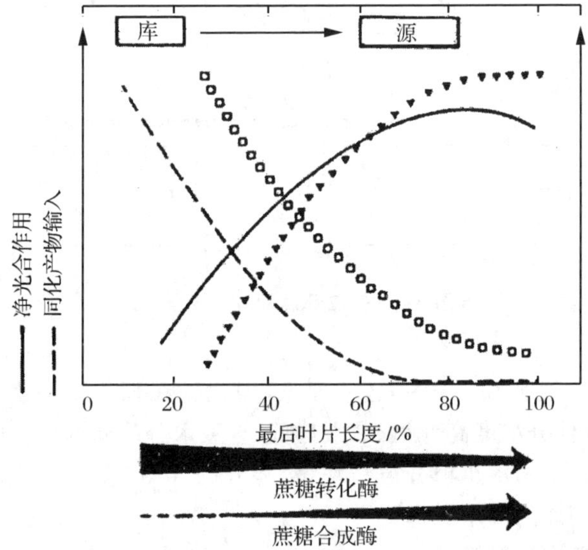

图9-7 甜菜叶片生长过程中同化物输入、净光合作用、蔗糖合成及糖代谢有关酶活性的变化

▲ 蔗糖 □ 葡萄糖+果糖

随着植株成熟，叶片逐渐进入衰老期，光合效率以及叶片中糖类的输出率都趋于下降，同时表现出膜透性增加，隔离在液泡中的蛋白水解酶类(如酸性蛋白酶类)被释放到细胞质中，导致细胞质和叶绿体中的蛋白质迅速降解；叶片输出的韧皮部汁液成分也发生了相应的变化，如糖分含量下降，低分子量的有机氮化合物和韧皮部中易移动的矿质养分含量增加。

三、植物激素在源-库关系调节中的作用

植物激素是植物体内合成的一类有机物质，主要包括细胞分裂素(CYT)、生

长素(IAA)、赤霉素(GA)、脱落酸(ABA)和乙烯(ET)。它们在木质部和韧皮部都能运输,在调控高等植物生长和发育方面起着主导作用。CYT,GA 和 IAA 的主要作用是促进植物生长发育,而 ABA 和 ET 的作用则主要表现在促进叶片和果实成熟、诱导种子的形成等,因而在源-库关系中起重要调节作用。各种激素的合成及其作用部位往往不一致,矿质养分的供给状况可以直接影响着植物激素的合成及其作用。

(一)植物激素对库的影响

从草莓发育果实中去掉种子,可使果实生长立即停止,而给去掉种子后的果实施用 IAA,又能恢复果实的生长速率。这表明在种子中产生的 IAA 调控着营养物质和光合产物经韧皮部向正在发育果实中运输的过程。

用完整植株进行长期试验的结果也证明,植物激素在其施用位点上能增加库的活性(表 9-1)。例如,当给胡萝卜叶面喷施细胞激动素,尤其是 GA 的溶液时,会明显促进其地上部分的生长,然而根的生长却受到抑制。矮壮素(α-氯乙基三甲基氯化铵,CCC)是茎生长的抑制剂,但不影响根的生长,因此它能维持储存根的库强度。

表 9-1 叶片喷施激素对胡萝卜生长的影响

处理*	植株干物重/(g·株$^{-1}$)			冠/根
	茎	根	总量	
H_2O	3.2	10.9	14.1	0.29
激动素	7.3	8.8	16.1	0.83
GA	9.9	5.7	15.6	1.74
CCC	2.8	10.8	13.6	0.26

* 每周喷施 1 次,连续喷 7 周。

施用 GA 能增加蚕豆单株豆荚和子粒数,从而达到增产的效果(表 9-2)。

表 9-2 叶面喷施 GA 溶液对蚕豆豆荚、子粒数和产量的影响

处理*	豆荚数/(个·株$^{-1}$)	子粒数/(个·株$^{-1}$)	子粒产量/(g·株$^{-1}$)
对照	25.3	81.0	32.4
+GA	31.8	107.0	45.5

* 在植株 6 片叶时用 GA 处理。

在谷类作物子粒发育期间,各种激素的变化呈现一定的规律(图 9-8)。CYT 的活性在开花之后的几天之内就达到最高峰,而此时胚乳细胞分裂活动最为活跃。

当子粒灌浆接近结束时，ABA活性显著增加。在子粒干物质积累率最大时，即库活性和韧皮部卸载都达最大值时，GA和IAA的活性最高。有研究表明，在开花前不久，根部施用CYT可以促进胚乳细胞分裂而提高粒重；在子粒灌浆期提高叶片温度和促使叶片衰老，可诱导ABA含量增加，而导致千粒重下降。然而，由于组织之间各种激素的水平不同，要说明库活性与种子中激素平均含量之间的相关性是相当困难的。例如，在大豆种子发育过程中，子叶、胚和种皮中的ABA和IAA水平变化很大，并且互不相关。

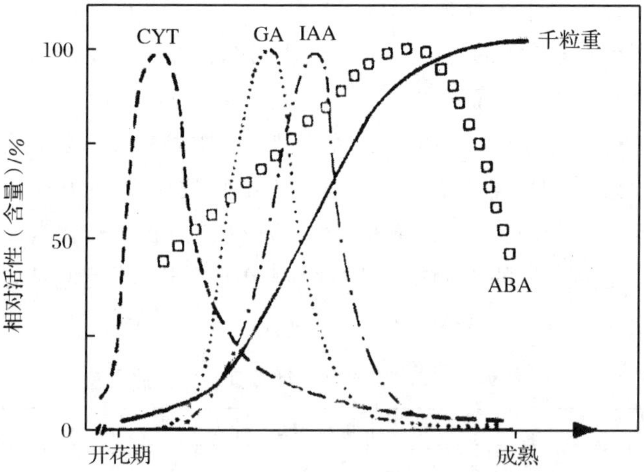

图9-8 谷类作物子粒发育期间激素活性的变化动态

CYT：细胞激动素 GA：赤霉素 IAA：生长素 ABA：脱落酸

（二）养分供应对植物内源激素水平的影响

养分供应可以影响植物激素的合成、活性和降解，通过施肥等措施可以改变植物体内激素的平衡，从而间接地影响植物的生长、发育和产量。例如，细胞分裂素（CYT）是在根部合成的，因此根系的生长状况和根分生组织的数目与根中CYT的总量有密切关系。氮素对根的生长、CYT的合成以及经木质部向地上部运输的影响极大。当给马铃薯连续供氮时，CYT的输出量随着植物苗龄增大而增加；当中止供氮时，根的生长受阻，CYT的运输量急剧下降；恢复供氮后，CYT的输出量又迅速增加。

中断马铃薯植株的氮素供应，会诱导茎中GA水平的明显下降和ABA水平的急剧升高；在恢复氮素供应后，GA含量明显增高，而ABA则降低。在马铃薯块茎中也存在着类似的变化趋势。

四、源-库关系与产量形成

根据源库关系理论，作物产量水平可由两方面的因素所限制。一是源的限制。这包括叶片多少、叶面积大小、叶片功能期长短、光合效率高低等。其中叶面积指数(leaf area index，LAI) 代表单位面积土壤上植物叶面积的大小，例如 LAI 为 5 时即表示每平方米土壤上生长的植物叶面积为 5 m^2。叶面积功能期(leaf area duration，LAD)则是叶面积大小与其持续时期的乘积，反映了叶片在一定时期内持续供应光合产物的能力。二是库的限制。如子粒或块茎数量多少或其内部淀粉合成速率高低等。一般认为同化物的运输速率的限制性较小。在不同的产量水平及养分供应、环境条件下，作物产量的源库限制性不同。如在低产、低养分供应水平下，作物生长率及产量主要受叶同化产物供应(源)不足的限制；而在高产高投入水平下，通常营养生长繁茂，子粒产量主要受子粒中容纳同化物能力(库大小)的限制。通过剪叶(减源)或去除部分子粒(减库)试验，可以简单判断作物产量形成是受源限制，还是受库的限制。

植物在营养生长过程中，如果叶片数较多，每片叶的养分供应潜力通常不能充分发挥。例如，在具有 6 片展开叶芥菜植株中，去掉 4 片展开叶(第 3 到第 6 片)后，余下的第 2 叶片的光合速率和同化产物的输出率几乎翻一番(表 9-3)。说明在未摘除叶片前第 2 叶片本身的光合潜力并未能充分发挥出来。

表 9-3　摘除部分源叶对剩余叶片(第 2 片叶)光合速率和同化产物输出的影响

处理	第 2 叶片的光合速率/相对%	从第 2 片叶输出的 ^{14}C/%*
对照	100	36
摘除第 3～6 叶	187	62

* 占总标记物的%。

在生殖生长时期，如果摘除主要的库(如果实、种子或储存器官)，就会显著降低源叶的光合速率。例如，摘除茄子的果实，其叶片净光合率显著下降。说明库对源的光合活性有很大的反馈调节作用。

第三节　矿质营养对源-库及其相互关系的影响

一、矿质营养对源的影响

氮、磷等养分供应不足时，可导致蛋白质合成速度下降、光合速率降低、细胞膨压不足，进而限制叶片的生长速度，减小叶面积指数(LAI)。缺磷导致植物叶片小而颜色暗绿，这是由于细胞扩展不足而单位叶面积细胞数目增多的表现。缺氮对叶片伸展的影响常因植物种类而异，谷类(单子叶)作物细胞扩展受阻的程度昼夜相同，而棉花缺磷只抑制叶片在白天的生长速率，在夜间这一影响则很小。这种昼、夜差异与白天细胞扩展所需的有效水分受限有关，缺磷导致根系水分传导率降低，也可能导致根细胞壁弹性减小。

矿质营养还能以各种方式影响净光合作用过程，表 9-4 归纳的资料表明，涉及叶绿体形成和功能的各种过程都需要矿质养分。例如，在绿叶细胞中，有机态氮全量的 75%主要以酶蛋白的形式存在于叶绿体中，含铁量的 70%也存在于叶绿体中。缺乏矿质养分直接影响蛋白质或叶绿素的合成，导致叶绿体的功能减弱，光合效率降低。当参与电子传递链和光合磷酸化作用的某种矿质养分(如铁、铜等)缺乏时，也会出现同样状况。因此，几乎任何一种矿质养分的缺乏都会导致光合能力下降。缺乏矿质养分还会影响 CO_2 同化作用和 CO_2 的气孔导度(如钾)而减少净光合效率。磷还可以通过控制叶绿体中淀粉的合成和糖类跨叶绿体膜进入细胞质的运输而影响光合效率。

表 9-4 光合作用中起直接和间接作用的矿质养分

光合作用过程	矿质养分的作用	
	有机结构的成分	酶、渗透调节
叶绿体建成		
蛋白质合成	N、S	Mg、Zn、Fe、K(Mn)
叶绿素合成	N、Mg	Fe
电子传递链	d	d
PSⅡ+Ⅰ，光合磷酸化	Mg、Fe、Cu、S、P	Mg、Mn(K)
CO_2 同化	—	Mg(K、Zn)
气孔运动	—	K(Cl)
淀粉合成，糖运输	P	Mg、P(K)

注：括号内矿质养分系间接影响。

养分供应不仅能影响一时的光合效率高低，还能通过影响叶面积功能期(LAD)决定作物产量的高低。如氮素供应量的供应时期可以在很大程度上决定叶片衰老速度。供氮不足导致叶片衰亡过早，叶面积功能期缩短，光合产物供应不足，子粒或块茎的干物质充实期缩短，早熟减产。

二、矿质营养对库的影响

对以果实、种子和块茎为产量的作物来说，矿质养分供应不足或过量对植株开花、受精或块茎(库)的形成产生较大的影响,造成产量下降。

(一)花的形成

氮肥形态和施用时期对苹果花形成的影响要比施氮量大得多。在花芽分化期,叶片喷施含有尿素的肥料溶液能使来年苹果开花数量显著增加,这是调节苹果树“大小年”的一个有效方法。在花诱导期施用铵态氮比硝态氮对花的形成更有效,而对根系以“间断”的方式施用 24 h 铵态氮甚至比连续施用 8 周硝态氮的处理还要有效。这种效应并不是由于氮的直接营养功能,而是通过氮影响植物激素的合成所获得的效果。Buban 等的试验证明,在施用铵态氮处理中,由根系运输到枝条的细胞分裂素(CYT)高于施硝态氮的处理(表 9-5)。

表 9-5　施用不同形态氮素对苹果树砧木木质部汁液中 CYT 浓度和枝条生长的影响

处　理	玉米素浓度/($\mu g \cdot mL^{-1}$)	4 个月后苗木生长量	
		新梢数(<5 cm)	新梢总长度(>5 cm)
对照(不供氮)	0.05	12	16
铵态氮	1.95	17	34
硝态氮	0.82	13	48

番茄、小麦、苹果等作物花的形成与磷的供应状况也有明显的关系。番茄花数与 CYT 水平、磷的施用量之间呈正相关,因此,施磷能提高 CYT 水平,从而促进花的形成。钾对蒜、芥、茄子花的形成也有类似的影响,当植物叶片中钾水平低时,不育雌花所占比例高,但喷施 CYT 后,不论叶片中钾水平如何,植物都不会出现这类不育症。

(二)受精

矿质养分(如铜、硼、钼)的供应能直接影响种子或果实数量。在缺铜时小麦分蘖较多,秸秆生物量相当高,但产量很低。原因是缺铜导致花药形成受阻、每个花药产生的花粉粒数很少,即使产生了花粉粒,也大多活力很低(表 9-6)。

表 9-6　缺铜与不缺铜小麦的异花授粉对子粒结实的影响

杂交组合		结实数/个	小花数/个	穗数/个
雌	雄			
−Cu	−Cu*	0	76	3
+Cu	−Cu	2	76	3
−Cu	+Cu	47	157	7
+Cu	+Cu*	86	86	3

* 自花授粉。

玉米花粉的形成和活性受钼营养状况的影响很大。供钼不足时,每个花药中花粉的粒数都不足,花粉粒小,活性低。硼是花粉管伸长生长所必需的。在缺硼条件下,水稻穗粒数下降,大麦受精严重不足,玉米果穗秃尖(图 9-9)。

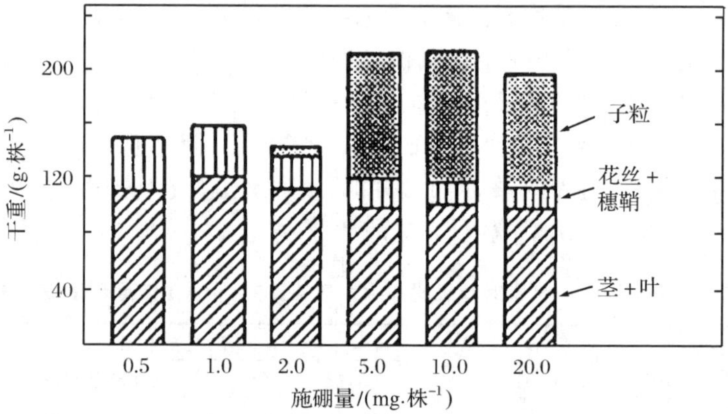

图 9-9 施硼对玉米干物质生产和分配的影响

(三)花和种子的发育

有些植物(如大豆)的花和未成熟果实脱落是限制产量的主要因子。开花期缺氮会加重落花而减产。因此,施用适量氮肥对减少大豆落花掉荚、增加子粒产量是十分必要的。虽然现在对施肥减少落花掉荚的生理原因还了解不多,但可以肯定,落花掉荚与植物激素,特别是 ABA 的变化有关。

养分缺乏造成果实和种子过早成熟、子粒和果实变小,这是限制产量的又一因子。研究表明,过早成熟与 ABA 水平高有关。如缺钾小麦子粒的 ABA 含量比高钾条件下要高得多(表 9-7);相应地,缺钾植株的子粒灌浆期比对照植株短得多,成熟时单粒重量也轻得多。缺钾提高了小麦旗叶的 ABA 含量,从而促进过早成熟。

表 9-7 钾肥施用量对小麦子粒的 ABA 含量和粒重的影响

施钾水平	开花后不同时间(d)的 ABA 含量/ng				开花到成熟天数/d	单粒重/mg
	28	35	38	44		
低钾	7.7	13.4	16.5	2.2	46	16.0
高钾	3.7	4.4	ND*	9.4	75	34.4

* ND 表示未测定。

(四)对块茎形成及其生长速率的影响

养分供应状况对诱发食用甜菜、马铃薯等块根和块茎作物的储藏器官及其膨大都有很大的影响。在储藏器官开始生长后相当长的时间里，营养茎与储藏器官均是同化物的库，二者之间存在着明显的竞争。一般来说，有利于营养茎生长的养分供应状况(如多施氮)能延缓储藏器官形成和膨大。例如，连续向马铃薯根系供氮会延迟甚至阻碍块茎形成。块茎形成后，大量施氮还能使其生长率显著下降，茎秆的生长率则提高。这表明营养茎与储藏器官(块茎)之间的竞争可通过供氮来加以调节(表 9-8)。

表 9-8 马铃薯块茎生长率与根系供氮的关系

硝酸盐浓度/($mmol \cdot L^{-1}$)	硝酸盐吸收量/($mmol \cdot d^{-1}$)	块茎生长率/($cm^3 \cdot d^{-1}$)
1.5	1.18	3.24
3.5	2.10	4.08
7.0	6.04	0.4
停止供氮 6 d	—	3.89

在马铃薯块茎生长过程中突然向根系增施氮肥会使块茎生长中止，并在块茎顶端形成匍匐茎；氮的间歇供应能产生链状块茎(图 9-10)。在暂时中止生长后，其恢复往往限于块茎的某一区域(分生组织或“芽眼”)，因而导致块茎的畸形(如瘤状块茎)。在田间条件下，短期干旱后也常常发生这种情况。

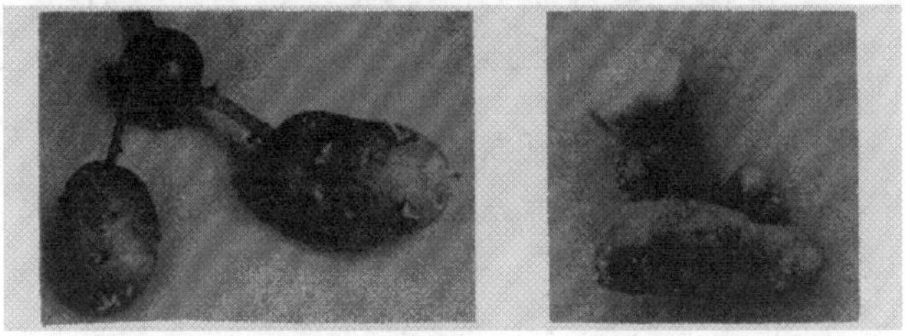

图 9-10 向马铃薯根系交替供应高、低氮量导致的块茎次生生长和畸形

供氮所产生的效应是马铃薯营养茎和储藏器官中植物激素平衡的变化而引起的。停止供氮能减少由根向茎输送 CYT 的数量，降低库的强度和茎的生长率，使地上部分 ABA/GA 比例相应增加并诱发块茎的形成。由此可见，施用 GA 的拮抗剂矮壮素 CCC 或摘去茎的顶端(GA 合成的主要场所)，也能诱发块茎的形成。突然增施氮肥所引起的块茎次生生长和畸形不仅与营养茎的 ABA/GA 比例降低有关，同时也与块茎的 ABA/GA 比例降低有关，其中 GA 含量增加 2 倍，而 ABA 含量却比正常生长块茎的含量减少 5%。

三、矿质营养对源-库关系的影响

即使块根和块茎作物储藏过程已经开始，源-库关系仍然极易变更，在施用氮肥时必须注意这一点。一方面，大量供氮是地上部分生长及块茎高产所需要的；另一方面，它却能推迟块茎形成和块茎直性生长期的开始。图 9-11 说明了这些相互作用的特性，低氮供应早结块茎的优势被叶面积指数减小和叶片早衰造成的块茎产量降低所抵消；大量供氮时，能大大提高叶面积指数，延长叶片的功能期和增加块茎的收获量，但是，必须有足够营养生长阶段，即没有早霜或不出现严重缺水的条件下，大量供氮才有可能获得块茎的高产。

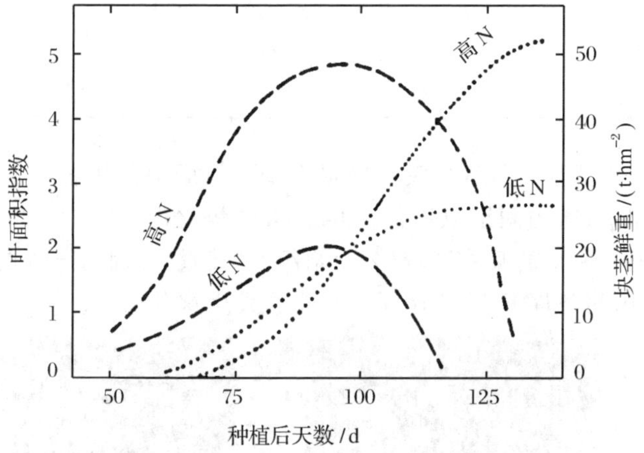

图 9-11 两种供氮水平对马铃薯叶面积指数动态(——)和块茎鲜重(……)的影响

供氮量少时叶面积指数过早下降，说明块茎的最终产量受到源的限制。在马铃薯成熟植株中，全氮的 60%～80%在块茎中，因此，当施氮量不足时，源叶氮的耗竭大概对叶片衰老和块茎停止生长起着关键作用。

在芥子和油菜类等十字花科作物的发育过程中，也存在种子和叶片对氮素的争夺。种子的发育和最终产量主要取决于营养体中氮库的大小。在主茎开始开花以后，侧枝上也相继出现花分化，氮的有效性对这一时期植株的成花和结实影响很大。研究表明，遮荫源叶与摘掉源叶对种子有着不同的减产效果。遮荫源叶(光合下降，但不影响叶片中氮素向种子的转移量)使芥菜减产 20%，而摘除源叶(光合下降，叶片氮素向种子转移量下降)却使之减产 50%。因此，在开花始期应补施氮肥以增加子粒数，从而提高产量。

一般情况下，源中易于再迁移的矿质养分都能导致源对种子、果实和块茎最终产量的限制。这种限制发生的概率取决于土壤中这种养分的有效性、营养茎中该养分的浓度与数量(源的大小)、库对养分的特定需要以及库器官的生长率等因素。例如，成熟谷类作物子粒的含氮量集中了植物体全氮的80%，而含钾量却不足全钾的20%。因此对谷类作物来说，如果在营养生长期这些矿质养分供应不足，到子粒灌浆时，造成源限制的很可能是氮而不是钾。此外，未成熟果实或块茎中钾浓度很高(干物重的2%～3%)，成熟时大部分分配在果实或块茎中，在这种情况下，钾很可能限制源的大小。

第四节　矿质营养与品质的关系

一、矿质营养与植物的品质

(一)氮肥与品质的关系

植物体内与品质有关的含氮化合物有蛋白质、必需氨基酸、酰胺和环氮化合物(包括叶绿素A、维生素B和生物碱)、NO_3^-、NO_2^- 等。

蛋白质是农产品的重要质量指标。增施氮肥能提高农产品中蛋白质的含量，子粒中蛋白质的积累主要是营养器官中氮化物再利用的结果，但后期根外追施尿素或 NH_4NO_3 对子粒蛋白质含量有明显的促进作用，而且尿素的作用优于 NH_4NO_3。因为尿素既能供给氮素，又是一种生理活性物质，根外追施尿素可以促进光合作用，提高蛋白酶的活性，有利于促进叶片蛋白的分解和含氮物质向穗部转移。^{15}N 的研究表明，小麦后期叶面追施尿素可促进谷蛋白的合成，从而提高面包的烘烤质量。

人体必需的氨基酸有缬氨酸、苏氨酸、苯丙氨酸、亮氨酸、蛋氨酸、色氨酸、异亮氨酸和赖氨酸，其含量也是农产品的主要品质指标。这些氨基酸是人和动物体自身无法合成的，只有由植物产品提供。适当供氮能明显提高产品中必需氨基酸的含量，而过量施氮时，必需氨基酸的含量却反而会减少。人和动物如果缺乏必需氨基酸，就会产生一系列代谢障碍，并导致疾病。

通过施肥能够提高蛋白质的含量，但很少能影响蛋白质的组成，因为蛋白质组成主要受遗传基因控制。但施氮也能改变植株的有些营养成分。例如，当供氮从不足到适量时，植株中胡萝卜素和叶绿素含量随施氮量的增加而提高；供氮稍过量时，谷粒中维生素B含量增加，而维生素C含量却会减少。

氮肥还会影响植物油的品质。例如，向日葵油一般含有10%的饱和脂肪酸

(棕榈酸和硬脂酸)、20%的油酸、70%的必需亚油酸。随着氮肥用量的增大,向日葵油中的油酸含量增加,而亚油酸含量减少。在油菜中,施氮不仅能提高子粒产量和粒重,同时也能提高含油量(表 9-9)。

表 9-9 氮肥用量对油菜籽含油量的影响

每盆施氮量/g	每盆子粒产量/g	粒重/mg	含油量/%
0.2	6.6	1.8	21.2
0.4	7.7	2.2	21.5
0.8	5.6	3.3	41.8

氮素营养状况对甜菜品质的影响是至关重要的。在块根生长初期,供应充足的氮是获得高产的保证,而后期供氮多则会导致叶片徒长、块根中氨基化合物和无机盐类含量增高,糖分含量则大幅度下降。

植物产品中的 NO_3^- 和 NO_2^- 含量是近年来引人注意的重要品质指标之一。NO_3^- 在人体内可还原成 NO_2^-,这种物质过量能导致人体高铁血红蛋白症,引起血液输氧能力下降。NO_2^- 盐还可与次级胺结合,转化形成一类具有致癌作用的亚硝胺类化合物。氮肥施用量过多是造成叶菜类植物体硝酸盐含量大幅度增加的主要原因。

(二)磷肥与品质的关系

与植物产品品质有关的磷化物有无机磷酸盐、磷酸脂、植酸、磷蛋白和核蛋白等。适量的磷肥对作物品质有如下作用:

1. 提高产品中的总磷量　饲料中含磷(P)量达 0.17%~0.25%时才能满足动物的需要,含磷量不足会降低母牛的繁殖力。P/Ca 比对人类健康的重要性远远超过了 P 和 Ca 单独的作用。

2. 增加作物绿色部分的粗蛋白质含量　磷能促进叶片中蛋白质的合成,抑制叶片中含氮化合物向穗部的输送。磷还能促进植物生长,提高产量,从而对氮产生稀释效应。因此,只有氮磷比例恰当,才可提高子粒中蛋白质的含量。

3. 促进蔗糖、淀粉和脂肪的合成　磷能提高蛋白质合成速率,而提高蔗糖和淀粉合成速率的作用更大;作物缺磷时,淀粉和蔗糖含量相对降低,但谷类作物后期施磷过量,对淀粉合成不利。

4. 使蔬菜上市表观、果实大小、耐贮运、味道特性等都有所改善　充足的磷肥可获得较大的马铃薯块茎;磷肥供应不足时,则形成较小的块茎;磷太多时又易形成裂口或畸形块茎。磷肥还能提高果菜类蔬菜的含糖量,改善其酸度,使上市的蔬菜更鲜美、漂亮,提高商品档次。

(三)钾肥与品质的关系

(1)改善禾谷类作物产品的品质。钾不仅可增加禾谷类作物子粒中蛋白质的含量,而且还可提高大麦子粒中的胱氨酸、蛋氨酸、酪氨酸和色氨酸等人体必需氨基酸的含量。

(2)促进豆科作物根系生长,使根瘤数增多,固氮作用增强,从而提高子粒中蛋白质含量。

(3)有利于蔗糖、淀粉和脂肪的积累。在甜菜上施用钾肥可提高含糖量、减少杂质含量;在大麦上施钾可提高子粒中淀粉和可溶性糖的含量。

(4)提高棉花产量,促进棉绒成熟,减少空壳率,增加纤维长度,还能提高棉籽的含油量。

(5)改善烟叶的颜色、光洁度、弹性、味道和燃烧性能和减少烟草中尼古丁和草酸的含量。

(四)钙、镁、硫与品质的关系

钙　钙既是细胞膜的组分,又是果胶质的组分。因此,缺钙不仅会增加细胞膜的透性,也会使细胞壁交联解体,还会使番茄、辣椒、西瓜等出现脐腐病,苹果出现苦痘病和水心病等,极大地影响农产品品质。施钙可增加牧草的含钙量,提高其对牲畜的营养价值,还可增加农产品的可贮性。此外,钙是人类食品中明显不足的元素,施钙对提高植物食品的含钙量,促进人体健康也极其重要。

镁　镁的含量也是农产品的一个重要的品质标准。饲用牧草镁含量不足时可导致饲养动物缺镁症,引起动物"痉挛病",人类饮食中镁不足则会导致缺镁综合征,出现过敏、困乏、疲劳、脚冷、全身疼痛等病症。施镁肥可提高植物产品的含镁量,还能提高叶绿素、胡萝卜素和碳水化合物的含量,防治人畜缺镁症。

硫　它是合成含硫氨基酸如胱氨酸、半胱氨酸和甲硫氨酸所必需的元素。缺硫会降低蛋白质的生物学价值和食用价值。禾谷类作物子粒中半胱氨酸含量低时,会降低面粉的烘烤质量。某些植物(如洋葱和十字花科植物)体内次生物质(如芥子油、葱油)的合成也需要硫,因此,施硫可增加这些植物产品的香味,改善其品质。

(五)微量元素与品质的关系

许多微量元素是植物、人和动物体都必需的,农产品中微量元素的含量也是重要产品品质指标。微量元素影响着植物体内许多重要代谢过程,但它同时又是易于对植物产生毒害等不良影响的元素,因此,微量元素的供应必需适度。

铁　绿色叶片(如菠菜)和粮食中的铁是人体中铁的重要来源。缺铁可引起贫血、脑神经系统疾病、感染性疾病和骨骼异常现象等。

锰　食物和饲料中的含锰量也是重要的品质标准。施用锰肥有提高维生素(如胡萝卜素、维生素 C)含量和防止裂子以及提高种子含油量等作用,缺锰会引起动物生长停滞、骨骼畸形、生殖机能障碍等病症。

铜　铜对于提高植物产品蛋白质含量、改善品质、增加与蛋白质有关物质的含量都有积极的作用。

锌　缺锌能使植物成熟期推迟,从而影响农产品品质。食物中含锌量低常常会引起儿童食欲不振、生长发育受阻等。施锌能增加植物产品含锌量和产量,防治人畜缺锌病。

硼　硼对植物体内碳水化合物运输有重要影响,因此,适量增施硼肥可提高蔗糖产量。施硼还可防止因缺硼造成的"茎裂",提高蔬菜品质。

钼　缺钼土壤上施钼肥可增加种子的含钼量,提高农产品的蛋白质含量,改善其品质。例如,在新西兰的 Hasting 镇,由于土壤缺钼,该地方生长的蔬菜中含钼量低,因此,当地生活的许多学龄儿童患有龋齿;而与 Hastings 镇仅相距 15 km 的 Napier 镇,因为土壤含钼量高,蔬菜的含钼量正常,所以小学生的牙齿都很正常。由于钼能促进固氮作用,施钼可以增加豆类作物的含氮量,从而提高蛋白质含量。

二、矿质营养与种子活力和品质的关系

子粒中养分的缺乏会降低种子活力和后代抗养分胁迫的潜力。种子中养分储存得越多,其活力越大,种子萌发能力也越强,幼苗生长也越茁壮。养分的缺乏会影响种子中其他物质的化学组成,间接地影响种子活力。这种间接影响往往是通过对种皮结构、种子饱实率和激素水平的影响造成的。氮能提高母体生殖细胞数量,从而提高产量,但氮过多又会延迟成熟,降低种子活力。含钾量低的种子不仅发芽率低,而且降低种子活力和缩短种子寿命。缺锌延迟种子成熟。缺硼使种子出现"空心病"和"腐心病"。缺锰出现"裂子病"。这些都严重地影响种子的活力和品质。

矿质养分的缺乏不仅对种子产量和活力产生抑制作用,而且会降低动物及人类食物的品质。缺氮、缺硫改变了豆科作物种子中氨基酸的组成和蛋白质的合成;缺硫降低了大豆球蛋白和豌豆球蛋白中含硫氨基酸的含量,使营养价值下降。铁、锌和铜是人类饮食中经常缺乏的养分。人类消耗的食品中有 1/4～1/3 的营养物质是由成熟种子等植物产品提供的。因此,种子是人类矿质养分的重要来源,任何能增加种子中矿质养分含量的措施都是值得重视的。

复习思考题

1. 什么是 Mitscherlich 学说？它对施肥有什么指导意义？
2. 源、库的概念是什么？源、库的理论如何应用于农业生产实践？
3. 钾离子与糖的韧皮部装载有什么关系？
4. 矿质营养对源、库的转换有何影响？
5. 结合实际问题说明合理施肥在决定作物产品品质中的作用。

第十章　植物营养性状的遗传学特性

进入 21 世纪，人口与生态环境的矛盾日益突出。随着人口的不断增长，人均耕地将越来越少，要在有限的耕地上生产出足够养活众多人口的粮食，必须提高作物单产。如果单纯依靠增加生产投入，既要消耗大量的人力和财力，又导致经济效率下降，甚至造成环境污染。充分发掘和利用植物自身的抗逆能力，通过遗传和育种的手段对植物加以改良，在有限的养分水分等资源条件下提高作物产量，提高资源利用率，是解决这一问题的有效途径之一。对于铁、磷等养分而言，土壤中的全量并不低，但常处于难以利用的状态，施入的磷肥和铁肥也易被土壤固定，利用率较低，利用养分高效植物，可以提高这类养分资源的利用率，减少投入。此外，世界范围内土地退化问题日趋严重，挖掘植物耐养分胁迫及毒害元素的能力，对于生态重建具有重要意义。在此背景下，植物营养遗传学应运而生并迅速发展。本章将着重介绍植物营养性状的遗传差异、生理基础和改良途径。

第一节　植物营养性状的基因型差异

一、植物营养性状的表现型、基因型和基因型差异

基因(gene)是控制生物生长发育性状的基本功能单位。它既是染色体的一个特定区段，又是 DNA 的一段特定碱基序列。碱基序列决定了植物的遗传密码。不同基因的差异在于其 DNA 碱基序列的排列组合不同，因而编码不同的蛋白质，行使不同的功能，进而控制生物体内的特定生理生化功能，在外观表现出不同的性状。不同生物个体内的基因组成不同，所有基因的组合称为基因型(genotype)。由于鉴定所有基因有实际困难，所以一般将生物体内某一性状的遗传基础总和称为基因型。在一定的环境条件下，基因表达使生物表现出某种性状，称为表现型(phenotype)(图 10-1)。

性状可由单基因或多基因控制。单基因控制的性状称为质量性状，而多基因控制的性状则为数量性状。农艺性状，包括很多植物营养性状(如耐低氮、耐低磷

等)，一般涉及植物体内的多个生理过程，受多基因控制，因而多数表现为数量性状。对于某一具体的生物学过程而言，如根细胞膜上的某种特定运输蛋白，则可由单基因或少数几个基因控制。

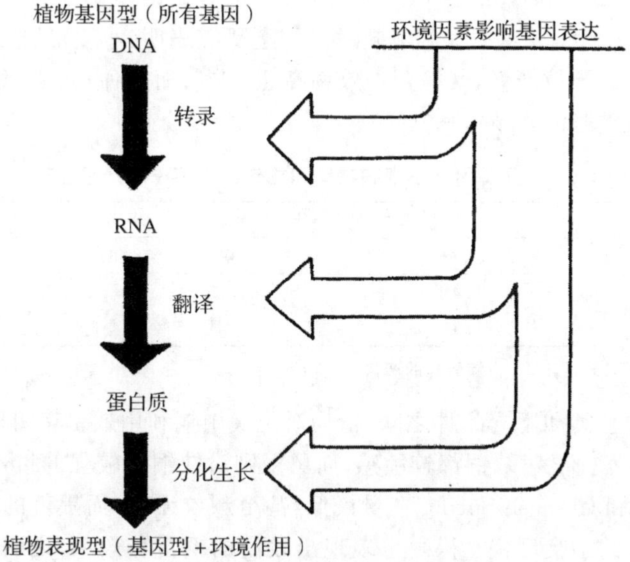

图 10-1　植物基因型与表现型的关系

一个性状由父代传递到子代的能力，可由遗传率(或称遗传力)来估测。一个性状的变异是由遗传变异和环境变异共同决定的。遗传率是指遗传变异程度在总变异程度中所占的比例，其中遗传变异程度是以遗传方差(基因型方差)来衡量，总变异程度包括了遗传方差和环境方差。

$$\text{广义遗传力}=\frac{\text{遗传方差}}{(\text{遗传方差}+\text{环境方差})}\times 100\%$$

二、植物营养性状的基因型差异

在自然进化及人工选择过程中，由于分离、重组和突变等原因，某一生物群体的不同个体间在基因组成上会产生差异。群体中个体间因基因组成差异而导致的表现型差异通常被称之为“基因型差异”。由于表现型受环境影响很大，不同的基因型既可表现为不同的表现型，也可表现为相同的表现型。所以严格来讲，判断不同个体之间是否存在基因型差异时，不能仅限于其表现型的比较，而必须通过遗传学手段确定每一个体的基因型。

植物在营养性状方面的基因型差异很早以前就引起人们的注意。1943年，Weiss发现生长在石灰性土壤上的有些大豆品系易出现典型的失绿症，而另一些则无失绿症状。Pope和Munger(1953)发现，芹菜对缺镁和缺硼的敏感性也存在着基因型差异。Graham在澳大利亚缺锌土壤上研究表明，小麦品种Aroona在缺锌时能取得较高的子粒产量，其锌营养效率高达92%；而品种Durati则不然，缺锌时产量仅为不缺锌时的41%(表10-1)。

表10-1 不同基因型小麦在缺锌和施锌条件下子粒产量比较

品种	供锌状况/$t \cdot hm^{-2}$		锌效率*/%
	供锌	不供锌	
Aroona	1.42	1.31	92
Durati	1.12	0.45	41

* 锌效率＝缺锌处理的产量/施锌处理的产量 ×100%。

在不同植物种类和不同品种之间，植物对土壤中铜利用效率有明显的差异(表10-2)。例如，小麦一般对缺铜都较敏感，而黑麦则对缺铜有较强的抗性。缺铜时，小麦品种Gabo和Chinese Spring产量极低，甚至颗粒无收，而黑麦的产量却相当高。小麦与黑麦的杂交后代小黑麦也表现出较高的铜营养效率，说明黑麦中存在高效吸收利用铜的基因，并能转移给小黑麦。

表10-2 在缺铜土壤上不同基因型对铜的反应[a]

植物种类	品种	每盆施铜量/mg[b]			
		0	0.1	0.4	40
小麦	Gabo	0	0	9.5	100
	Halberd	1.6	7.1	52.0	100
	Chinese spring	0	25.5	44.0	100
黑麦	Imperial	100	114	114	100
小黑麦	Beagle	98.6	95.2	93.6	100

[a]:数据为相对子粒产量；[b]:每盆11 kg。

在表述不同植物利用养分能力的差异时常用养分效率(nutrient efficiency)这一概念，但对养分效率的具体内涵，则不同研究者尚无统一的定义。在同一物种不同品种之间，一般认为养分效率是指某个基因型在一定的养分供给条件下，获得高产的能力，或者认为，在同样的产量水平下，某个基因型需要的养分供应水平较低；而在不同物种之间，养分效率指当植物生长的介质中的养分不能满足一般植物正常生长发育的需要时(如土壤中养分元素的有效性较低)，某一高效基因型植物能正常生长的能力。后一概念在生态学研究中更有意义。

养分效率可以进一步划分为养分吸收效率和植物体内养分的利用效率。前者指植物吸收养分占养分总供应量的比率，后期则指植物体内单位养分所生产的干物质量或生物量，也称养分的生理利用效率。需要注意的是，植物体内养分的利用效率是一个复杂的动态的过程，涉及养分在植物体内的运输、分配、利用及再利用等多个生理过程，常常需要从全生育期的观点去分析，尤其是对于以收获繁殖器官为目标的植物。

植物的营养性状基因型差异不仅表现在对养分缺乏的反应不同，而且还表现在对各种毒害元素的忍耐性的差异，如在酸性土壤中的铝、锰毒，在矿区及受污泥、污水污染的土壤中的锌、铜、硼、镉、镍等元素毒害，在盐碱地中的钠毒等。利用对重金属忍耐性强的植物，一方面，可以恢复受污染土壤的植被；另一方面，还可能通过植物对重金属的富集，逐步地降低其在土壤中的浓度，最终达到土壤修复的目的，这称为"植物修复"(phytoremediation)。如遏蓝菜的一个种 *T. caerulescens* 即是一种重金属超累积植物，它可以在 4 000 $mg \cdot kg^{-1}$ 含锌介质中生长，并在体内累积高达 40 000 $\mu g \cdot g^{-1}$(干重)的锌，而与之同属的另一个种 *T. arvense* 在含锌 500 $mg \cdot kg^{-1}$ 的介质中就不能生长。

第二节　植物养分效率差异的生理学和遗传学基础

一、植物养分效率差异的生理学基础

植物养分效率的形成是一个复杂的过程，主要涉及植物对土壤中难溶性养分的活化、对土壤养分的高效吸收及植物体内养分的高效利用等。在实际研究中，不同的养分高效基因型的生理机制可能不同，如有的高效基因型吸收效率高，有的则利用效率高。而且即使都具有较高的吸收效率，有的基因型可能由于根量大，而另外一些则是因为根系分布合理。图 10-2 概括了养分效率基因型差异的可能机理。

(一)吸收效率

养分吸收效率既取决于根际养分供应能力及养分的有效性，同时也取决于植物根细胞对养分的选择性吸收和转运能力。在养分的吸收过程中，养分必须首先到达根表，才有可能被根吸收。养分离根越近，它被吸收的可能性越大。某些养分(如磷、锌等) 在土壤中的迁移速率缓慢、迁移距离短，因此，植物根系的形态特征，如根系的体积、几何形状、长度、分布深度、分枝状况、根毛数量等和根系的结构特征对这些养分的吸收都有明显的影响。此外，许多植物还可以与真菌共生(如形成

菌根共生体)，通过菌丝的延伸，对土壤中有效性低的养分进行活化、吸收和运输。

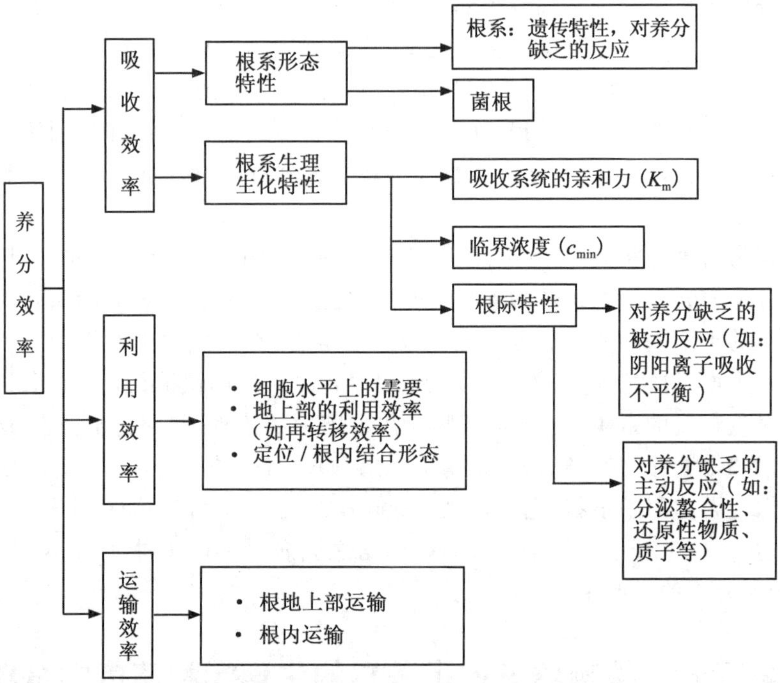

图 10-2　养分效率基因型差异的可能机理

在养分供应不足的条件下，植物还可能产生一系列生理学特性的变化来改变根际的物理、化学和生物学性状，从而活化根际养分，增加根对养分的吸收。根际pH值和氧还电位的改变、根分泌的还原性和螯合性物质以及微生物能源物质的种类和数量等都能决定不同基因型植物对养分的吸收效率。不同植物种类，甚至不同品种之间在活化和吸收养分方面都有显著的基因型差异，这些差异可以在植物根际动态变化特征上充分地表现出来。这也是进行高效营养基因型植物选育的基础。现以根分泌物为例，说明不同基因型植物对营养胁迫的适应性及其调控机理。

根分泌物是植物适应其生态环境的主要物质(表10-3)，依据诱导因子的专一性，可把它划分为非专一性和专一性两类。

1. 非专一性根分泌物　通过根系进入根际的非专一性分泌物可占植物光合作用同化碳的5%～25%。这些物质包括碳水化合物、有机酸、氨基酸和酚类化合物等，其分泌量受许多植物体内部和外部条件的影响，如能量、营养、通气状况、机械阻力、根际 pH 值和微生物的数量等。就养分状况来讲，缺乏磷、钾、铁、锌、铜和锰等都可能影响植物体内某些代谢过程，使低分子量的有机化合物(如有机酸、氨基酸等)累积并由根系分泌到根际。例如，缺磷使油菜分泌柠檬酸量增加。植物缺锌时，根细胞内铜锌超氧化物歧化酶(CuZn-SOD)的活性下降，而 NADPH-氧化酶活性增加，致使细胞内氧自由基大量累积并产生毒害作用。过量氧自由基使细胞膜脂质产生过氧化作用，使膜结构破坏、透性增加，从而使根溢泌的低分子量的有机物如氨基酸、碳水化合物和酚类的数量和对铁、锰的活化能力都明显增加。这是非适应性机理中非专一性根分泌物在植物营养方面的典型例子。

表 10-3　部分植物根分泌的低分子量有机物及其对根际养分的活化作用

养分种类	分泌物	被活化的养分
－P	柠檬酸(羽扇豆)	P、Fe、Zn、Cu、Mn、Al、Ca
	番石榴酸(木豆)	P、Fe、Al
－Fe	酚类化合物(双子叶和非禾本科单子叶植物)	Fe、Mn
	植物铁载体(禾本科植物)	Fe、Zn、Cu、Mn、Al、P
Al 毒	柠檬酸或苹果酸	P

2. 专一性根分泌物　专一性根分泌物是特定的植物受某一养分胁迫专一性诱导，在体内合成，并通过主动分泌进入根际的代谢产物。它的合成和分泌只受这种养分胁迫因子的诱导和控制，改善这一营养状况就能抑制或终止这种化合物的合成和分泌。当植物缺乏某一养分时，植物体可通过自身的调节能力，合成专一性物质并由根分泌到根际土壤中，促进这一养分的活化，以提高植物吸收利用效率，从而克服或缓解这种养分的胁迫。专一性分泌物的典型例子是禾本科植物在缺铁条件下分泌的麦根酸类植物铁载体(phytosiderophore)，它是一类非蛋白质组分的氨基酸，其分子量虽小，但对微量元素如铁、铜、锌和锰的螯合效率却特别高。其合成、分泌与三价铁形成螯合物并被植物吸收的过程，是禾本科作物适应缺铁环境的特异性表现。这类物质在日出后 2～6 h 内大量分泌，分泌位置定位于根尖，分泌过程和螯合反应不受介质 pH 值的影响。这一特点对石灰性土壤具有特殊的意义。此外，由于快速的螯合反应和形成的螯合物具有较高的稳定性(耐高温、抗微生物分解)，从而为植物吸收利用所螯合的养分创造了有利条件。研究专一性根分泌物在根际微生态系统中的作用，将有助于探明植物对营养胁迫的抗性机理和不同矿质营养基因型间养分效率差异的实质，为探索和应用现代生物工程技术进行植物抗逆性遗传学改良提供新的途径。

(二)运输效率

植物根系从环境中吸收的营养物质必须经过根部短距离运输，再经过木质部及韧皮部的长距离运输和分配才能到达其代谢的部位。豌豆单基因突变体 E107 能比未突变品种 Sparkle 积累高出 50 倍的铁，这不仅是由于该突变体的吸收效率高（即还原铁和分泌质子的能力强），而且是由于该突变体有很强的铁运输效率。其一旦吸收了铁，就能很快地运往叶片，在根中很少储存，因此，会造成老叶铁中毒症状。

（三）利用效率

养分的利用效率是指植物组织内单位养分所生产的地上部干物质的重量，在数值上相当于植物养分浓度的倒数。养分利用效率高的基因型能以较低的养分浓度进行正常代谢，生产一定的生物量。这涉及植物体内养分的分配、再利用、储存和转化等过程。随着外界养分供应浓度的增加，养分利用效率会逐渐下降。表 10-4 是菜豆和番茄不同基因型的养分利用效率状况。从中可以看出，不同基因型植物的养分利用效率具有显著差异，而且高效基因型的养分利用效率也高。

表 10-4 菜豆和番茄不同品种氮、磷、钾和钙的养分利用效率

植物种类	缺乏的养分	养分不足的水平/(mg·株$^{-1}$)	基因型	品系	干重/g	养分利用效率/(g·g^{-1} 干重)
菜豆	K	11.3	低效	63	6.00	157
			高效	58	8.83	294
番茄	K	5	低效	94	0.95	173
			高效	98	1.97	358
菜豆	P	2	低效	2	0.87	562
			高效	11	1.50	671
番茄	N	2	低效	51	2.51	83
			高效	63	3.62	118
番茄	Ca	10.0	低效	139	1.35	381
			高效	39	3.63	434

植物适应养分胁迫的机理是多方面的（表 10-5），应用这些机理或其他生理学或形态学特征研究植物矿质营养基因型差异时，既要关注其适应性机理的专一性，同时也应考虑其他机理的相互作用。

表 10-5 植物对矿质养分胁迫的适应性机理

养分胁迫类型	作物种类	机　理
磷高效	白羽扇豆	分泌柠檬酸
	油菜	分泌质子
	木豆	分泌番石榴酸

续表 10-5

养分胁迫类型	作物种类	机理
铁高效率	油菜	根表铁的还原
	向日葵	分泌质子
	白羽扇豆	分泌柠檬酸
	燕麦、小麦、大麦	分泌植物高铁载体
耐盐性	小麦	钾/钠选择性吸收
铜中毒	剪胶颖	合成金属螯合肽
锰中毒	水稻、大麦、苜蓿等	根系对锰的氧化
	水稻	通过硅增加内部抗性,减轻毒害
锌中毒	剪胶颖	细胞壁对锌的固定
硼中毒	小麦、大麦	根系拒吸

二、植物养分效率差异的遗传学基础

近几十年来,人们对矿质营养的遗传特性的研究已有很多,但主要是通过数量遗传学的方法进行的。一般认为,大量营养元素的遗传控制比较复杂,大多是由多基因控制的数量性状;而微量元素则相对比较简单,主要是由单基因或主效基因控制的质量性状。研究表明,磷营养效率的遗传控制表现为连续变异,具有多基因控制的数量遗传特性。如菜豆的磷营养效率是一个显性性状,其高低受多基因的累加作用控制。虽然磷营养效率的遗传控制比较复杂,但这一性状的遗传率比较高。例如,菜豆磷营养效率的广义遗传率可达 70%以上,而狭义遗传率也在 50%以上。这说明遗传因素对菜豆磷营养效率的影响很大,通过遗传改良可以达到提高磷效率的目的。

有关微量元素遗传控制的典型例子是 Weiss 早年用铁高效大豆×铁低效大豆杂交后代进行的分离试验。他发现大豆的铁营养效率是由同一位点的一对等位基因(FeFe 和 fefe)控制的,铁高效基因(FeFe)为显性,其分离方式符合孟德尔遗传规律(图 10-3)。

进一步的研究结果表明,尽管大豆缺铁的表现型为叶片失绿黄化,但其铁营养效率的控制部位在根部而不在地上部。用铁高效基因型品种(HA)做砧木时,不论接穗是铁高效品种(HA),还是铁低效品种(PI),其叶片均呈现绿色;而当砧木为铁低效大豆品种(PI)时,不论接穗是什么,叶片均呈现失绿黄化症(图 10-4)。后来发现,铁高效基因型大豆的根系具有较高还原铁的能力,而铁低效基因型根系还原铁的能力很弱,因此出现了图 10-4 所示的情形。

P1,P2　　FeFe（绿叶） × fefe（黄化叶）

↓

F1　　Fefe（绿叶）

↓ 自交

F2　　FeFe,Fefe,feFe,fefe

（分离）　　（绿叶）　（黄化叶）

3　：　1

图 10-3　大豆铁高效率基因型(FeFe)×铁低效率基因型(fefe)杂交后代分离的图式

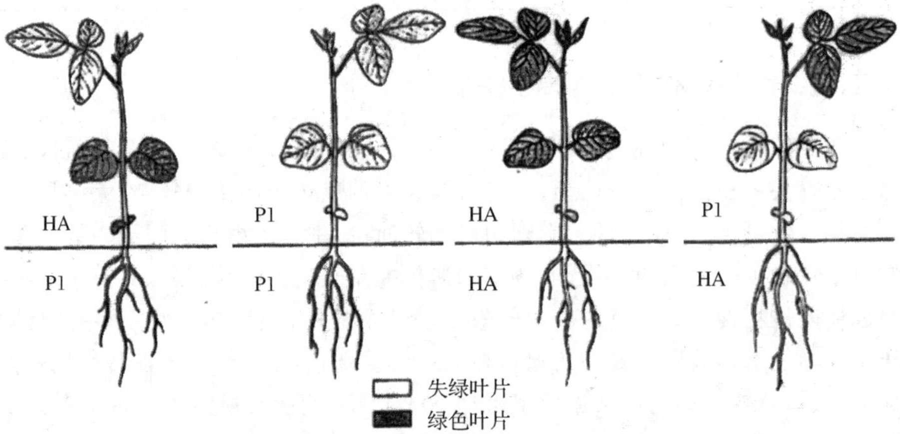

图 10-4　大豆根系控制铁营养效率示意图

经过多年的研究,目前对于各种养分的遗传学控制基础已经有了不同程度的了解,表 10-6 总结了几种主要植物微量元素的遗传特征。

进入 20 世纪 90 年代后,随着分子遗传学的快速发展,人们不仅满足于通过表现型分析确定养分效率的遗传控制机理,更希望直接寻找控制具体营养性状的基因,通过基因表达、转基因植物等手段确定其功能及在植物对养分吸收利用中的作用,这也就是所谓的反向遗传学(reverse genetics)手段。近 10 年来,已先后在不同植物(尤其是模式植物拟南芥)中克隆了根细胞膜上运输质子、硝酸根、铵离子、磷酸根、硫酸根、钾离子、二价铁离子、铁-麦根酸复合体、锌离子等养分的转运蛋白(transporter)基因和与控制根系发生有关的基因,还有与多种有机酸合成酶有关的基因等。研究发现，许多基因的表达与特定养分的吸收、运输等过程密切相关，如缺磷条件下磷酸根转运蛋白基因的表达增加。又如，在高锌供应条件下，锌超累积植物 *T. caerulescens* 根中的锌转运蛋白基因的表达活性非常高，而在非超积植物 *T. arvense* 中则很低。随着越来越多的基因被克隆及其功能的不断认识，人们将更深入地了解植物营养性状的遗传控制基础，确定养分效率的决定因素，进而更有针对性地提高植物的养分效率。

表 10-6　几种主要植物微量元素的遗传特征

养分供应	作　物	遗传特征
缺铁	大豆	单位点，显性主基因控制的吸收
	燕麦	单基因，显性
	番茄	主基因＋微效基因，显性
缺硼	芹菜	单基因，显性
缺铜	黑麦	单基因，显性，位于 5RL
缺锰	大多数植物	单基因、显性
锰中毒	大豆	多基因，具有母体效应
	大豆	加性基因，无母体效应

为了研究有目的地克隆基因，常需要特定的植物营养性状的突变体。早在 1929 年，Beadle 就在玉米中发现一个突变体 ys1/ys1，它即使在供铁充分的介质中也表现出新叶失绿症。到了 2001 年，Curie 等证明该突变与玉米根细胞膜上的 Fe^{3+}-PS(铁载体)转运蛋白有关，并克隆了该基因。

除了在自然界中寻找突变体外，通过化学、物理等手段人工诱变产生突变体更加快速有效。如 Kneen 和 LeRue(1988)用 1% 甲基磺酸乙酯处理豌豆(sparkle)，筛选得到一个单基因突变体 E107，其体内铁浓度比 sparkle 高 50 倍多。表 10-7 列举了部分影响矿质营养特性的单基因突变体。

表 10-7　植物矿质营养特性的单基因突变体

影响元素	突变基因	表达	影响过程	植物种类
B	btl	隐性	转移效率	番茄
Mg	mg	隐性	吸收和转移效率	芹菜
Fe	fe	隐性	吸收效率	大豆
Fe	fer	隐性	吸收效率	番茄
Fe	ys1	隐性	吸收效率	玉米
Fe	fe	显性	吸收和运输效率	豌豆
Cu	?	显性	吸收效率	黑麦
Mn	?	—	吸收效率	大麦

第三节 植物营养遗传特性的改良途径

植物营养性状是遗传的，因而通过遗传学手段对作物进行改良，以提高养分效率是可行的。近20年来，世界各地已有许多研究机构对此进行了尝试。如国际热带农业中心CIAT开展了菜豆磷高效育种，国际玉米小麦改良中心CIMMYT开展了玉米耐低氮育种，中国科学院遗传所开展了磷高效小麦育种等，都取得了一定的成绩。总体上讲，现代遗传育种原理和方法都可以有效地用于改良植物营养性状。但在选择过程中，除了考虑农艺性状综合性状外，还要注意选择植物营养性状的特异性指标。改良植物营养性状的可能途径可大致分为以下几种。

一、常规育种

常规育种方法包括从简单的引种到比较成熟的群体改良品种。一般来说，以下方法可用于植物营养性状的改良。

(一)引种

植物引种是指从外地直接引入适合本地栽培条件的植物品种或品系。引种的目的不一定是为专门引入某一具体性状，而可能是用外来种质作为改良该性状有用的遗传资源。通过引种来改良植物营养性状已有了一些成功的例子。例如，国际热带农业中心(CIAT)成功地从中美洲的墨西哥等地引入适合在哥伦比亚等南美洲国家一些地方生长的菜豆品种，这些引入的品种不仅适应了当地的气候条件，还表现出较好的耐低磷特性。另一个例子是美国引入从其他国家高粱种质库中选出的6个外来品种，建立了一个高粱铁效率群体。此外，引种对改良大豆、燕麦等提高作物的铁效率也有过重要作用。

(二)选择

对植物营养性状来说，引种后再进行选择更为必要，因为植物营养问题往往有比较明显的土壤特异性，只有经过在特定土壤环境中选择的品种才有更好的适应性。一般来说，植物营养性状的选择效率不高，这可能有两方面的原因：一是目前的选择工作主要根据相对产量和外观症状等间接指标进行，缺乏具体的生理生化指标，针对性不强；二是选择材料的遗传变异性不大，无法选择到优良的品种。例如，在一个外来的品种群体中根本没有明显的高磷营养效率基因，因此选择高磷率基因型都不会有理想的结果。基因突变(人工诱变或自然突变)可能会有助于提高选择效率，但基因突变通常只对单基因控制的性状才有意义。当选择的效果不佳时，必须选用杂交育种等方法培育。

(三)杂交与系谱选择(系谱育种)

杂交与系谱选择(通常称之为系谱育种)是指选择适当的两个亲本进行杂交,然后从杂交后代(从 F_2 代开始直至 F_8～F_{10} 代,甚至 F_{11}～F_{12} 代)的分离群体中选出具有亲本优良性状的个体,并将所有的亲子关系记录在案。这实际上是一种杂交与选择相结合的育种方法。系谱育种的成功率和速度取决于目标性状的遗传复杂程度以及该性状与其他重要性状交互作用的大小。因此,一些遗传方式较为简单的性状(如铁效率)可以应用系谱育种(包括回交)比较容易地将该性状转移到所需的品种之中。对于相对复杂的性状(如磷效率),必须采用较大的分离群体和有效的筛选指标,才能取得较好的效果。根据菜豆磷效率的遗传特点,有些人认为系谱和回交育种是改良磷效率遗传性状的一种好方法。

此外,在玉米等利用杂种 F_1 代作为栽培种的作物中,杂种优势(简称杂优)育种也可以用于植物营养性状的改良。杂优育种的主要目的是利用 F_1 代的杂种优势,因此一些有可能出现杂种优势的营养性状均可尝试用此方法改良。

(四)群体改良

对于加性遗传方差占优势的众多性状,特别是一些数量性状,必须采取能将有利的基因逐渐集中起来的方法而改良整个群体。

群体改良最常用的方法是轮回选择,即通过反复循环选择—互交—评价的过程而获得新的改良群体。由于轮回选择采取了互交的方法,因此较为适合于异花授粉植物或常异花授粉植物。

应用群体改良的方法改良植物营养性状的实践还不多,迄今只有个别的报道。一些研究者用轮回选择方法分别尝试了改良大豆和高粱的铁效率等营养性状,并取得了一定的成效。在常规育种过程中,利用表现型进行营养性状的选择,可能受到环境因素的影响而降低准确性,而且常需要全生育期进行选择,周期太长。目前,随着分子数量遗传学的发展,产生了一种利用分子标记辅助选择(marker assisted selection, MAS)的方法。这种方法的原理是,首先通过分子生物学与数量遗传学相结合的手段,找到一段与目标营养性状紧密连锁的特异 DNA 序列,也即是分子标记(molecular marker),然后,在选择过程中,可以利用萌发的种子、幼苗等,直接寻找这一 DNA 分子标记,不必测定表现型,即可准确地选择到目标植株,从而大大提高选择效率,缩短选择周期。

二、细胞遗传学方法

常规的杂交育种方法往往只选择近缘的亲本进行杂交。由于近缘亲本之间的遗传变异程度一般不大,所以很难在杂交后代中获得比较突出的性状。许多研究者利用亲缘关系较远(种间或属间)的植物进行远缘杂交,以便得到兼具有2个种(属)特性的杂种后代。由于远缘杂交存在远缘杂种不育性(包括不孕性),因此只能应用细胞遗传学方法进行杂交。

人工创造多倍体是植物远缘杂交的一个重要手段,通常将原种或杂种的合子染色体数加倍,以得到可育的杂种后代。人工创造的多倍体可以是同源多倍体,也可以是异源多倍体,其中一个突出的例子是小黑麦的育成。黑麦的染色体数是 $2n=RR=14=7$ Ⅱ,小麦的染色体数是 $6n=AABB\ DD=42=21$ Ⅱ,两者杂交后形成的杂种染色体数为 $4n=ABDR=28$,因而是高度不育的,但当该杂种的染色体数加倍为异源八倍体($8n=AABB\ DDRR=56=28$ Ⅱ)之后就成为可育的小黑麦新品种了。小黑麦既有黑麦抗逆性强的优点,又有小麦的良好品质,因而在生产上已得到应用。小黑麦的育成也是植物营养性状改良的一个好例子,某些小麦品种的铜效率比较低,但当小麦和高铜效率的某些黑麦品种杂交并诱导成小黑麦之后,其铜效率有了明显的改良。

如果能够对某一优良性状的控制基因进行染色体定位,然后通过染色体替换的方法将有用的基因转移到所需的作物品种中去就可以得到优良品种。例如,通过对小麦的黑麦附加系(分别以黑麦的不同染色体替换小麦的某一染色体)的观察,发现携带高铜效率基因的是黑麦的第5染色体(5R);进一步观察小麦的黑麦染色体易位系(分别以黑麦不同染色体的长臂替换小麦某一染色体的长臂)时发现,铜效率基因位于黑麦5R染色体的长臂一端。只要把其5RL转移到小麦中就可得到铜效率很高的小黑麦新品系。

应用细胞遗传学方法研究改良植物营养性状还有其他的一些例子,如黑麦和玉米磷效率的改良研究等。由于细胞遗传学方法工作量大,难度也较大,使其应用往往局限于同源或异源多倍体植物,而对农作物中常见的三倍体植物应用较少。

三、植物遗传工程

迄今为止,上述各种育种方法都未能对植物进行精确的定向改造,尚未能完全按照人们的需求将植物的某一性状进行改良。要做到这一点,必须采用类似工程建设的方式,即按照预先设计的方案,借助于生物技术,将有用的基因或基因组转移到目标植物中,使其定向地获得所需的性状而成为新的植物类型。这种做法即所谓的植物遗传工程。广义的植物遗传工程包括植物基因工程和植物细胞工程等,而狭义的则仅指植物基因工程。

基因工程主要是指重组DNA技术。重组DNA技术一般包括如下步骤:①选择目的基因(自然或人工合成的DNA片段);②通过载体(如农杆菌等)与目的基因结合成重组 DNA 分子；③将重组 DNA 分子引入受体细胞，并使外源基因在受体细胞中正确表达。

除了上述方法外，通过细胞杂交（原生质体融合）、细胞核移植以及外源物质导入等方法，也可能获得转基因植株。其中最后一种方法主要通过微注射、基因枪等方法将所需的外源物质（如外源 DNA 片段、质粒、叶绿体或线粒体等）引入到需要改造的植物细胞中，使外源 DNA 整合到目标植物的基因组中，达到基因转移的目的。这些方法虽然比较直接，但基因转移的效果还不错，因此颇受人们的重视。随着有关技术问题的解决，它们亦将在植物改良中起到重要作用。

植物基因工程的进展将为植物营养性状的定向改造提供科学、实用的技术条件。目前已经有些成功的例子，如日本科学家将与铁载体合成有关的基因转入水稻，获得的转基因水稻的铁吸收效率显著提高。欧洲科学家将微生物中的与维生素 A 合成有关的基因转入水稻种子，获得了种子维生素 A 含量较高的转基因"金色大米"（golden rice）。将 Na^+/H^+ 转运蛋白基因转入拟南芥后，其抗盐性显著提高。不过，植物营养性状多数为多基因控制性状，生理过程较为复杂，要通过基因工程获得有经济价值的新品种，尚需要进一步的努力。可以预期，随着分子生物学知识的积累及遗传操作效率的提高，应用基因工程改造植物营养性状的工作将会有突破性的进展。

复习思考题

1. 什么是基因型？它与物种、品种是什么关系？
2. 植物养分效率的含义是什么？
3. 以某一元素为例说明植物是如何提高对矿质养分吸收效率的？
4. 为什么要研究植物对养分吸收利用的基因型差异？
5. 作物营养性状可以通过哪些手段加以改良？
6. 试分析分子生物学在植物营养学中的应用前景？

第十一章　植物对逆境土壤的适应性

植物正常生长发育有赖于良好的土壤环境。但在自然界中，植物生长的土壤往往存在着各种各样的障碍因素，限制着植物生长。例如，世界陆地表面大面积盐碱土中有高浓度的盐分；酸性土壤中有高浓度的 H^+、Al^{3+}、Mn^{2+} 和 Fe^{2+} 等；淹水土壤中有过量的还原性物质和 Fe^{2+} 等；石灰性土壤中缺乏足够的有效磷、铁和锌等。这些具有植物生长障碍因素的土壤称为逆境土壤。逆境土壤分布的面积广泛，而且改良难度大，因此，已成为农业生产发展的限制因素。

植物在长期进化过程中对各种逆境产生了一定的适应能力。某些植物在一定程度上能够忍耐上述不良的逆境条件。了解植物对土壤环境的生理反应和抗逆机理，对发展农业生产是十分重要的。

第一节　酸 性 土 壤

酸性土壤是低 pH 值土壤的总称，包括红壤、黄壤、砖红壤、赤红壤和灰化土等。酸性土壤地区降水充沛，淋溶作用强烈，盐基饱和度较低，酸度较高。酸性土壤在世界范围内分布广泛，在农业生产中占有重要地位。

一、酸性土壤的主要障碍因子

酸性土壤的主要障碍因子是低 pH 值，游离铝和交换性铝浓度过高（铝毒），还原态锰浓度过高（锰毒），缺磷、钾、钙和镁，有时也缺钼。各种障碍因子在不同生态条件下其危害程度不同，有时只是某一因素起主导作用，而有时则是几种因素的综合作用。例如，在热带和亚热带一些强酸性土壤中，H^+ 可对植物生长造成直接危害，而在 $pH>4$ 的酸性土壤中，铝的毒害和缺磷会同时出现；在淹水条件下还兼有锰的毒害作用我国南方酸性土壤经常发生铝和锰对多种植物的毒害作用以及普遍的严重缺磷现象。

（一）氢离子毒害

当土壤 $pH<4$ 时，H^+ 对植物生长会产生直接的毒害作用，不仅根的数量减

少,而且形态也会发生变化,如根系变短,变粗,根表呈暗棕色至暗灰色等症状,严重时造成根尖死亡。植物地上部的反应开始时并不很明显,但在根系严重受损后,植株生长即受到抑制,尔后叶片枯萎直至死亡。

1. 破坏生物膜　高浓度 H^+ 通过离子竞争作用将稳定原生质膜结构的阳离子交换下来,其中最为重要的是钙,从而使质膜的酯化键桥解体,导致膜透性增加。试验表明,在 pH<4 时,植物根系中的大部分矿质元素(如钾、钙、磷、可溶态氮等)和一些有机物质都会外渗,同时,还降低根系对介质中矿质养分的选择性吸收。因此,在 H^+ 过多的条件下,植物要获得与在正常土壤上相同的生长量,就要求生长介质中有更多的有效养分如钙等。

2. 降低土壤微生物活性　根瘤菌的固氮作用对豆科植物的氮素营养有重要作用,而高浓度 H^+ 抑制根瘤菌的侵染,并降低其固氮效率,从而造成植物缺氮。土壤过酸还会严重降低土壤有机质的矿化速率。当土壤 pH 值过低时,多种微生物的活性都会受到严重影响,导致矿化速率下降,使有机物中的矿质养分释放受阻,其中氮和磷受影响最大。因此,低 pH 值条件下,上述养分的有效性都比较低。土壤中矿质养分不同形态之间的转化也受高浓度 H^+ 的影响。其中对土壤氮素转化的影响最为突出。研究表明,当土壤 pH<4.5 时,硝化细菌的活动受到严重抑制,硝化作用基本不能进行,而氨化细菌受抑程度比较轻,从而致使土壤中积累大量氨态氮。然而,植物吸收氨态氮后根系又会向根际分泌 H^+,进一步增加根际土壤的酸性,加重酸害。

在自然土壤中,pH 值一般都不会低于 4,因而 H^+ 直接产生毒害的可能性不大。更重要的是低土壤 pH 值所产生的间接影响。这时土壤中抑制植物生长的主要因素是铝和锰的浓度过高,即铝毒和锰毒。

(二)铝的毒害

无论是水田还是旱地,酸性土壤的铝毒现象都较为普遍。根系是铝毒危害最敏感的部位。土壤溶液中的铝可以多种形态存在,各种形态铝的含量及其比例取决于溶液的 pH 值(图 11-1)。在 pH<5 的土壤溶液中,Al^{3+} 浓度较高;pH 值在 5~6 时,$Al(OH)^{2+}$ 占优势,而在 pH>6 的条件下,其他形态的可溶性铝,如 $Al(OH)^{3+}$ 和 $Al(OH)^{4-}$ 数量很多。当土壤溶液中可溶性铝离子浓度超过一定限度时,植物根就会表现出典型的中毒症状:根系生长明显受阻,根短小,出现畸形卷曲,脆弱易断。在植株地上部往往表现出缺钙和缺铁的症状。据报道,造成植物铝毒害的机理有以下几种可能:

1. 抑制根分生组织细胞分裂,干扰 DNA 的复制　DNA 是具有双螺旋结构的大分子,其中两条互补链通过碱基配对形成一定的立体构象,铝过多则可能干扰和

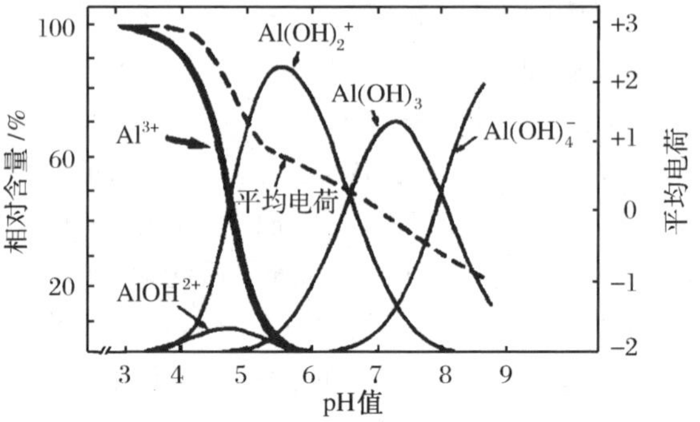

图 11-1　pH 值对土壤溶液中不同形态铝的含量和平均电荷的影响

破坏 DNA 的构象。当 pH<6 时，铝主要以 $Al(OH)^{2+}$ 的形态存在，它和 DNA 分子里核苷酸上的氧结合，并将两个 DNA 单链牢牢地连接在一起，从而导致 DNA 变性、钝化。也有资料表明，Al^{3+} 或 $Al(OH)^{2+}$ 直接与核苷酸上的酯态磷结合，也会使 DNA 活性下降。由于铝的这种"凝结作用"，使得 DNA 的复制功能遭到破坏，细胞分裂停止。在豇豆营养液培养试验中，不论是对 Al 敏感的品种还是不敏感的品种，在加铝处理仅几个小时后，细胞分裂就会受到严重抑制；虽然 10 h 后植物开始逐渐适应高铝环境，细胞分裂逐渐恢复，但仍不能达到正常水平（图 11-2）。不同基因型品种对 Al 的敏感程度不同，敏感品种恢复速率慢，而且恢复程度差。

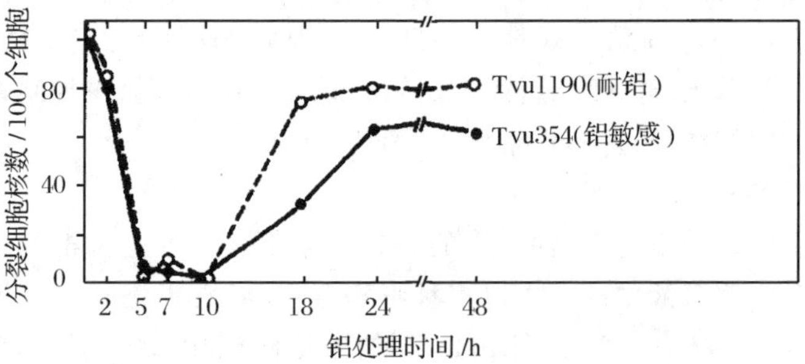

图 11-2　铝（5 mg·L^{-1}）对两种豇豆品种根尖细胞分裂速率的影响相对值对照

无铝＝100

2. 破坏细胞膜结构和降低 ATP 酶活性　植物细胞膜主要由磷脂和膜蛋白组成。正常的细胞膜具有良好的延展性。过多的 Al^{3+} 可以与膜上的磷脂或蛋白质结合，破坏膜的延展性，并影响膜的功能。例如，用只含 0.002 7 mg · L^{-1} 的 Al^{3+} 的溶液处理大麦根系，就会出现膜 ATP 酶活性和膜电位显著下降，从而降低根系主动吸收矿质养分的能力。

3. 影响多种养分的吸收　过量铝会抑制根对磷、钙、镁、铁等营养元素的吸收。铝对磷的影响主要是形成难溶性的 $AlPO_4$ 沉淀，使磷淀积在根表或自由空间之中，直接影响植物对磷的吸收。但对于一些耐铝植物如茶树，当介质中铝浓度不很高时，铝的存在却能促进磷的吸收。因为铝和磷酸盐形成电荷密度低的大分子络合物或聚合物，能减小磷向根移动的阻力。

过量铝也会抑制钙和镁的吸收。表 11-1 的结果说明，增施 $Al_2(SO_4)_3$ 后，强烈抑制豇豆对钙、镁的吸收，使植株中钙和镁的浓度大幅度下降。铝抑制钙镁吸收的主要原因是铝与钙镁离子竞争质膜上载体结合位点。铝的这种抑制作用会导致多种作物（如大豆、豇豆、玉米）顶端分生组织缺钙，造成严重减产。

表 11-1　施用 $Al_2(SO_4)_3$ 对豇豆地上部 Ca、Mg 含量的影响

施用量/(cmol · kg^{-1})	地上部鲜重相对值/%	养分含量/(mg · g^{-1} 干重)	
		Ca	Mg
2.00	100	6.7	4.6
2.22	60	3.8	3.8

过量铝还影响植物铁营养状况。铝对铁的影响主要是干扰 Fe^{3+} 还原成 Fe^{2+} 的过程，阻碍植物根系对铁的吸收，并使植物体内的铁不能充分发挥作用。

4. 抑制豆科植物根瘤固氮　土壤中可溶性铝含量过高时，根系伸长和侧根形成受到严重抑制，根毛数量大量减少。由于根瘤菌恰恰是通过根毛进行侵染的，因此铝毒严重减少了根瘤菌的侵染率，造成结瘤量下降。此外，由于铝毒抑制钙镁等矿质养分的吸收，矿质营养不良也会使得根瘤菌的固氮酶活性降低，从而造成植物缺氮。例如，随着土壤铝饱和度的增加，大豆结瘤量明显下降，从而导致植株含氮量锐减（表 11-2）。

表 11-2　土壤铝饱和度对大豆生长和结瘤的影响

土壤 pH 值	铝饱和度/%	干重/(g · 株$^{-1}$)		结瘤		含 N 量(地上部)/mg
		地上部	根	个/株	干重/(mg · 根瘤$^{-1}$)	
5.90	4	3.6	1.08	77	99	93
5.20	28	3.2	1.08	65	95	86
4.55	81	2.4	1.07	21	79	65

(三)锰的毒害

锰毒多发生在淹水的酸性土壤上。Mn^{2+} 是致毒的形态，而 Mn^{2+} 只有在较低的 pH 值和 Eh 条件下才会出现。

与铝毒不同，植物锰中毒的症状首先出现在地上部，表现为叶片失绿，嫩叶变黄，严重时出现坏死斑点。锰中毒的老叶常出现有黑色斑点，通过切片观察和成分分析，证明这是二氧化锰的沉淀物。

过量锰致毒的机理有以下两个方面：

1. 影响酶的活性　过多的锰会降低如水解酶、抗坏血酸氧化酶、细胞色素氧化酶、硝酸还原酶以及谷胱甘肽氧化酶等酶的活性。但也能提高过氧化物酶和吲哚乙酸氧化酶的活性。植物酶系统的正常生理功能因此而受到干扰，植物代谢出现紊乱，光合作用不能顺利进行，从而导致植物不能正常生长发育。

2. 影响矿质养分的吸收、运输和生理功能　锰过量造成植物缺钙是酸性土壤上常见的现象。锰过量时，植物体内吲哚乙酸氧化酶的活性大大提高，使生长素分解加速，体内生长素含量下降，致使生长点的质子泵向自由空间分泌质子的数量减少，细胞壁伸展受阻，负电荷点位减少，从而导致钙向顶端幼嫩组织运输量降低，出现顶芽死亡等典型的生理缺钙现象。表 11-3 说明不同供锰水平对菜豆各部位钙分布的影响。供锰过量时，严重抑制了植株对钙的吸收，使全株平均含钙量远低于正常供锰处理。同时，过量锰还影响植物体内钙的分布，与正常供锰植株相比较，供锰过量时，植株根中的含钙量较高，而叶片中的含钙量则较低，表明过量的锰阻碍了钙从根向叶的长距离运输。

表 11-3　供锰水平对菜豆体内钙分布的影响　$mmol \cdot L^{-1}$

植物器官	锰水平		植物器官	锰水平	
	10^{-4}(正常)	10^{-2}(过量)		10^{-4}(正常)	10^{-2}(过量)
全株	10.9	3.7	茎	297	381
幼叶	681	477	根	164	234
老叶	1 105	885			

过量锰还能抑制根系对铁的吸收，并干扰体内铁的正常生理功能。因为 Fe^{2+} 和 Mn^{2+} 的离子半径相近，化学性质相似，Mn^{2+} 和 Fe^{2+} 在根原生质膜上会竞争同一载体位置。因此，介质中过量的 Mn^{2+} 会抑制根系对 Fe^{2+} 的吸收，使植株含铁总量下降。已经进入植物体内的铁能否正常发挥其营养作用，还受植物体内含锰量的影响。一方面过量的锰会加速体内铁的氧化过程，使具有生理活性的 Fe^{2+} 转化成无生理活性的 Fe^{3+}，从而使体内铁的总量不变的情况下，降低活性铁的数量；另

一方面，由于 Mn^{2+} 与 Fe^{2+} 的化学性质相似，而发生体内高浓度的 Mn^{2+} 占据 Fe^{2+} 的作用部位，有时会造成植物缺铁。

（四）养分有效性下降

酸性土壤上一个严重的问题是养分有效性低，而且所涉及的养分种类也比较多。例如酸性土壤普遍缺氮、磷和钾；很多土壤缺钙和镁；有些土壤缺钼。这些养分的缺乏主要是由酸性土壤组成的特性及气候特点所决定的。酸性土壤中铁、铝活性高，与磷形成难溶性的铁磷和铝磷，甚至有效性更低的闭蓄态磷，使土壤磷和施入土壤中的肥料磷绝大部分转化为固定态磷，致使绝大多数的酸性土壤都严重缺磷。

由于酸性土壤风化比较彻底，黏土矿物又以 1∶1 型的高岭石为主，因而阳离子交换量低，对阳离子的吸附能力弱。在湿润条件下，使土壤发生强烈淋溶作用，造成 K^+，Ca^{2+}、Mg^{2+} 等矿质养分离子的大量淋失，其中一价离子 K^+ 尤为严重。这是我国南方酸性土壤地区严重缺钾的主要原因。由于强烈的淋溶作用，酸性土壤的钙镁含量普遍较低，其结果，一方面可使作物因缺乏钙、镁而限制其生长；另一方面又会因盐基离子的淋失而增加土壤的酸度，提高铝的溶解度，从而造成铝毒等次生不良影响。酸性土壤上很多作物常出现缺镁现象，森林死亡是世界上最引人注目的一大生态危机。据研究，植物缺镁是造成森林植物死亡的重要原因之一。

酸性土壤上的许多作物易出现缺钼。因为在低 pH 值土壤条件下，对植物有效的水溶性钼易于转化为溶解度很低的氧化态钼，使得钼的有效性大大降低。因而，酸性土壤上施钼常能获得较好的增产效果。

二、植物对酸性土壤的适应机理

尽管酸性土壤存在上述种种障碍因子，但仍有许多种植物能正常生长。这是因为它们在长期的进化过程中，对酸性土壤条件产生了不同程度的适应能力。其适应能力的强弱在不同植物种类以及同一种植物的不同品种之间有显著差异。例如，在一年生根类作物甘薯、芋、山药和木薯中，木薯对酸性土壤的适应能力最强（图 11-3），在 pH＝4 时仍能获得较好的产量；山药的适应能力最弱，在 pH 值为 4.6 时，相对产量已不足 20％。

（一）耐铝机理

铝毒是酸性土壤中限制作物生产最主要的因素。耐铝性植物种类及其品种通过以下一种或几种机制能够有效地抵抗铝的毒害作用，以保证植物正常生长。

1. 拒吸　植物根系将铝离子拒之于根表以外，免除其危害。

（1）提高根际 pH 值。当根系吸收的阴离子数量大于阳离子时，在代谢过程中

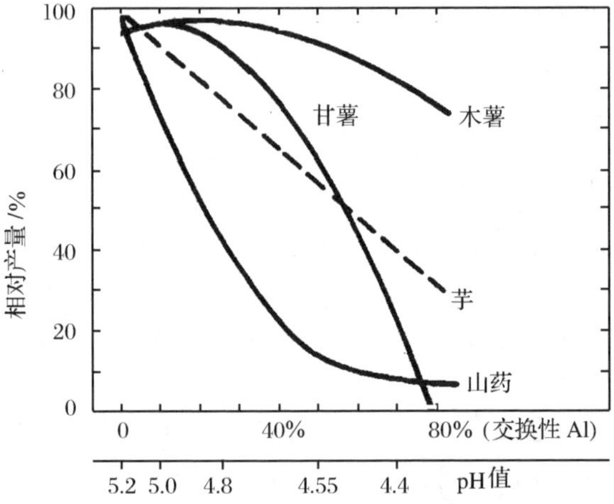

图 11-3 交换性铝、土壤 pH 值和 4 种热带作物产量之间的关系

根系常分泌出 OH^- 或 HCO_3^-，使根际 pH 值升高，铝的溶解性随之下降，进入根系内铝的数量也随之减少。不同植物种类及其不同品种提高根际 pH 值的能力有所不同。例如，小麦耐铝品种(和敏感品种相比)吸收阴离子的比例大，其中吸收的阴离子主要是 NO_3^-，从而使根际 pH 值上升较大，抗铝能力也就相应较强。与铝敏感的品种 Monon 相比，耐铝小麦品种 Atlas 在加铝条件下，溶液的 pH 值显著升高，根中铝的含量下降，从而保证了根系的正常生长(表 11-4)。

表 11-4 不同小麦品种营养液 pH 值变化与抗铝毒能力的关系

品种	溶液 pH 值		根的含 Al 量/($cmol \cdot kg^{-1}$)	根干重/g
	初始	结束		
Atlas	4.8	6.7	30.6	2.0
Monon	4.8	5.3	47.4	0.9

施 Al 量为 6 $mg \cdot kg^{-1}$。

(2)根分泌黏胶物质。铝对根系生长的主要毒害作用是抑制顶端分生组织的细胞分裂，而根尖细胞具有分泌大分子黏胶物质的能力，这些黏胶物质能配合阳离子，其中对铝离子的配(螯)合能力最强，因此使铝阻滞在黏胶层中，防止过多的铝进入根细胞，黏胶层起着阻止铝与分生组织接触的屏障机能。如除去根尖的黏胶物质，根系伸长就会立即受到抑制。不同的植物种类或品种，其黏胶物质分泌量往往存在差异，并反映在耐铝能力上。一般耐铝能力强的植物其黏胶物质分泌较多，对铝的阻滞能力较强；铝敏感植物其黏胶物质分泌较少，不足以将全部铝阻挡于根细胞之外，一部分铝进入根系分生组织，并抑制根系的伸长(图 11-4)。

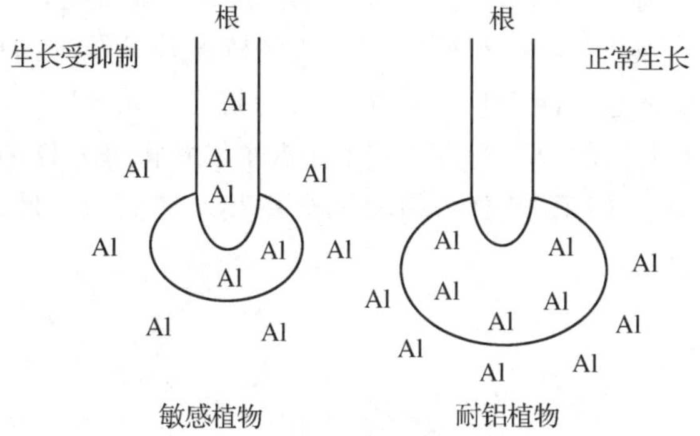

图 11-4　植物根尖黏胶物质的分泌量与耐铝能力的关系

(3)根分泌小分子有机物。根系除了在根尖部位分泌大分子黏胶物质外，在根的其他部位还能分泌多种小分子可溶性有机物质，如多酚化合物和有机酸等。这些物质能和铝形成稳定的配(螯)合物，铝和这些有机物形成稳定的复合体后，分子量剧增，体积增大，使其不能够进入自由空间。所以根分泌的小分子有机物与铝配(螯)合减少了铝到达根细胞质膜的数量，从而减少了根系对铝的吸收，保证植物正常生长。在这方面，柠檬酸的作用尤为突出(表 11-5)。在铝毒情况下，植物分泌的有机酸还有苹果酸、草酸等。耐铝能力不同的植物品种分泌小分子有机物的数量往往也有差异。最新的研究结果表明，小麦的抗铝能力与其分泌有机酸的数量呈正相关。

表 11-5　不同形态铝对玉米生长和含铝量的影响

处理	干重/g		含铝量/(μmol · g^{-1} 干重)	
	根	地上部	根	地上部
对照(－Al)	1.14	1.96	0.2	0.5
$Al(OH)_2Cl$	0.51	1.05	276.0	1.9
柠檬酸 Al	1.17	2.09	62.0	0.9

2. 根中钝化　有些植物虽不具备完善的斥铝机制，使得在高铝环境中有相当数量的铝进入根组织内部，但这些植物能使其中绝大部分铝滞留在根部的非生理活性部位中，如根自由空间或液泡中，阻止过多的铝运输到地上部分，从而避免了对植物生长发育的危害。具有这种机制的植物有水稻、小黑麦、黑麦草、小麦、大麦和马铃薯等。

3. 地上部积聚　有些植物吸收铝并在地上部大量积累，为了避免中毒，本身组织具有较强的耐铝能力，即使体内铝含量很高，植物仍能维持正常生长。具有这种机制的植物有茶树、松树、红树和桦树等。这些植物种类及其品种，通过将铝分布在膜外自由空间或液泡中而实现对高浓度铝的抗性。图 11-5 说明耐铝植物和敏感植物在细胞水平上铝的分布特点，耐铝型品种首先将进入体内的铝尽可能阻滞在自由空间中，对于不能阻滞的铝，植物又会将其迅速储藏在液泡中，以防止铝在细胞质中积累。

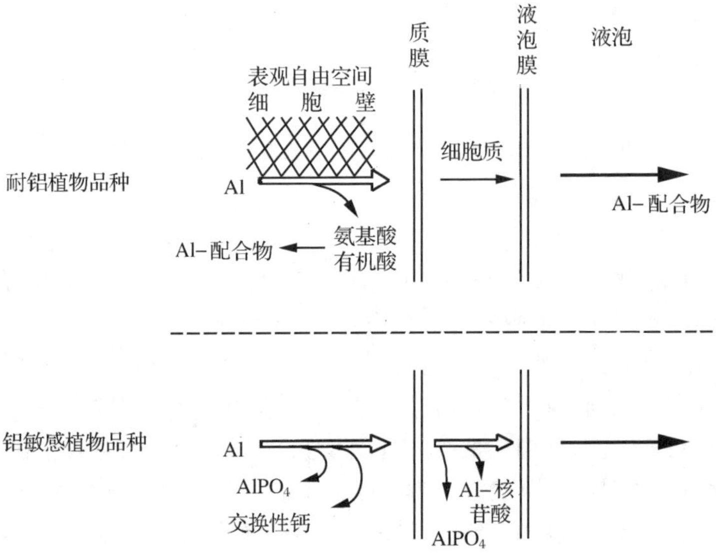

图 11-5　不同耐铝品种细胞内对铝的螯合

敏感品种则无上述机理，铝在表观自由空间呈磷酸铝沉淀，在细胞壁果胶物质中，铝代替了一部分钙。铝代替钙的结果，使细胞壁结构变紧，细胞扩张受阻。其次，进入细胞质中的铝，又产生磷酸铝沉淀，或与 ATP 或核酸上的磷酸基团配合，使之失去活性。铝的毒害干扰了植物体内磷和钙的代谢。

上述几种耐铝机理在不同植物中所起的作用不同，有些植物以其中一种机理为主，而另一些植物则是几种机理同时发挥作用。大多数植物都同时兼有几种不同的机理。一般来说，以拒吸机理为主的植物，其耐铝能力较弱，而以地上部积聚机理为主的植物其耐铝能力较强。

(二)耐锰机理

与植物耐铝机理相比，对植物耐锰的机理研究较少。对多数植物来讲，它们能否耐锰，关键不是植物能忍耐体内锰浓度的高低，而是组织内锰的分布是否均匀。例如，耐锰能力不同的两个豇豆品种，植株地上部锰的平均含量相同，但是由于耐锰品种植株中锰的分布均匀，因而未出现锰的毒害现象；相反，锰在敏感品种组织中呈严重不均匀分布，局部组织有锰的累积，并达到毒害水平，从而引起锰毒。锰分布的特点在一定程度上是由植物的遗传特性所决定的。但其他因素对体内锰的分布也有一定影响，从而影响植物的耐锰能力。在这方面，硅的作用最为突出。这是由于介质中硅能减少植物对锰的吸收，而更主要的是由于植物体内的硅有利于锰向叶肉组织运输，使锰在整个组织（如叶片）中分布得更均匀，防止了局部累积（图 11-6）。

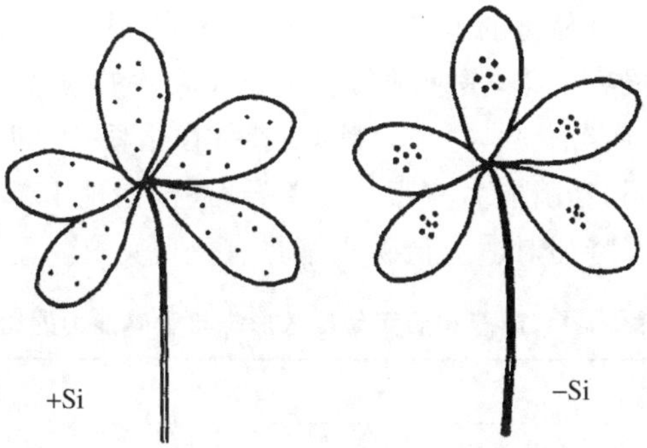

图 11-6　硅对叶片中锰分布的影响

（三）耐养分缺乏

在酸性土壤中，除铝和锰毒害外，磷、钾、钙、镁、钼等养分缺乏也是植物必须克服的障碍因素。对于养分缺乏，植物有增加根系对养分的吸收，增强养分的短距离运输和长距离运输，以及提高体内有限养分的生理功效等适应机理。对于不同的养分元素，植物的适应机理也不尽相同。

1. 磷　酸性土壤上植物缺磷的直接原因是土壤中磷的生物有效性低。因此，植物适应低磷环境能力的核心，在于植物根系吸收土壤磷的能力。吸磷能力强的植物，适应酸性土壤的能力就强。植物可通过以下途径增强根系的吸磷能力。

（1）根系吸收动力学特征变化。植物提高吸收速率是适应酸性缺磷土壤的关键因素。适应性强的植物种类或品种，其根吸收磷的最低浓度 c_{min} 和米氏常数 K_m 值都比适应性弱的植物低。因而，前者能在磷更为贫乏的土壤环境中生存。表 11-6 中两个大麦品种中，适应性强的品种（Peragis）其 K_m 值和 c_{min} 值都比适应性弱的品种（Cosir）低。但两者在最大吸收速率 v_{max} 方面的差异不大。这一参数在养分供应充分的条件下，才更为重要。

表 11-6 对缺磷适应性不同的两个大麦品种磷吸收动力学参数的比较

品种	c_{min}/(μmol·L^{-1})	K_m/(μmol·L^{-1})	v_{max}/(mol·cm^{-1}·s^{-1})
Peragis	0.199	4.8	0.03
Cosir	0.283	8.5	0.04

(2)根系形态特征变化。土壤中的磷易被固定，属移动性差的养分元素，因此扩大根系吸收的表面积是植物适应低磷土壤的重要机理之一。通常，根系越长，根毛越密，植物吸磷的能力就越强，其适应低磷土壤的能力也就越大。例如，洋葱和油菜在根系形态上具有显著的差异，前者根系小，侧根少而且无根毛，而后者根系发达，侧根细而长，根毛密集，是两种具有典型代表性的根系，在适应低磷土壤的能力方面，前者远小于后者。表 11-7 的数据表明，在主根长度基本相同的条件下，由于根形态特征的不同，吸磷能力有很大的差异，甚至向地上部的供磷量也有极大的差别。这说明根形态特征对适应低磷土壤具有重要意义。

表 11-7 洋葱和油菜幼苗根形态与吸磷能力的比较

项目	洋葱	油菜
主根长度/cm	14.5	15.3
侧根总长度/cm	0	150.0
根毛生长情况	无	多
主根吸磷量/(mol×10^{-7})	8.2	32.8
地上部总磷量/(mol×10^{-7})	6.5	121.8

(3)菌根真菌侵染。酸性缺磷土壤上绝大多数植物都能与菌根真菌形成共生体系。菌根菌丝向根外广泛分枝伸展，穿过根际磷亏缺区，在根系吸收区以外更广泛的区域吸收土壤磷，通过菌丝快速运输给寄主植物根系，从而改善其磷素营养状况。对于根系不发达，根毛少的植物，菌根的作用尤为重要。例如，适应于强酸性缺磷土壤的木薯，对土壤磷的吸收完全依赖于菌根，因此被称之为绝对依赖菌根的植物。图 11-7 中可以看出当木薯未被菌根菌侵染时，只有将土壤有效磷提高到 190 mg·kg^{-1} 后，才能获得正常生长量，而形成菌根的植株在有效磷只为 15 mg·kg^{-1} 时，就已经达到了最大生长量。

(4)根分泌物。根系分泌一些可溶性有机化合物如柠檬酸、酒石酸等，能配合 Fe-P 或 Al-P 化合物中的某些金属离子，从而使磷释放出来，供植物吸收利用。

2. 钙　植物对酸性土壤低钙的适应机理与磷不同。植物主要是通过降低对

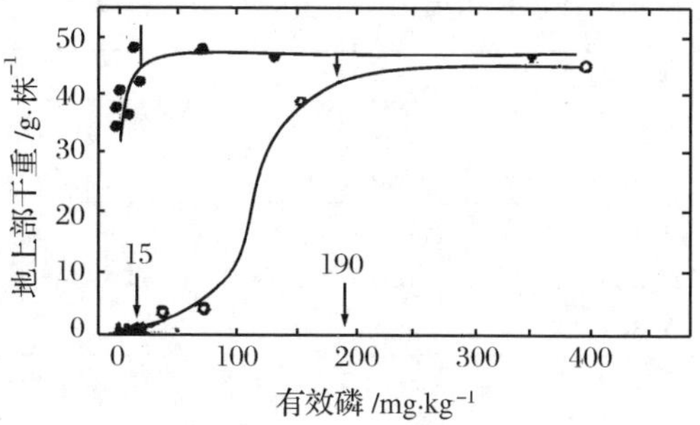

图 11-7　VA 菌根与木薯地上部生长量之间的关系

•—• 接种　∘—∘ 未接种

钙的需要或提高体内钙的生理功效来保证在低钙条件下能正常生长。耐酸植物体内只需低浓度的钙，就能维持各种正常的生理活动；而敏感植物在相同条件下，则由于缺钙而使生长受到抑制。例如，耐酸植物毒麦，在钙浓度仅为 2.5 μmol 的营养液中体内含钙量为 0.7%时，就可获得最大生长量；而敏感植物苜蓿，只有当介质中钙浓度高达 1 000 μmol、体内含钙量为 10.8%时，才能获得最大的生长量（表 11-8）。

表 11-8　不同植物钙营养效率差异

项　目	植物种类	供 Ca^{2+} 水平/μmol				
		0.8	2.5	10	100	1 000
相对生长/%	毒麦	4.2	100	94	94	93
	苜蓿	16	45	72	99	100
地上部含钙量/(mg·g^{-1})	毒麦	0.6	0.7	1.5	3.7	10.8
	苜蓿	1.5	1.4	3.0	12.5	17.9

3. 钾　酸性土壤普遍缺钾，植物对低钾土壤的适应性主要有 2 条途径：一是依靠庞大的根系，以较大的吸收表面积吸收足够的钾；二是依靠有利的根吸收动力学特征，具有较低的 c_{min} 值和 K_m 值，使根系在低钾土壤中仍能保持较高的吸收速率。

4. 钼　由于在低 pH 值条件下，土壤中大部分钼将转化为对植物无效性的氧化物形态，而使多种植物缺钼。对缺钼土壤适应性强的植物，大多是根系具有较强的吸钼的能力。表 11-9 的结果说明不同适应性玉米品种对施钼的反应，由于品种间根吸钼能力的不同，而导致植株含钼量及生长量的差异。

表 11-9 施钼对适应性不同的两个玉米品种含钼量和生长量的影响

施钼量/($kg \cdot hm^{-1}$)	植株含钼量/($\mu g \cdot g^{-1}$)		干重/(g・盆$^{-1}$)	
	敏感品种(Pa36)	耐性品种(WH)	敏感品种(Pa36)	耐性品种(WH)
0	0.12	0.86	0.20	0.77
0.6	0.62	0.88	0.44	1.48
1.8	0.64	0.82	0.84	5.00

第二节 盐 渍 土

盐渍土主要包括内陆盐渍土和滨海盐渍土等。这些土壤都含有过量的盐分。由于盐分中各种离子的影响,从而对植物生长造成危害,轻者导致减产,重者可能颗粒无收。全世界约有 9.6 亿 hm^2 盐渍土。我国的盐渍土也有约 2 700 万 hm^2,其中约有 700 万 hm^2 是农田,每年造成的损失难以估计。因此充分开发和利用盐渍土,对于增加粮食产量具有重要意义。对盐渍土开发利用的途径之一,就是充分挖掘和利用植物的耐盐遗传特性。

一、盐渍土盐分危害的原因

盐渍土上植物生长的障碍主要是由于盐分浓度过高引起的。由于淋溶作用较弱,大量水溶性盐分存留于根层土壤中,如含有高浓度的 Na^+,Mg^{2+},SO_4^{2-},Cl^-,HCO_3^- 等,它们可通过不同的方式影响植物的生长。

(一)降低水分有效性

离子浓度影响着溶液的渗透势,当土壤溶液中盐分含量增加时,渗透压也随之提高,而水分的有效性,即水势却相应降低,使植物根系吸水困难,即使土壤含水量并未减少,也可能因盐分过高而造成植物缺水,出现生理干旱现象。这种影响的程度取决于盐分含量和土壤质地。在土壤含水量相同的条件下,盐分含量越高,土壤越黏重,则土壤水的有效性越低。

植物体内盐分过多,会增加细胞汁液的渗透压,提高细胞质的黏滞性,从而影响细胞的扩张(图 11-8)。因此,在盐渍土上生长的植株一般都比较矮小,叶面积也小,使得叶绿素相对浓缩,表现为叶色深绿。

植物体内水分有效性降低会影响蛋白质三级结构的稳定,降低酶的活性,从而抑制蛋白质的合成(表 11-10)。

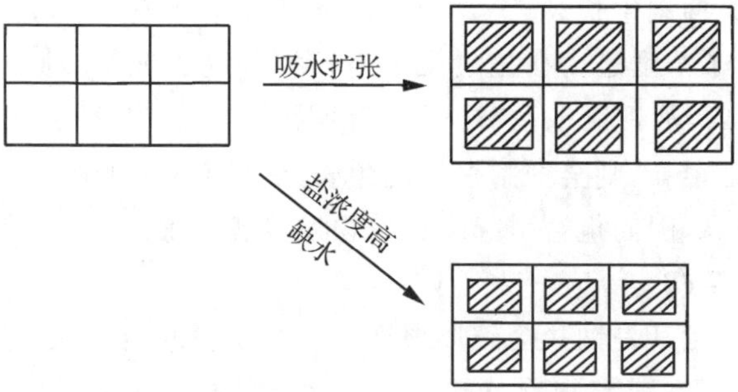

图 11-8　高盐、缺水抑制细胞扩大的示意图

表 11-10　NaCl 对菜豆叶片中蛋白质^{15}N/非蛋白质^{15}N 比例的影响

处理	培养时间/h			
	6	12	24	48
－NaCl	1.4	2.8	2.7	3.8
＋NaCl	0.2	0.4	0.9	1.0

(二)单盐毒害作用

在离子浓度相同的情况下,不同种类的盐分对植物生长的危害程度不同。盐分种类之间的这种差异与各种离子特性有关,属于离子单盐毒害作用。

在盐渍土中,若某一种盐分浓度过高,其危害程度比多种盐分同时存在时要大。例如,向含有相同浓度 NaCl 的培养液中加入不同浓度的 $CaCl_2$,就其渗透压来说,随着 $CaCl_2$ 浓度的增加而提高,但作物的长势,特别是根系的生长却愈来愈好(图 11-9)。由此可见,单盐的影响大于渗透压所带来的危害,当加入其他盐分时,几种盐分形成混合液时则危害变小。这是因为增加其他养分离子浓度后,一方面由于离子竞争作用减少了植物对毒害离子的吸收数量,另一方面增加了其他养分的吸收数量,使体内各种养分趋于平衡,保证正常生理作用的发挥。当然,总盐

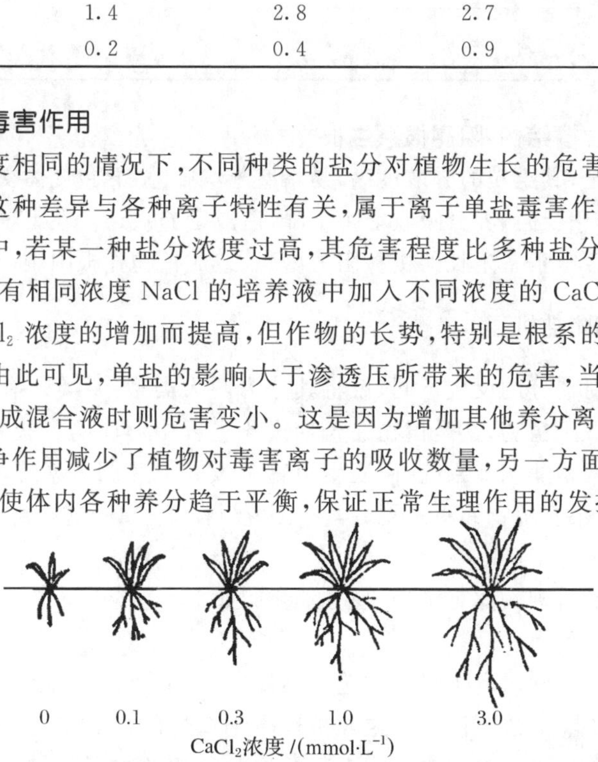

图 11-9　NaCl 浓度相同时,加入不同浓度的 $CaCl_2$ 对作物生长的影响

分浓度过高,也会抑制生长。

单一盐分离子浓度过高在盐渍土中是较为普遍的现象。例如,氯化物盐土中含有高浓度的 Cl^-,能抑制根系对 NO_3^- 等阴离子养分的吸收;在高 pH 值的盐土中 HCO_3^- 的浓度很高,则会抑制根系的生长及其对养分的吸收。此外,盐渍土中常常硼的浓度很高,因而也会引起多种植物发生硼中毒。

(三)破坏膜结构

高浓度盐分,尤其是钠盐会破坏根细胞原生质膜的结构,引起细胞内养分的大量外溢(表 11-11),造成植物养分缺乏。受盐害的植物体电解质外渗液的主要成分是 K^+,因此会导致植物严重缺钾。植物体内钠含量过高,会抑制膜上排钠泵的功能,导致钠不能及时排出膜外。

表 11-11 NaCl 对植物根 K^+ 外渗的影响

处理	K^+ 外渗量/(μmol·g^{-1} 鲜重·130 min^{-1})		
	小麦	鹰嘴豆	菜豆
对照	7.9	3.8	5.3
NaCl/(160 mmol·L^{-1})	13.0	8.3	40.8

(四)破坏土壤结构,阻碍根系生长

高钠的盐土,其土粒的分散度高,易堵塞土壤孔隙,导致气体交换不畅,根系呼吸微弱,代谢作用受阻,养分吸收能力下降,造成营养缺乏。在干旱地区,因结构遭破坏,土壤易板结,根系生长的机械阻力增强,造成植物扎根困难。

二、植物的耐盐机理

根据植物对盐分的反应不同,可将其分为两大类型:一类是盐生植物,另一类是淡生植物或淡土植物,这是植物在长期进化过程中形成的。盐生植物一般具有较完善的抗盐或耐盐调节系统,而淡生植物则没有上述调节系统,因而易受盐害。应该指出的是,很多植物并不易划分其类型,实际上是属于这两类植物之间的过渡类型。

植物耐盐的机理大体有 7 种,现分别介绍如下。

(一)拒盐作用

植物借助生物膜对离子吸收的选择性以及根部形成的双层或三层皮层结构,以阻止过量有害盐分进入体内。这一机理属于植物的拒盐作用,在植物中普遍存在。用小麦、大麦、水稻等许多作物进行的试验证明,耐盐品种对介质中的高浓度盐分具有拒吸收机理,因而与不耐盐的品种相比,其体内钠和氯的浓度都比较低,

并能吸收足够的钾，维持正常的钾营养水平。对于盐敏感的品种，由于缺少拒盐作用，在高盐土壤中，钠可大量进入体内，致使植物发生盐害，并出现缺钾症状。

（二）排盐作用

某些植物本身并不能阻止对盐分的吸收，为了避免过量盐分在体内积累，长期适应的结果形成了排盐系统，以达到减少体内盐分的累积。例如排钠泵能主动将有害盐分排泌于细胞之外。这一机理可以防止许多淡土植物遭受盐碱的危害，大部分豆科植物的耐盐品种属于这一机理。

有些高度适应于盐土的盐生植物，其排盐机制主要靠盐腺。盐腺是在叶表皮形成的一种特殊结构，它一直深入到叶肉细胞内部，由具有浓厚细胞质的细胞组成，具有代谢活性的离子泵，位于整个盐腺细胞的共质体系统，这些离子泵（钠泵）依靠代谢能量将盐分逆电化学势梯度排出体外。由于盐腺细胞的共质体系统与叶肉细胞相连，所以能有效地降低叶肉细胞中盐分的浓度。

（三）稀释作用

有些植物既不能阻止过量盐分吸收，也不具备有效的排盐系统，而是借助于旺盛生长，吸收大量水分，以稀释体内盐分浓度。这种植物是靠快速生长大量吸收水分，以防止盐浓度的进一步增加。这种借助于旺盛生长，大量吸收水分以达到稀释作用现象，也存在于一些中等耐盐的非盐生植物。例如，大麦在子粒形成期，由于生长迅速引起的生物稀释作用，使植株含盐量维持在较低范围内。

（四）分隔作用

离子分隔作用是指某些植物将过量盐分阻隔于对生命活动影响最小的器官中的现象，离子分隔作用可以在器官水平、组织水平和细胞水平上进行。例如，在一些耐盐水稻品种的植株内，钠的含量分布为：老叶＞茎＞幼叶＞穗，使生殖器官得到保护。盐分在同一器官的不同组织分布也不同，例如用 X 射线微量分析技术对水稻根的研究证明，维管束外层细胞的含钠量最高，而维管束内则比较低。这种分布限制了钠向地上部的运输，以避免地上部遭受盐害。细胞水平的分隔作用，似乎只有在盐生植物中才会出现，这是盐生植物在长期适应过程中所获得的一种特性。在这些植物细胞的细胞质内，只积累有机渗透物质（如脯氨酸、甘氨酸、甜菜碱等）和一些毒性较弱的无机离子（如 K^+），而一些毒性较强的无机离子则在液泡内积累（图 11-10）。这样整个细胞既可以维持一定的渗透压，又可避免某些无机离子对生理生化活性部位的毒害作用，从而使植物能在盐渍环境中较好地生存。

（五）渗透调节

渗透调节是指植物在盐分胁迫条件下，在细胞内合成并积累有机和无机溶质，以平衡外部介质或液泡内渗透压的机能。渗透调节的实质是细胞内渗透物质的积

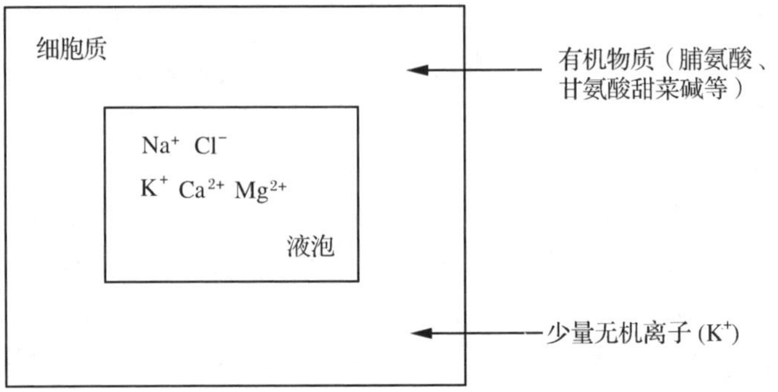

图 11-10　细胞内离子分隔示意图

累。渗透物质包括有机物和无机离子两大类，其中有机物质的积累更为重要。很多试验表明，某些有机渗透物质的积累与植物的耐盐性有密切关系。在许多植物中，脯氨酸和甘氨酸甜菜碱是重要的有机渗透物质（表 11-12）。一些无机离子虽然也可以作为渗透物质，但它们的积累量不能太多，否则会产生毒害作用。通常只有一些典型的盐生植物能利用无机离子作为渗透物质而不受毒害。

表 11-12　有机渗透物质的形成与植物的耐盐性

植物耐盐类型		地上部甘氨酸甜菜碱浓度/$mg \cdot kg^{-1}$	
		低 NaCl	高 NaCl
大麦	敏感品种	19	260
	耐盐品种	32	1 580
盐生植物		177	2 460

(六)避盐作用

有些植物由于它们特定的生物学特性，可以避开盐分积聚阶段，以达到在高盐环境中能顺利完成其生长发育。例如生命周期缩短，提早或延迟发育和成熟等。一些盐生植物，它们在种子萌发阶段不耐盐或耐盐能力弱。当种子成熟后一直休眠到雨季到来时，表土盐分被淋溶到下层土壤，种子这时萌发，从而避开了土壤高盐阶段，使幼苗顺利成活。正常生长的红树是典型的避盐植物。

另外，有些植物通过增加扎根深度，在剖面层次上避开高浓度盐分的上层土壤，下扎到盐分含量低的深层土壤中吸收水分。例如碱蓬和滨藜，根系可下扎 5 m，牧豆树和骆驼刺的根入土深度可达 20 m 以上，从而有效地躲避盐分的危害。

(七)耐盐作用

某些植物本身不具备上述避盐机理，而原生质内含有高浓度盐分时，也不构成危害。原因是它们具有耐盐能力。例如,盐角草和碱蓬等盐生植物,在其细胞内都含有高浓度的盐分。它们或是依赖盐分生存,或是在高盐环境下其生长发育得以改善,或是能够忍耐高浓度盐分。耐盐的特性使其生长发育不受影响。

第三节　石灰性土壤

石灰性土壤是含有游离碳酸钙土壤的总称。石灰性土壤在干旱和半干旱气候区分布相当广泛。其游离碳酸钙的含量变幅很宽,可从不足1%到百分之几十。$CaCO_3$ 的缓冲作用使土壤 pH 值维持在 7.5～8.5。

一、石灰性土壤的主要障碍因子

(一)缺铁

在 $CaCO_3$ 含量较高的土壤上,作物最主要的营养失调症是缺铁失绿。对铁敏感因而受害较严重的植物有苹果、柑橘、葡萄、花生、大豆、高粱和旱稻等。缺铁也是美国等一些国家高粱和大豆生产中出现的主要问题。我国北方广大地区也因生理性缺铁严重影响了一些水果的产量和品质。

土壤溶液中高浓度的重碳酸盐是石灰性土壤上造成植物缺铁的根本原因。以下是高浓度重碳酸盐影响土壤中有效铁的含量、植物对铁的吸收、运输和利用的可能机理。土壤中无机态铁的溶解度受 pH 值控制,pH 值每升高一个单位,铁的溶解度将降低 1 000 倍。石灰性土壤中一般含有较高浓度的重碳酸盐,因而使土壤 pH 值处在 8 以上的较高范围内。石灰性土壤中水溶性铁的浓度很低,是导致植物缺铁的直接外界因素。

植物在缺铁胁迫时,会做出主动的适应性反应。双子叶植物和非禾本科单子叶植物向根际分泌质子,以酸化根际土壤,增加铁的溶解度,而且质膜上的 Fe^{3+} 还原酶活性增加,将 Fe^{3+} 还原成 Fe^{2+},以利于根系吸收。而石灰性土壤中的高浓度重碳酸盐具有很强的缓冲能力,能将根系分泌的质子迅速中和,使质膜表面和根际微环境仍处于高 pH 值条件下。由于质膜上的三价铁还原酶活性受 pH 值影响很大,高 pH 值抑制质膜上还原酶的运转,造成植物根吸收铁量下降,而发生缺铁症。

高浓度重碳酸盐能促进植物根内有机酸的合成,其中一些有机酸因在液泡中对铁进行螯合而具有较强的螯合能力,使铁在根中滞留,难以向地上部运输。此外,高浓度重碳酸盐还会使木质部汁液的 pH 值上升,降低导管中铁的溶解度,使已进入木质部的铁不能向地上部运输。

高浓度重碳酸盐能促进 Fe^{2+} 转化为 Fe^{3+} 而失去活性。这一转化作用的强度取决于植物体内 pH 值的高低。当介质中重碳酸盐浓度高时，植物体自由空间的碱性增强，使已运输到地上部的铁以高铁形态沉淀于自由空间之中，因而降低了 Fe^{2+} 的数量，严重时则引起植物缺铁。由此可见，植物缺铁失绿的原因不是体内铁的总量不足，而是起生理作用的活性铁含量不足。

高浓度重碳酸盐还会抑制根系生长，减少根尖数量。植物吸收铁的部位是根尖，因此，根尖数减少自然会引起铁吸收总量的下降。

(二)缺磷

石灰性土壤对磷有强烈的固定作用，因而土壤溶液中的磷浓度很低，且移动性很小。磷的移动性与土壤含水量有密切关系。而石灰性土壤处于降水较少的干旱及半干旱区，磷向根表的扩散和根系的生长都因土壤含水量偏低而削弱。因此，干旱也是植物缺磷的原因之一。缺磷是我国大面积石灰性土壤多种植物生长的限制因子。

(三)缺锌

土壤中锌的溶解度受 pH 值的影响，一般 pH 值升高一个单位，锌的溶解度下降 100 倍。石灰性土壤 pH 值高是造成植物缺锌的重要原因。其次，土壤溶液中高浓度 HCO_3^- 也会抑制根系生长，使植物摄取锌的总量下降。此外，高浓度 HCO_3^- 还影响植物体内锌向地上部的运输。我国石灰性土壤上玉米、水稻及果树等缺锌现象十分普遍。

(四)缺锰

旱地石灰性土壤上常发现某些植物如大麦缺锰。通气良好和高 pH 值都会促进 Mn^{2+} 被氧化，尤其是干旱条件下水分不足更限制了活性锰向根表的迁移及其在体内的运输，从而使植物缺锰。但在通常条件下，缺锰并不像缺铁和缺锌那样普遍。

(五)缺钾

石灰性土壤中钾的贮量比较多，交换钾含量也很丰富，植物缺钾的范围和程度远小于酸性土壤。但由于钾也是土壤中移动性较弱的养分元素，土壤水分含量对其移动性有重要影响(表 11-13)。因此，在干旱地区或干旱季节，很多作物也会出现缺钾现象。供钾水平低的砂性土和喜钾作物缺钾现象更加普遍。近年来，我国北方大面积石灰性土壤上，随着生产水平提高和有机肥投入减少，植物缺钾问题日趋普遍和严重。施用钾肥逐渐成为多种作物提高产量和改善品质的必要技术措施。

表 11-13　土壤含水量对钾扩散速率的影响　$mg \cdot cm^{-2} \cdot 48\ h^{-1}$

交换钾含量/($cmol \cdot kg^{-1}$)	含水量/%			
	4	10	20	40
0.41	2	4	8	10
4.10	40	55	78	95

二、植物对石灰性土壤的适应机理

(一)缺铁胁迫适应机理

不同植物种类及同种植物的不同品种,对石灰性土壤缺铁的反应不同。有些植物因缺铁,其生长受到严重抑制,通常称之为铁低效植物,如高粱、葡萄等;而有些植物对土壤缺铁具有较强的抵抗能力,生长几乎不受影响,通常称之为铁高效植物,如大麦。根据植物对缺铁胁迫的不同反应,可将植物划分为机理Ⅰ和机理Ⅱ植物(详见第四章,第一节)。

1. 机理Ⅰ植物

(1)Fe^{3+}的还原作用。机理Ⅰ植物的一个重要特点是,缺铁时植物根系表面Fe^{3+}的还原能力显著提高。表 11-14 的结果说明,当花生植株在无铁的营养液中生长时,体内缺铁使叶绿素合成受阻,含量下降。在这种条件下,诱导根系原生质膜的还原能力剧增,再供给高价铁后,缺铁植株还原高价铁的能力大增,其还原能力为不缺铁植株的 60 倍。因而显著增加铁的吸收速率,缓解以至矫正植株缺铁状况。这一作用过程可描述为,可溶性有机物螯合体通过质流或扩散到达细胞原生质膜表面后,吸附或固持在原生质膜的结合点位上,Fe^{3+}被质膜还原酶还原为Fe^{2+},后者通过膜运输蛋白运输到细胞质中,而螯合剂呈游离状态重新回到根际。缺铁诱导的根系还原能力不仅能还原Fe^{3+},而且还能有效地还原Mn^{4+}。由于锰比铁更容易被还原,因此,在铁锰共存的条件下,植物根首先还原锰。有时甚至可导致植物的锰毒害。例如缺铁导致亚麻锰中毒(表 11-15)。

表 11-14　花生植株铁营养状况与根还原能力和铁吸收量的关系

处理	叶绿素含量/($mg \cdot g^{-1}$ 干重)	根还原能力/($nmol\ Fe^{2+} \cdot g^{-1}$ 鲜重 $\cdot h^{-1}$)	铁吸收量/($nmol \cdot g^{-1}$ 干重 $\cdot h^{-1}$)	
			根	地上部
+Fe	8.6	40	22	0.4
−Fe	2.8	2 570	1 042	181.0

表 11-15 亚麻植株铁营养状况对铁、锰吸收的影响

处理	地上部干重/(g·盆$^{-1}$)	地上部含量/(mg·kg^{-1})	
		Fe	Mn
−Fe	3.60	83	881(出现毒害)
+Fe	5.55	174	64(生长正常)

(2)分泌质子。机理Ⅰ植物根细胞原生质膜上受 ATP 酶控制的质子泵受缺铁诱导,向外泵出的质子数量显著增加,导致根际 pH 值下降(图 11-11)。酸化的作用有两方面:一是增加根际土壤和自由空间中铁的溶解度,提高其有效性;二是创造并维持根原生质膜上铁还原系统高效运转所需要的酸性环境。但是,如前所述,在石灰性土壤上,由于高浓度重碳酸盐具有很强的缓冲能力,能将根系分泌的质子迅速中和,使得机理Ⅰ植物的这两种适应性反应不能有效地发挥作用。

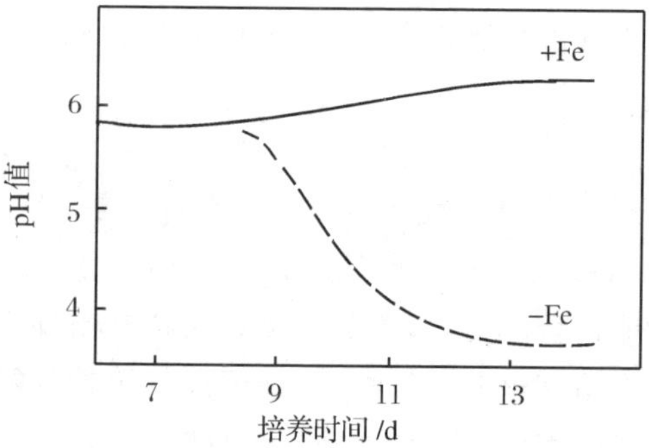

图 11-11 向日葵供铁状况对营养液 pH 值动态变化的影响

(3)分泌还原物质和铁螯合物。机理Ⅰ植物在缺铁胁迫条件下能分泌数量可观的还原物质,如酚类物质,将根际的高价铁还原为 Fe^{2+}。此外,还能分泌大量的具有螯合能力的有机螯合物。虽然这些化合物对根际铁的活化和吸收方面的作用机理尚不完全清楚,但在土壤溶液中含铁量很低的情况下,这一作用可能对增加根细胞质膜上氧化还原系统的有效性有一定的作用。

2. 机理Ⅱ植物 机理Ⅱ只限于禾本科植物。在缺铁胁迫条件下,禾本科植物根尖细胞向根际主动分泌一类非蛋白质氨基酸,通常被称为“植物高铁载体”,它与根际土壤中的高价铁发生强烈螯合作用,迁移到质膜,在质膜上专一性运载蛋白的作用下,Fe^{3+} 和植物高铁载体的复合体进入细胞内。这种机制不受 pH 值的影响,因此,与机理Ⅰ植物相比,在高 pH 值的石灰性土壤上,禾本科植物具有较强的抗低铁的能力,一般不易出现缺铁现象。

(二)缺磷胁迫适应机理

不同植物对石灰性土壤缺磷的适应能力不同,适应机理也有差异。概括起来,有以下几种:

1. 吸收速率高　在土壤溶液中磷浓度很低的条件下,植物必须具有较强的吸收能力,才能获得足够的磷。根系吸收动力学参数中 K_m 和 c_{min} 对植物的适应性具有重要意义。一般而言,适应能力强的植物种类或品种,其 K_m 和 c_{min} 值都较低,即在低磷环境中,由于其对磷的亲和力高和吸收起始浓度低,而能以较高的速率从缺磷土壤中吸收磷。表 11-16 表明,两个玉米基因型品种中,品种 Pa32 的 K_m 和 c_{min} 值都较低,它适应低磷土壤的能力较强。

表 11-16　不同玉米品种磷吸收动力学参数比较　$\mu mol \cdot L^{-1}$

参数	品种		参数	品种	
	Hgg	Pa32		Hgg	Pa32
K_m	9.28	4.00	c_{min}	0.69	0.21

2. 良好的根系形态特征　在土壤溶液磷的浓度很低的条件下，质流的作用很有限。因此，根系吸收的大部分磷主要是靠扩散作用提供的。然而磷的扩散距离只限于几毫米之内,因此植物吸磷总量在很大程度上取决于植物根系吸收表面积的大小。根系密度、根毛密度及其根毛长度和根/冠比都是植物耐低磷能力的重要因素。一般吸磷能力强的植物都具有根系庞大、总根长、根毛多而长、根/冠比大的特点。缺磷条件下,一些植物的根系构型也会发生变化。如缺磷时,磷高效的菜豆品种的基部根系趋向土壤表层分布,以获取更多的磷。

3. 菌根真菌侵染　菌根菌的侵染能显著增加植物对养分的吸收表面积,并通过根外菌丝的分泌作用溶解土壤中的难溶性磷,菌丝吸收的磷通过菌丝迅速运输给宿主植物,改善其磷素营养状况,促进植物生长。据研究,适应于缺磷石灰性土壤上的绝大多数植物都有菌根真菌的侵染。在自然生态条件下,菌根起着不可忽视的作用,在缺磷条件下,菌根的作用尤为突出。在石灰性土壤上施用难溶性磷矿粉时,磷的有效性低,而菌根的效果显著(表 11-17)。

表 11-17　菌根真菌对玉米磷营养状况的影响

处　理	干重/($g \cdot 盆^{-1}$)	含磷量/%
磷矿粉	8.7	0.68
磷矿粉+菌根真菌	20.8	0.94

4. 酸化根际土壤　石灰性土壤上,磷的溶解度随 pH 值降低而升高。适应性

强的植物能通过增加质子的分泌，提高根际土壤的酸度，增加土壤磷的溶解度。豆科植物和禾本科植物相比较，通常前者吸磷的能力较强。其原因之一，是豆科植物根瘤固氮过程中向根际释放较多的质子，同时豆科植物吸收利用钙、镁的数量较多，其结果，也能促进与之相结合的磷的释放，并能提高植物吸收阳离子的比例，使根分泌的质子增多，进一步提高磷的溶解度，增加磷的吸收，以满足植物生长的需要。表 11-18 说明，与大麦相比，耐低磷的典型植物羽扇豆，由于具有强烈酸化根际的特性，大大提高了根际土壤磷的溶解度，同时也增加了磷的吸收，从而有较高的子粒产量。

表 11-18 不同植物对磷矿粉的活化能力

植物	根际 pH 值	根际土壤中含磷量/($mg \cdot kg^{-1}$)	植物含磷量/%	子粒产量/g
大麦	7.4	0.09	0.10	1.4
羽扇豆	5.4	3.37	0.16	12.6

5. 根系分泌物的活化作用　在缺磷条件下，植物能分泌多种有机物质，如有机酸、氨基酸、酚类化合物和碳水化合物等。其中有机酸对活化土壤磷有重要意义。一些有机酸分别对固定磷的铁、铝和钙具有较强的配合或螯合能力，从而将磷释放到土壤溶液中，或者有机酸与磷和金属元素形成可溶性的多元复合体，易于向根表迁移，这也能增加植物对磷的吸收。不同植物在缺磷条件下所分泌的有机酸种类不同，例如，苜蓿能分泌柠檬酸、油菜能分泌柠檬酸、苹果酸和草酸、玉米能分泌酒石酸、木豆能分泌番石榴酸、羽扇豆能分泌柠檬酸和苹果酸。

6. 根际磷酸酶活性提高　土壤中的磷有一半以上是以有机态磷存在的，而有机态磷只有被磷酸酶水解后才能被植物所吸收利用。因此，根际土壤有机磷的有效性往往取决于根际磷酸酶活性的高低。植物对缺磷的反应之一，是向根际增加释放磷酸酶的数量，促进有机磷的水解，缓解植物磷饥饿状况。磷营养效率不同的基因型植物所分泌的磷酸酶数量不同，因而活性大小也不相同。

7. 磷的利用效率高　植物体内磷的利用效率是指植物体内单位磷所能生产的地上部干物质的重量。通常，磷利用效率高的植株正常生长要求的磷浓度相对较低，因而在缺磷的土壤上能维持正常生长。磷利用效率的差异不仅存在于不同植物种类之间，而且也存在于同一植物不同品种之间(表 11-19)。

表 11-19 低磷条件下不同绿豆品系磷利用效率差异的比较

分类	品系	磷利用效率/%	地上部含磷量/%
低效	3	392	0.26
高效	11	683	0.15

(三)缺锌胁迫适应机理

由于石灰性土壤的pH值和重碳酸根含量都高,因而锌的有效性偏低。大量研究结果表明,不同植物种类以及同一植物的不同品种,其适应低锌土壤的能力都有明显的差异。这种差异主要是由植物吸锌的能力大小所决定的。表11-20的结果说明,在缺锌条件下,适应性强的绿豆品种Saginaw的吸锌能力比敏感型品种Sassilac高,因而能维持体内较高的锌营养水平,子粒产量也比敏感性品种高出近1.5倍。

表11-20　缺锌土壤上适应性不同的两种绿豆品种的含锌量和子粒产量　$mg \cdot kg^{-1}$

$ZnSO_4$ 用量	含Zn量		子粒产量	
	Sassilac	Saginaw	Sassilac	Saginaw
0	19.6	21.4	511	1 257
8	36	38.4	2 513	2 184

适应性强的植物具有较强的吸收能力,可能主要基于两方面的机理:一方面是通过分泌酸性物质(如质子或有机酸)酸化根际土壤,提高土壤锌的溶解度,或分泌对锌具有较强螯合能力的有机物质,活化根际土壤中的锌,增加其移动和有效性;另一方面是通过改变植物根系的形态特征(如增加根系长度、根毛密度等)增大吸收表面积,或降低锌吸收动力学参数 c_{min} 和 K_m 值,保证根系在锌浓度很低时仍能具有较高吸收速率。

石灰性土壤上植物根吸收表面积不足是造成吸锌量低的关键因素,菌根真菌的侵染可增加植物对锌的吸收。根系被菌根真菌侵染后,庞大的根外菌丝网大大增加了植物吸收锌的表面积,从而增加植物的吸锌量。一般来讲,根系的菌根真菌侵染率越高,根外菌丝越长,密度越大,则植物锌的营养状况也越好。表11-21的结果说明,在相同磷水平下,接种VA菌根真菌能显著提高植株含锌量,但是如果施磷肥过量就会抑制菌根真菌的侵染,减少植物对锌的吸收,表现出随施磷量的增加,植株含锌量却显著下降的趋势。

表11-21　不同施磷水平下菌根真菌对大豆植株磷和锌含量的影响

接种处理	施磷水平/($mg \cdot kg^{-1}$)	植株含磷量/%	植株含锌量/($mg \cdot kg^{-1}$)
－VAM	0	0.07	16.4
	25	0.08	15.8
	75	0.12	14.2
＋VAM	0	0.14	56.5
	25	0.18	35.7
	75	0.27	28.5

第四节　渍水和淹水土壤

在季节性或长期淹水以及旱地土壤受降水影响造成暂时性渍水或淹水条件下，土壤氧分压下降，氧化还原电位降低，对植物的生长会产生各种不利影响。有些植物因此而严重受害，而另一些植物则具有较强抵抗能力，甚至有一些植物，尤其是水生植物，只有在淹水环境中才能正常生长。

一、淹水对植物的不良影响

旱地土壤淹水后，会产生一系列的物理化学变化，其中最主要的是氧气减少，并导致氧化还原电位急剧下降。其不良后果主要表现在以下几个方面：

(一)矿化作用减缓

有机物质的矿化作用在淹水后因缺氧而严重受阻，尤其是氮、磷、硫等的释放量下降。严重时引起植物养分缺乏。

(二)反硝化作用加强

土壤淹水后反硝化细菌活动旺盛，氮素损失剧增，尤其在易分解有机物质含量丰富的土壤中，为反硝化微生物的活动提供充足的碳源，土壤氮的损失更为严重。如表 11-22 所示，当土壤含水量从 34%升到 48%时，反硝化损失的氮迅速增加到 29.5 mg；当补给有机物质后，氮损失量又一次大幅度上升。

表 11-22　土壤含水量与氮素反硝化损失的关系

土壤含水量/%	氧还原电位/mV	N_2 损失量/mg
34	+610	2.1
41	+550	3.5
48	+310	29.5
48+有机物质	—	49.1

(三)有毒物质的生成

土壤淹水后发生一系列氧化还原反应，形成多种对植物生长有害的物质，其中包括高浓度的无机离子，尤其是 Mn^{2+}、Fe^{2+} 和低分子有机化合物如乙醇、乙酸、丙酸和丁酸等，这些游离酸对根系物质代谢和根系生长都有强烈的抑制作用。淹水后，土壤中的硫酸盐可还原为 H_2S，除直接毒害植物外，它还会与锌等微量元素形成沉淀，降低锌的有效性，严重时发生相应的缺素症。

二、植物对淹水条件的反应

旱生植物对土壤水分过多反应敏感，表现为植物生长势减弱，叶片形态改变，如禾本科植物在淹水后叶片偏上生长，植株机械强度降低，叶片疲软，过早衰老，地上部出现营养缺乏症状，其中缺氮黄化症状最为明显。根系生长受抑制程度比地上部更为严重，根系难以下扎，因而根系主要分布于表层，并常形成气生根，植株固着能力减弱，易倒伏，根吸收能力下降。水分过多引起植物上述表现与以下机理有关。

（一）抑制能量代谢

植物体内生物能量水平的高低主要体现在 ATP 的合成速率上。体内进行的需能过程依赖于 ATP 的供应。若 ATP 合成受阻，则会严重抑制体内的各种生理代谢反应，其中包括养分的吸收和运输。在水分过多条件下，根细胞有氧呼吸受抑制，ATP 形成量不但骤然下降，而且其寿命缩短。例如，供氧充足时，玉米根尖 ATP 的寿命为 8 s，而缺氧时只有 2 s；ATP 的严重不足，导致蛋白质合成受阻和养分吸收受到抑制。

（二）影响离子吸收

淹水对离子吸收的影响因离子种类的不同而表现为抑制、影响不大和促进吸收 3 种方式。

第一类：吸收受抑制的养分有氮、磷和钾等，这些养分进入细胞膜内是需要能量的主动吸收过程。土壤淹水后，ATP 合成减少，能量供应不足，离子的主动吸收过程受到抑制。例如，大麦幼苗淹水 6 d 后，地上部氮、磷、钾的含量都还不足对照植株的 10%（表 11-23）。很多植物淹水后不久就出现叶片黄化现象，这就是因氮素吸收不足引起的缺氮症状，如果向土壤中增施氮肥或根外喷施氮肥都可以减轻或使叶片黄化现象消除。

表 11-23 淹水对大麦幼苗生长和地上部矿质养分含量的影响

项目	对照	淹水 6 d
叶片长度/cm	12.3	5.2
地上部干重/(mg·株$^{-1}$)	380	360
地上部含量/(μmol·g^{-1} 干重)		
硝酸盐	470	14.3
磷	210	71
钾	1 420	615

第二类：养分吸收受暂时性淹水的影响不大，吸收速率与植株生长速率同步，因而体内含量变化较小。这类元素包括钙和镁等。根系对它们的吸收为不需消耗能量的被动过程，植株在吸收水分的同时也摄入这些离子。因此，淹水后虽然能量

供应不足，但并不影响对它们的吸收速率。

第三类：在淹水后会增加离子吸收速率，提高体内的含量。钠就是典型的例子，在淹水条件下，根细胞膜会遭到破坏，从而降低了植物对离子吸收的选择性。此外，由于 ATP 供应不足，排钠泵作用受阻，结果导致过多的钠进入植物体内，组织内含钠量上升，严重时造成盐害。

（三）产生有毒代谢物质

根细胞厌氧呼吸的终产物是乙醇。淹水条件下，乙醇的形成量迅速增加，而植物体内乙醇浓度超过一定限度就会对植物造成毒害。例如，番茄植株仅淹水 24 h 后，木质部汁液中乙醇的浓度就上升到了 5～7 $mmol \cdot L^{-1}$，该浓度已超过毒害临界值。

（四）改变激素水平

淹水环境中，常使多种植物激素的水平发生变化，最显著的是乙烯含量大幅度升高，例如玉米和大麦淹水后其根中乙烯含量可增加 6 倍，这是由于低氧条件下，乙烯前体氨基环丙烷羧酸（ACC）的生物合成加快和体内产生的乙烯难以向周围介质扩散所造成的。体内乙烯含量过高会抑制根系生长，引起叶片衰老和脱落。此外，淹水还往往使体内脱落酸含量上升，生长素和细胞分裂素含量下降，从而影响植物的生长。

三、植物对缺氧环境的适应性

水田植物如水稻对淹水环境的适应能力最强，而旱田植物的适应能力相对较弱。但是旱生植物的不同种类以及同一种植物的不同品种，在淹水适应性方面都存在基因型差异。植物对淹水的适应有形态和生理两个方面。

（一）形态学适应

1. 形成输氧的通气组织　水田和旱田植物在淹水条件下，都能从地上部通过茎内组织向根部输送氧，并将其中一部分释放到根际土壤中，形成根围相对的氧化微环境。植物对淹水的适应性强弱与植物体内输氧组织的发育程度有密切关系。根系组织孔隙度是衡量根通气能力的重要指标。根系组织孔隙度是指根内充气细胞间隙和通气组织总体积占根体积的比例。根孔隙度越大，输氧能力就越强，相应抗淹水危害的能力也越大。例如在营养液培养条件下，水稻、玉米和大麦根组织孔隙度的相对值分别为 1、0.25 和 0.10，其中水稻是典型的适应淹水最强的农作物，对淹水比较敏感的旱作而言，淹水后也能诱导形成程度不同的输氧通气组织，以适应缺氧的不利条件（表 11-24）。

2. 形成具有输氧通气功能的根　不同植物种类以及同种植物的不同品种，在

表 11-24　淹水和非淹水条件下不同植物的根组织孔隙度和扎根深度

植物种类	根孔隙度/%		扎根深度/cm	
	非淹水	淹水	非淹水	淹水
玉米	6.5	15.5	47	17
向日葵	5	11	33	15
小麦	5.5	14.5	10	5
大麦	3.5	2.0	32	15

淹水后形成通气根的数量有显著差异。如图 11-12 所示，耐淹能力低的旱生植物在淹水后，根尖部会很快由于缺氧而死亡，而且不能形成通气侧根。随着植物耐淹能力的增强，具有吸收能力的新侧根形成量逐渐增多，对于水稻等水田植物，不仅侧根增多，而且其根尖组织仍能保持活力。

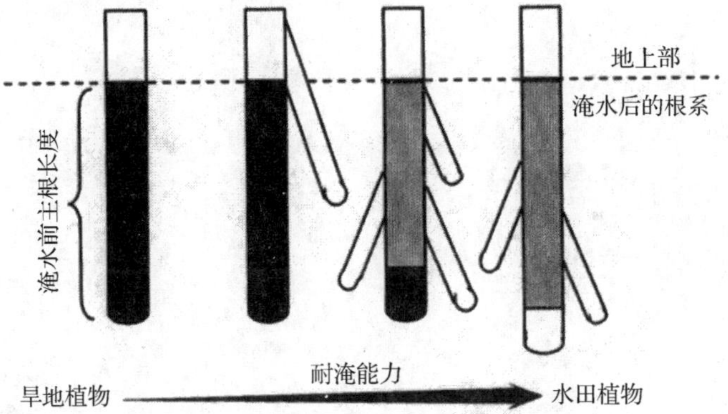

图 11-12　水田和旱地植物根系对淹水的反应

黑色代表死组织；灰色代表生存下来的组织；白色代表再生根

(二)生理学适应

1. 代谢适应　淹水条件下根系的有氧呼吸受到抑制，而无氧呼吸作用加强，形成有害乙醇。耐淹能力强的植物及其品种，则能控制糖酵解速率，并将呼吸代谢产物以苹果酸的形式运输到植物的地上部分，从而降低了根中乙醇的浓度。

2. 对高浓度锰和铁的忍耐力　耐淹能力不同的植物种类及品种对介质中高浓度锰和铁的忍耐能力不同。耐淹能力强的植物(如水稻)对锰和铁的忍耐能力很高。其机理包括两方面：一是离子被分隔于无生理活性的部位如液泡，二是通过螯合作用使原生质中的有毒离子钝化。

复习思考题

1. 试述酸性土壤对植物生长的主要障碍以及植物的可能适应性反应？
2. 盐渍土壤如何影响植物的生长？植物有哪些典型的耐盐机制？
3. 生长在石灰性土壤上的植物可能会表现出哪些养分缺乏症状？为什么？
4. 试比较渍水和淹水对植物生长影响的异同。

参考文献

1.［美］Galston A.，Davies P.，Satter R. 新编植物生理学. 戴尧仁，等译. 北京：北京大学出版社，1989

2.［德］Marschner H. 高等植物的矿质营养. 曹一平，陆景陵，等译. 北京：北京农业大学出版社，1991

3.［德］Mengel K.，［英］Kirkby E. A. 植物营养原理. 张宜春，刘武定，等译. 北京：农业出版社，1987

4.［英］Rusgell E W. 土壤条件与植物生长. 谭世文，等译. 北京：科学出版社，1979

5.［美］Tisdale S. L，Nelson W. L. 土壤肥力与肥料. 孙秀廷，曹志洪，等译. 北京：科学出版社，1984

6.［德］Von Liebig. 化学在农业和生理学上的应用. 刘更另，译. 北京：农业出版社，1983

7.［日］冈岛秀夫. 土壤肥沃度论. 林心清，沈德余，译. 北京：农业出版社，1983

8.［日］高井康雄，等. 植物营养与技术. 敖光明，梁振兴，译. 北京：农业出版社，1988

9. 冯锋，张福锁，杨新泉. 植物营养研究——进展与展望. 北京：中国农业大学出版社，2000

10. 国际钾素讨论会论文集：农业生产中钾氮的交互作用. 南京：江苏科学技术出版社，1985

11. 何念祖，孙其伟. 植物生长的有益元素. 上海：上海科学技术出版社，1993

12. 李春俭. 土壤与植物营养研究新动态(第四卷). 北京：中国农业大学出版社，2001

13. 李志达，朱其清. 微量元素肥料. 南京：江苏科学技术出版社，1991

14. 刘铮，等. 微量元素的农业化学. 北京：农业出版社，1991

15. 刘芷宇，等. 主要作物营养失调症状图谱. 北京：农业出版社，1982

16. 农牧渔业部农业局. 微量元素肥料与应用. 武汉：湖北科学技术出版社，1986

17. 彭克明. 农业化学(总论). 2 版. 北京：农业出版社，1991

18. 史瑞和，等. 植物营养原理. 南京：江苏科学技术出版社，1989

19. 孙羲，中国农业百科全书·农业化学卷. 北京：农业出版社，1996

20. 王夔. 生命科学中的微量元素(上、下卷). 北京：中国计量出版社，1991

21. 曾定. 固氮生物学. 厦门：厦门大学出版社，1987

22. 翟风林，曹鸣庆，等. 植物的耐盐性及其改良. 北京：农业出版社，1989

23. 张福锁. 环境胁迫与植物营养. 北京：北京农业大学出版社，1993

24. 张福锁. 环境胁迫与植物育种. 北京：农业出版社，1993

25. 张福锁. 土壤与植物营养研究新动态(第一卷). 北京：北京农业大学出版社，1992

26. 张福锁. 植物营养生态生理学和遗传学. 北京：中国科学技术出版社，1993

27. 郑康乐. 分子标记在作物遗传育种中的应用. 南京：江苏科学技术出版社，1991

28. 邹邦基，何雪晖. 植物的营养. 北京：农业出版社，1985

29. Baker D A, Hall J L. Solute Transport in Plant Cells and Tissue. Longman Scientific and Technical, 1988
30. Baker D A, Milburn J A. Transport of Photoassimilates. Longmen Scientific and Technical, 1989
31. Baligar U C, Duncan R R. Crops as Enhancers of Nutrient Use. London: Academic Press, Inc. ,1991
32. Barber S A. Soil Nutrient Bioavailability. New York: Jone Wiley and Sons, Inc. 1984
33. Clarkson D T. Factors affecting mineral nutrient acquisition by plants. Ann. Rev. Plant Physiol, 1985, 36: 77-115
34. Ceiger D R, Fondy B D. Phloem Loadiag and Unloading. Pathways and Mechanisms. What's New in Plant Physiol, 1980, 11: 25-28.
35. Epstein E. Mineral Nutrition of Plants. Principles and Perspectives. New York: Jone Wiley and Sons, Inc. ,1972
36. Evans L T. Crop Evolution, Adaptation and Yield. London: Cambridge University Press, 1993
37. Gabelman W H, Loughman B C. Genetic Aspects of Plant Mineral Nutrition. Martinus Nijoff Publishers, 1985
38. Gardner F P, Pearce R B, Mitchell R L. Physiology of Crop Plants. Iowa State University Press, 1985
39. Gerloff G G, Gabelman W H. Genetic basis of inorganic plant nutrition. In: Läuchli A and Bieleski R L, ed. Encyclopedia of Plant Physiology. New Series. New York: Springer Verlag, 1983. Vol 15B
40. Glaas A D M. Regulation of ion transport. Annu. Rev. Plant Physiol. 1984, 34: 311-326
41. Graham R D. Breeding for nutritional characteristics in cereals. Adv. Plant Nutr. 1984, 1: 57-102
42. Hewitt E J, Smith T A. Plant Mineral Nutrition. The English Universities Press, Ltd, 1975
43. Kochian L. Molecular physiology of mineral nutrient acquisition. transport and utilization. In: Buchanan B, Gruissem W, Jones R, ed. Biochemistry and Molecular Biology of Plants. USA: American Society of Plant Physiologists, 2000
44. Läuchli A, Bieleski R L. Inorganic Plant Nutrition. In: Läuchli A and Bieleski R L. Encyclopedia of Plant Physiology. New Series. New York: Springer Verlag, 1983. Vol 15B
45. Leonard R T. Membrane-associated ATPase and nutrient absorption by roots. Adv. Plant Nutr, 1984: 209-240
46. Ma J F. Role of organic acids in detoxification of aluminum in higher plants. Plant Cell Physiology, 2000, 41(4): 383-390
47. Marschner H. General introduction to the mineral nutrition of plants. In: Läuchli A and Bieleski RL, ed. Encyclopedia of Plant Physiology. New Series. Berlin and New York:

Springer-Verlag, 1982, Vol. 15A: 5-60

48. Marschner H. Mechanism of manganese acquisition by roots from soils. Graham R D, Hannam R J and Uren N C, ed. Manganese in Soils and Plants. Dordrecht, the Netherlands: Kluwer Academic Publishers, 1993

49. Marschner H. Mechanism of adaptation of plants to acid soils. Plant Soil, 1991, 134: 1-20

50. Marschner H. Zinc uptake from soils. In: Robson A D, ed. Zinc in Soils and Plants. Dordrecht, the Netherlands: Kluwer Academic Publishers, 1993

51. Marschner H. Mineral Nutrition of Higher Plants. Second Edition. Academic Press London, 1995

52. Moorby J, Beaford R T. Mineral Nutrition and Growth. In: Läuchli A and Bieleski R L, ed. Inorganic Plant Nutrition, Encyclopedia of Plant Physiol. New Series, 1983, Vol 15B

53. Munson R D. Potassium in Agriculture, ASA-CSSA-SSSA, Madison, Wiscosin, 1985

54. Pate J S. Transport and partitioning of nitrogenous solutes. Anna. Rev. Plant Physiol, 1980, 31: 313-340

55. Pfeffer H, Dannel F, Romheld V. Are there two mechanisms for boron uptake in sunflower. Plant Physiology, 1999, 155: 34-40

56. Pitman M C. Ion uptake by plant roots. In U. Oubliette and M G Pitman. ed. Transport in Plants. Encyclopedia of Plant Physiology, New Series. Berlin: Vol. 2B Springer-Verlag, 1976: 95-128

57. Porter J R, Lawlor D W. Plant Growth. Interactions with Nutrition and Environment. Cambridge University Press, 1991

58. Roemheld V, Marschner H. Rhythmic iron stress reactions in sunflower at suboptimal iron supply. Physiologia Plantarum. 1981, 53: 347-353

59. Saric M R, Loughman B C. Genetic Aspects of Plant Nutrition. Martinus Nijhoff Publishers, 1983

60. Taiz L, Zaiger E. Plant Physiology. Califoroia: The Benjamin/Cummings Publishing Company, Inc., 1991

61. Taiz L and Zeiger E. Plant Physiology. Second Edition. Sunderland, Massachusetts, USA: Sinauer Associates, Inc., 1998

62. Vose P B. Effects of Genetic Factors on Nutritional Requirements of Plants. In: Vose P B and B Lzxt, ed. Crop Breeding. a Contemporary Basis, 1983: 67-114

63. Weiss M G. Inheritance and physiology of efficiency in iron utilization in soybeans. Genetics 1934, 28: 253-268

64. Wild A. Russell's Soil Conditions and Plant Growth. Longman Scientific and Technical, 1988